2014年卫星遥感应用技术交流论文集

杨 军 主编

U0343250

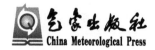

气象出版社
China Meteorological Press

内 容 简 介

本书内容包括卫星资料在暴雨、台风和天气分析、环境与农业生态监测评估、数值天气预报、卫星产品反演等方面的应用以及检验方法研究,业务性、针对性、实用性强,较为全面地体现了卫星资料在天气分析和生态环境监测中应用的水平和最新进展。这些内容对进一步推动和提高我国卫星资料特别是风云卫星资料在气象业务中的应用有很强的指导意义。

图书在版编目(CIP)数据

2014年卫星遥感应用技术交流论文集/杨军主编.
—北京:气象出版社,2015.4
ISBN 978-7-5029-6111-4

Ⅰ.①2⋯ Ⅱ.①杨⋯ Ⅲ.①卫星遥感—文集
Ⅳ.①TP72-53

中国版本图书馆 CIP 数据核字(2015)第 067751 号

2014年卫星遥感应用技术交流论文集
杨 军 主编

出版发行:气象出版社

地 址:北京市海淀区中关村南大街 46 号		**邮政编码**:100081	
总 编 室:010-68407112		**发 行 部**:010-68409198	
网 址:http://www.qxcbs.com		**E-mail**: qxcbs@cma.gov.cn	
责任编辑:李太宇		**终 审**:黄润恒	
封面设计:博雅思企划		**责任技编**:吴庭芳	
印 刷:北京京华虎彩印刷有限公司			
开 本:787 mm×1092 mm 1/16		**印 张**:12.75	
字 数:333 千字			
版 次:2015 年 5 月第 1 版		**印 次**:2015 年 5 月第 1 次印刷	
定 价:70.00 元			

本书如存在文字不清、漏印以及缺页、倒页、脱页等,请与本社发行部联系调换。

本书编委会

主　编　杨　军
编　委（以姓氏笔划排列）

王维和　王　瑾　方　萌　方　翔

田翠英　任素玲　刘　健　李贵才

李莹莹　谷松岩　张甲珅　张兴赢

张明伟　张洪政　陆其峰　郑　伟

蒋建莹　覃丹宇

序

随着《气象卫星应用发展专项规划（2010－2015年)》的持续实施，依托风云卫星工程建设成果，气象卫星遥感的应用能力和水平不断提升，气象卫星资料在气象预报预测、防灾减灾、应对气候变化和生态文明建设等方面发挥着日益显著的作用。

气象卫星资料在国家级气象业务中的应用深入发展。围绕气象卫星资料在数值预报及气象业务服务中应用的技术交流、技术合作更加务实有效，科研合作的机制不断完善。国家卫星气象中心、中国气象局数值预报中心与欧洲中期天气预报中心以及英国气象局建立了数据提供—应用反馈—质量改进的互动合作机制，有效地改进了风云卫星探测数据质量，提高了卫星资料在数值预报模式中同化应用水平。风云卫星资料在新一代气候模式中的同化应用取得了新进展，基于风云卫星的环境监测服务业务能力有了新的提升，风云卫星产品质量检验系统初步建立，将促进风云卫星资料的定量应用。

气象卫星资料在省级气象部门的应用取得了新进展。风云三号C星的业务运行，使第二代极轨气象卫星由试验应用型转向业务服务型。通过在省级气象业务单位部署安装极轨卫星接收站，有效地提高了资料的应用时效。国家卫星气象中心持续推进卫星天气应用平台（SWAP）和卫星监测分析与遥感应用平台（SMART）的系统研发和业务化应用，系统功能进一步完善，在省级气象部门得到了良好的推广应用，正在逐步推向地市级气象部门业务应用。

每年度一次的气象卫星遥感应用技术交流是促进气象卫星资料应用的有效手段，也是应用成果集中展示的平台。2014年的技术交流会以"气象卫星资料在生态环境和灾害性天气监测分析中的应用"为主题，围绕当前生态文明建设气象服务的重点领域，总结交流气象卫星资料应用技术和气象服务应用效果，有针对性和实用性，展示了气象卫星资料在生态环境和灾害性天气监测分析应用中的新进展和新成效。值得高兴的是，参加本届会议交流的多为来自业务一线的青年骨干，显示了气象卫星资料应用领域年轻科技力量的成长和进步，也表明卫星遥感应用工作正在受到越来越多的关注和重视。

五年来的技术交流届会分享了气象卫星遥感应用的技术进步，推动了科研和业务的结合以及技术研发成果的业务应用，促进了卫星遥感应用业务的发展。我谨向届会的组织单位国家卫星气象中心和各承办单位以及为届会论文集出版付出辛勤劳动的同志们表示衷心的感谢。希望全国气象卫星遥感应用技术交流会能总结经验，注重成效，突出特色，形成品牌，为发挥风云气象卫星应用效益，推进卫星气象业务现代化做出积极贡献。

（中国气象局副局长）

2015 年 4 月于北京

前　言

　　为促进卫星遥感用户间的技术交流，推动卫星遥感的应用水平，进一步提高卫星遥感特别是风云卫星对天气预报、环境监测的支撑能力，2014 年 5 月，中国气象局预报与网络司、国家卫星气象中心和山东省气象局在青岛组织召开了"2014 年全国卫星应用技术交流会"。本次交流会共收到来自全国各省（区、市）气象部门和中国气象局直属单位共 31 家单位的 112 篇论文，经过专家筛选，有 86 篇论文参加会议交流，其中 12 篇交流会论文获大会优秀论文奖。

　　本次会议交流主题为"气象卫星资料在生态环境和灾害性天气监测分析中的应用"，内容包括气象卫星资料在天气分析、环境与农业生态监测评估、数值天气预报、卫星产品反演等方面的应用以及检验方法研究，业务性、针对性、实用性强，较为全面地体现了气象卫星资料在天气分析和生态环境监测中应用的水平和最新进展，对气象卫星资料在气象业务中的应用有很强的指导意义。为进一步体现技术交流的成效，推动气象卫星遥感资料的应用，使更多遥感应用工作者受益，特从本次会议交流论文中精选部分论文编辑出版。

　　本次会议的成功召开和论文集的出版，得到了中国气象局有关职能司、各省（自治区、直辖市）气象局和气象出版社的大力支持与通力合作。特别是论文编审组专家给每篇入选论文提出了宝贵的修改意见，为文集顺利出版付出了辛勤的劳动。借此机会，对上述单位和个人以及所有论文作者一并表示感谢！

杨　军

2015 年 3 月

目　　录

第一部分

卫星资料在暴雨、台风和中尺度
天气分析中的应用

台风潜热释放对南亚高压非对称不稳定 发展和亚洲夏季风暴发的影响

任素玲[1]　吴国雄[2]　刘屹岷[2]

(1. 国家卫星气象中心,北京 100081;2. 中国科学院大气物理研究所,北京 100029)

摘　要: 亚洲夏季风暴发前,西北太平洋、孟加拉湾热带气旋(风暴)和南亚高压是活跃在热带和副热带地区两个非常重要的天气尺度和行星尺度的系统。研究这两个系统活动对亚洲夏季风暴发的影响可以加深对亚洲夏季风暴发动力过程的认识,有助于更好地预测夏季风的异常暴发。

本文通过个例分析和数值试验的方法分析了西北太平洋热带气旋强降水潜热释放对南亚高压非对称不稳定发展的影响以及南亚高压不稳定发展触发孟加拉湾风暴生成进而影响孟加拉湾夏季风暴发的动力过程。得出了以下结论:

(1)亚洲夏季风暴发前西北太平洋热带气旋活动能够激发南亚高压不稳定发展

亚洲夏季风暴发前西北太平洋热带气旋活动带来的强降水潜热释放能够显著改变对流层高层反气旋强度和中心位置。这是由于热带气旋强降水潜热释放所产生的水平非均匀加热能够在热源区北部激发出负涡度中心,使高层反气旋中心出现在加热区域上空偏北的位置;还由于受负行星涡度平流的影响,在加热区域的西部也出现位势高度增加,该波动为强迫定常波。热带气旋消失、潜热加热停止后,前期加热区域北部上空的高压脊随着西风带东移,西风带内槽脊加强,在其东部正行星涡度平流和西部负行星涡度平流的共同作用下,南亚高压中心西移到中南半岛上空,该波动为自由 Rossby(罗斯贝)波。

(2)南亚高压不稳定发展对孟加拉湾风暴发展和夏季风暴发的触发作用

受西北太平洋热带气旋潜热释放以及由此引发的行星涡度平流的影响,对流层高层反气旋出现不稳定发展。热带气旋消失、潜热加热停止后,随着高压中心西移,高压西南侧的高空辐散也移动到孟加拉湾东北部和中南半岛南部,为孟加拉湾风暴的生成提供了高空抽吸条件。同时,随着南亚高压的演变,高压南侧形成的一条高位涡带沿着西风带不断西伸,与之相对应的高层正涡度平流有利于其下方上升运动发展。当该高位涡带西移到达孟加拉湾东南部时对风暴的发展起加强作用。另外,受南亚高压非对称不稳定发展的影响,中纬度西风带内也出现一次明显的槽脊活动,我国中东部、南海、中南半岛中部和孟加拉湾先后出现一支强东北转偏东风,有效地增强了孟加拉湾东南部对流层低层的切变气旋涡度。在冷空气活动造成的偏东气流、前期孟加拉湾南部赤道附近维持的偏西气流、南亚高压西南侧强高空辐散和高位涡的共同作用下,孟加拉湾夏季风暴发性涡旋或风暴逐渐生成。风暴加强北上进一步促使了副热带高压带在孟加拉湾东部断裂以及孟加拉湾夏季风的暴发。

关键词: 西北太平洋热带气旋;南亚高压;孟加拉湾热带风暴;亚洲夏季风。

1　引言

亚洲夏季风作为影响夏季天气特征的重要系统,很早就受到气象学家的关注,对亚洲夏季风研究的一个重要方面是夏季风暴发的研究。对亚洲夏季风的暴发研究主要包括亚洲夏季风暴发进程、暴发机制和暴发指标等多个方面。亚洲夏季风暴发进程的气候特征研究：1980年代的学者指出亚洲夏季风区分为印度季风区以及东亚季风区。1990年代后期的研究认为南海夏季风和印度夏季风暴发前期，还存在孟加拉湾夏季风的暴发阶段（Wu and Zhang,1998）。Xu 等(2001)和毛江玉(2001)的研究都证实了亚洲夏季风暴发的三个阶段特征。亚洲夏季风暴发机制研究：季风环流是反 Hadley 环流，夏季风环流的建立标志着季节的转换。一般认为，随着春季太阳北移，地表接受到的太阳最大辐射值也向北移动，远离赤道地区，这样暖的地区就位于赤道以外较高的纬度，在热力作用的驱动下，形成反 Hadley 环流，这是季风环流形成的根本原因。Plumb 等(1992)和 Emanuel 等(1995)研究认为，在无黏、稳定近似下，只有加热强迫出的反气旋涡度抵消地转涡度时，即绝对涡度为零的时候才能产生经向环流。因此，只有加热足够强时，夏季风环流才能建立。另外，由于地表植被特征不同，对太阳的辐射加热响应特征不同，造成大气中热源分布也不同。这就形成夏季风环流不同的区域特征。除了海陆分布以及大地形的影响，亚洲夏季风的暴发还和其他很多因素有关。陶诗言等(1983)指出，南半球大气环流的变化对亚洲夏季风的暴发和推进起着触发作用，南半球寒潮的暴发可以激发亚洲夏季风暴发。同时研究还表明，夏季风的暴发还和暴发性涡旋有关，研究者（Ananthakrishnan et al.,1968)认为印度夏季风暴发前和季风维持期间，在孟加拉湾和阿拉伯海东部经常出现气旋性涡旋的迅速发展。

以往关于季风暴发前热带风暴的研究重点多为孟加拉湾和阿拉伯海海域，对发生在西北太平洋(包括南海)的热带气旋对孟加拉湾夏季风暴发的影响研究较少。关于亚洲夏季风和西北太平洋热带气旋活动关系研究主要集中在夏季风暴发后西北太平洋热带气旋的生成和活动特征。已有的研究表明，西北太平洋热带气旋活动与亚洲夏季风的活跃与中断或季风槽的位置和强度变化有关。针对亚洲夏季风暴发前西北太平洋热带气旋活动特征的研究较少，Mao 和 Wu(2008)研究了南海热带气旋对 2006 年南海夏季风暴发的作用，表明当年南海夏季风暴发和热带气旋的触发有关。从多年历史资料的统计结果来看(黄菲等,2010)，南海夏季风暴发前后西北太平洋(南海)热带气旋活动有明显变化，暴发后 3 候西北太平洋热带气旋个数和活动频率比暴发前 3 候明显增强，表明南海夏季风暴发有利于西北太平洋(南海)热带气旋生成，另一方面，大多数南海夏季风暴发偏早年份，南海夏季风暴发前两候和暴发后西北太平洋有热带气旋活动，大多数南海夏季风暴发偏晚年份，暴发前 2 候及暴发后西北太平洋没有热带气旋活动，这一结果表明，南海夏季风暴发偏早有可能和西北太平洋热带气旋活动有一定的关系。

气候平均而言，亚洲夏季风暴发前(4—5 月)，在海陆热力差异造成的非均匀感热加热和中南半岛对流潜热加热的作用下，北半球对流层高层反气旋(南亚高压)中心迅速在中南半岛上空生成(Liu et al.,2012)。南亚高压除了受感热加热的影响外，潜热加热对其短期变异也起到重要的影响。以往研究表明，盛夏季节台风强潜热释放对南亚高压的非对称不稳定发展有重要影响(Guo and Liu,2008)。理论上来讲，春末夏初西北太平洋热带气旋活动释放大量潜热，应该对南亚高压的发展造成影响。2008 年孟加拉湾和南海夏季风暴发均早于气候平均值，并且在孟加拉湾夏季风暴发前，南海海域有台风活动，因此，本文选取 2008 年作为研究个例来分析亚洲夏季风暴发前西北太平洋热带气旋活动对对流层高层反气旋的影响。并利用数值模式模拟验证所得到结论的合理性。

2　资料和模式介绍

2.1　资料

本文研究工作中所用的资料包括：(1)TRMM 3B42 数据(Huffman *et al.*,2007)：时间分辨率为 3 h 1 次,空间分辨率为 0.25°(经度)×0.25°(纬度)；(2)Global Precipitation Climatology Project (GPCP)降水数据(Huffman *et al.*,2001)：时间分辨率为 1 d 1 次,空间分辨率为 1°(经度)×1°(纬度)；(3)NCEP/NCAR 再分析资料两套(Kalnay *et al.*,1996)；(4)Joint Typhoon Warning Center (JTWC) 最佳路径数据集 (Yu *et al.*3, 2007)；(5)风云气象卫星数据：1 h 或 30 min 一次云图；6 h 一次云导风(AMV,许健民等,2006)数据；1 h 一次 TBB 和 OLR 数据,空间分辨率为 1°(经度)×1°(纬度)。

2.2　模式介绍

本文利用的模式为中国科学院大气物理研究所大气科学和地球流体力学数值模拟国家重点实验室(IAP/LASG)发展的气候系统模式 FGOALS2(Flexible Global Ocean-Atmosphere-Land System model, Bao *et al.*,2010)。

气候模式 FGOALS2 的大气环流部分为 SMAIL(版本号为 2.4.7)。该谱模式的大气部分水平分辨率取 42 波菱形截断,即水平分辨率为 2.8125°(经度)×1.67°(纬度),在垂直方向上,采用混合坐标,从地面到 2.19 hPa 分为 26 层。

如果关闭海洋部分的 LICOM 模式,耦合模式还提供了一种气候海表温度的积分方法,在此积分方式中,海表温度为月平均的气候数据(Hurrell *et al.*, 2008),在积分过程中,把月平均数据线性差值成日平均数据提供给大气模式。模式从 1 月 1 日 00 时开始积分,模式初始场为 NCEP 气候平均值。

3　2008 年 01 号热带气旋潜热释放对南亚高压非对称不稳定的影响

3.1　2008 年 01 号热带气旋"浣熊"

2008 年亚洲夏季风暴发前期,一个重要特征为南海海域有热带气旋活动(图 1),它是近 60 a 来登陆我国最早的热带气旋(对于"浣熊"台风,我国编号为 1,JTWC 热带气旋数据中的编号为 2,由于 JTWC 热带气旋数据中编号为 1 的热带气旋发生在 1 月 12—17 日,最强的强度只有热带风暴等级,该热带气旋只有编号没有命名)。4 月 13 日开始,菲律宾东南沿海开始出现有组织的低压云团,低压中心登陆菲律宾的棉兰老岛后,向南海东南部海域移动并逐渐加强,于 4 月 15 日加强为热带风暴,并开始编号,热带风暴继续向西北方向移动,4 月 16 日加强为强热带风暴,随后强度迅速加强为台风,偏北移动分量增加,18 日强度达到最强。从极轨气象卫星监测图像(图 2)可以看出,17 日下午台风中心位于西沙群岛附近,中心出现明显眼区,云墙上暗影清晰可见,说明对流发展异常旺盛,台风外围的螺旋云带清晰,结构对称,东北侧的云带发展较旺盛。"浣熊"向陆地靠近的过程中强度迅速减弱,19 日 14 时左右以热带风暴强度在广东省阳江市登陆,并于 19 日停止编号。

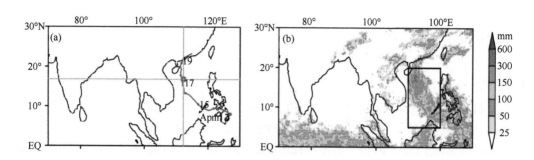

图1　(a)0801号台风"浣熊"路径图和西沙站位置；(b)2008年4月13—19日累计降水量(单位：mm)

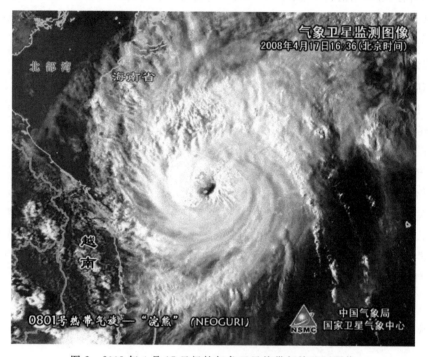

图2　2008年4月17日极轨气象卫星热带气旋监测图像

　　台风"浣熊"在南海中北部活动期间,一直维持较强的强度。从移动路径和TRMM卫星反演的大于25 mm的累计降水来看(图1b),主要影响区域为(10°~20°N,110°~120°E)。"浣熊"影响过程中(4月13—19日),南海中北部出现大范围150~300 mm的总降水量,部分区域的降水量超过300 mm。因此,在热带气旋活动期间,南海海域上空有强的潜热加热,台风对南海海域上空的热状况有明显的影响。

　　从过境的NOAA-16气象卫星微波辐射计反演的温度可以看出(图3),4月17日21时,台风强度为台风等级时,受强降水潜热加热的影响,整个热带气旋区域500~150 hPa高度出现明显的正温度距平区,最强加热区出现在300~200 hPa左右高度的热带气旋中心附近,而500 hPa以下对流层出现负温度距平(图3)。

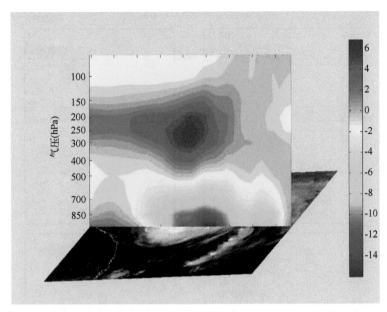

图 3　2008 年 4 月 17 日 21:03(UTC)NOAA−16 气象卫星微波温度计反演温度距平垂直分布
（温度距平:温度减去区域平均,单位 K,刘年庆提供）

3.2　"浣熊"活动期间降水和南亚高压的演变

　　为了分析加热对大气环流的影响,吴国雄等(2002)通过经典涡度方程推导出了全型垂直涡度方程,略去摩擦和大气热带结构项的其表达形式为:$\frac{d\zeta_z}{dt}+\beta v+(f+\zeta_z)\nabla\cdot\vec{V}\approx\frac{1}{\theta_z}\vec{\zeta}_a\cdot\nabla Q$。在对流凝结潜热最大值的上方,$\partial Q/\partial z<0$,反气旋发展,同时由于水平非均匀加热,在加热区的北侧局地垂直涡度变化为负值,反气旋发展。

　　从前面理论分析和以往研究可知,强潜热释放可以造成加热区域附近上空反气旋增强。2008 年 4 月 13—19 日台风活动期间,南海中北部海域大范围地区出现 150 mm 以上的累计强降水,该地区对流层中上层有明显的潜热加热和温度正距平区域。

　　图 4 给出了台风"浣熊"活动期间日降水量和 200 hPa 位势高度场分布。14 日热带气旋进入南海东南部,降水增强,南海地区的 200 hPa 位势高度场也随之增强,12440 gpm 等值线覆盖了南海大部分海域。随着热带气旋向西北方向移动,15—16 日降水强度明显增强,16 日南海中部开始出现 70 mm 以上日降水,15 日开始 12440 gpm 等值线扩展到海南岛和孟加拉湾东部,12450 gpm 线控制了南海大部分海域。18 日热带气旋强度达到最强,降水开始减弱。19 日 200 hPa 位势高度场达到最强,12470 gpm 等值线覆盖了南海中西部、中南半岛以及孟加拉湾东部海域。20 日降水减弱后,位势高度开始减弱。以上分析表明,在南海热带气旋活动期间,伴随着强降水的产生,南海、中南半岛、孟加拉湾以及我国华南沿海地区对流层高层位势高度显著增强,南亚高压发展。

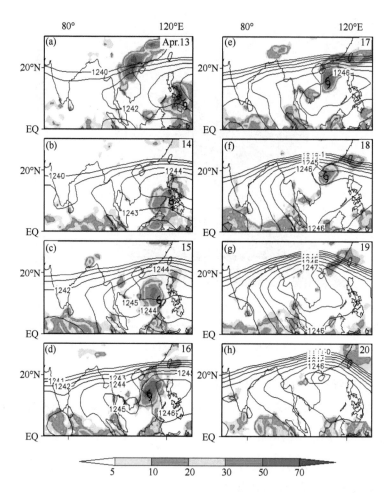

图4　2008年4月13—20日200 hPa位势高度场(黑色等值线：单位10 gpm,等值线间隔为1)和
GPCP日降水量(填色：单位mm),᧠为热带气旋中心位置

3.3　"浣熊"活动前后南亚高压演变和行星涡度平流

图5给出了南海热带气旋"浣熊"活动期间以及活动过后200 hPa高度场、流场和行星涡度平流($-\beta v$)的演变。4月13—19日,台风向偏北方向移动的过程中,南亚高压中心区域的高度由12420 gpm增强到12470 gpm(图4),并且南亚高压的反气旋中心位置由菲律宾以东洋面逐渐向西北方向移动(图5a—d),19日中心位于中南半岛中部。南亚高压强度增加和中心西移的同时,南亚高压中心东侧偏北风发展,正行星涡度平流逐渐增强;南亚高压西侧偏南风发展,负行星涡度平流增强。因此,在对流层高层大气中形成纬向非对称涡度强迫。该涡度强迫对后期"浣熊"消亡后,南亚高压的演变起重要作用,可以触发南亚高压的不稳定发展,进而导致在南海区域台风潜热加热消亡后,南亚高压中心持续西行。

4月19日,"浣熊"在广东沿海登陆后迅速消亡,南亚高压中心和200 hPa西风带高压脊开始随着西风带向东传播(图5d—f)。21日后,我国北部副热带西风带内新的槽脊系统开始发展。当脊发展时,脊前(后)偏北(南)风增强,为正(负)的行星涡度平流,脊前(后)正(负)行星涡度平流有利于南亚高压在东(西)部减弱(增强),因此南亚高压中心再次向偏西方向移动(图

5f—h)。25 日(图 5g),西风带高压脊线位于 90°E 附近,低压槽位于我国大陆东部。脊前强偏北气流伴随着强烈正行星涡度平流占据了中国中东部大部分地区。27 日(图 5h),在反气旋中心东侧 12460 gpm 线附近,正行星涡度平流显著发展,范围覆盖了安达曼海以及泰国湾。纬向非对称涡度强迫进一步增强,正涡度平流影响到孟加拉湾南部,有利于该地区垂直运动的发展。

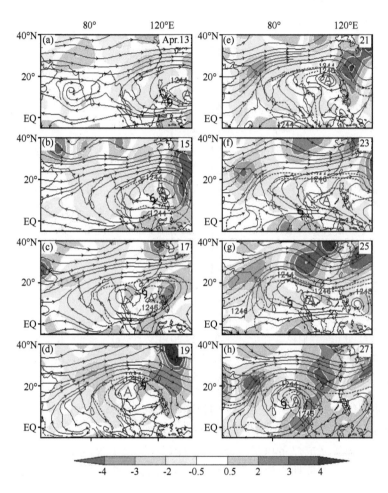

图 5　2008 年 4 月 13—27 日 200 hPa 位势高度场(蓝色虚线,单位 10 gpm)、流线以及行星涡度平流
(阴影,单位 10^{-10} s^{-2}),A 为反气旋中心位置,6 为热带气旋中心位置

4　2008 年南亚高压非对称不稳定发展对孟加拉湾夏季风暴发的触发作用

2008 年,南海热带气旋"浣熊"活动过程中,对流层高层反气旋发生显著改变。并且,"浣熊"消亡后 4 日,孟加拉湾有热带风暴生成并触发了孟加拉湾夏季风暴发,本部分将分析孟加拉湾夏季风暴发前孟加拉湾风暴的生成过程,期待发现前期南海热带气旋潜热加热造成的对流层反气旋(南亚高压)的发展和孟加拉湾夏季风活动的联系。

4.1 2008 年亚洲夏季风暴发进程

2008 年亚洲夏季风暴发异常偏早。利用高低层纬向风切变(Webster *et al.*,1992)(图 6a)和对流层中高层温度经向梯度(图 6b)(毛江玉,2001)分别作为亚洲夏季风暴发指标,两个指标显示 2008 年孟加拉湾夏季风暴发时间分别为 4 月 25 日和 4 月 24,南海夏季风暴发时间分别为 5 月 1 日和 4 月 30 日,两个指标具有很好的一致性。

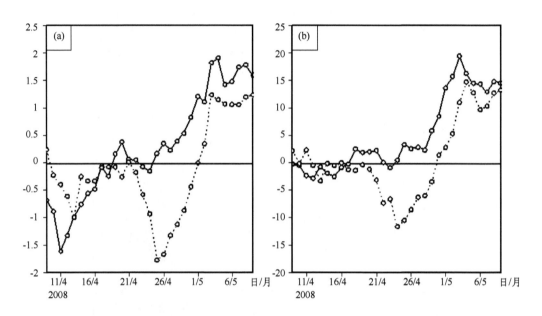

图 6　850 hPa 和 200 hPa 纬向风垂直切变(a. 单位 m/s)以及 200 hPa 和 500 hPa 之间对流层中上层
平均温度经向梯度(b. 单位 K),虚线代表南海夏季风区(5°～20°N;110°～120°N),
实线代表孟加拉湾夏季风区(5°～20°N;85°～100°N)

2008 年亚洲夏季风暴发前,4 月 13—19 日南海有热带气旋活动,并且该热带气旋降水潜热释放造成南亚高压非对称不稳定发展。值得关注的是,4 月 23 日开始,孟加拉湾东南部开始有低压活动,并逐渐发展成热带风暴 Nargis,4 月 25 日,孟加拉湾夏季风暴发。本部分试图通过南亚高压为纽带,分析前期南海热带气旋活动对孟加拉湾热带风暴形成以及夏季风暴发的可能影响。

4.2 孟加拉湾热带风暴 Nargis 形成过程和孟加拉湾夏季风暴发

南海热带气旋活动结束后,孟加拉湾南部赤道附近云系逐渐发展并被组织起来(图 7)。19 日,孟加拉湾以南印度洋海域对流云系主要出现在赤道以南地区,赤道以南有低压中心发展并向东南方向移动,逐渐脱离赤道辐合带云系,25 日南半球的低压消亡。21 日开始,孟加拉湾中南部赤道北侧云系开始旺盛起来,并于 22 日在赤道北侧形成宽广的低压云带。23 日,云系向东北方向扩展,孟加拉湾东南部形成弱的低压中心,云系比较散乱。23—24 日,低压系统迅速发展,云系开始被组织起来,螺旋云带逐渐形成,低压中心的密闭云区对流发展旺盛,中心开始向西北方向移动。从 24 日和 25 日云图中可以看到,对流层高层向外流出的卷云羽非常清楚,说明当时在孟加拉湾南部对流层高层偏东风强盛,并且气流呈辐散状态。26 日,形成较强的中心密闭云区以及外围多条螺旋云带,说明其强度进一步增强。27 日热带低压在孟加拉

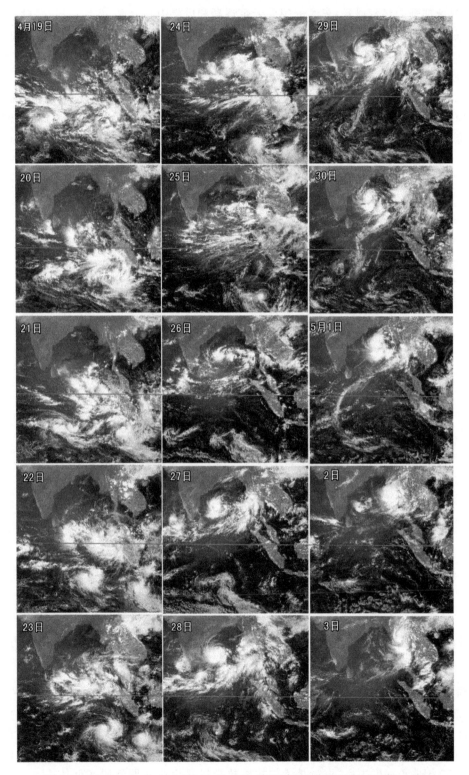

图 7　2008 年 4 月 19—27 日 FY-2D 气象卫星可见光监测图像,红线为赤道

2014年卫星遥感应用技术交流论文集

湾西部海域加强为热带风暴,东侧的螺旋云带逐渐和风暴中心分离,并且在风暴登陆缅甸以前这条云系一直非常旺盛并影响缅甸地区。5月2日,Nargis以超强热带风暴强度登陆缅甸,造成很强的自然灾害,约90000人死亡以及55000人失踪。是该地区有记录以来造成灾害最强的一次热带风暴。

4月13—19日南海热带气旋活动期间以及后期,南亚高压出现非对称不稳定发展(图5),高压中心向西北方向移动。从孟加拉湾热带风暴形成前期的对流层高层流场可以看出(图5),随着对流层高层反气旋的发展,孟加拉湾东南部对流层高层从比较一致的东南气流(17

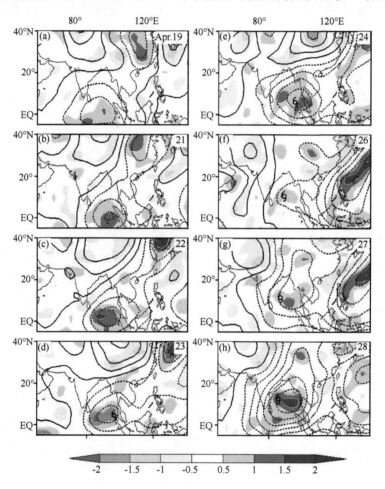

图8 2008年4月19—28日200 hPa散度场(阴影,单位$10^{-5}\,\mathrm{s}^{-1}$)和速度势(等值线,虚线为负,实线为正,等值线间隔为2,单位:$10^{-6}\,\mathrm{m}^2/\mathrm{s}$),6为热带气旋中心位置

日)逐渐出现清楚的辐散气流。从散度和速度势的叠加图可以看出(图8),19日开始,孟加拉湾东南部的200 hPa高空辐散逐渐增强,22日出现大于$2\times10^{-5}\,\mathrm{s}^{-1}$散度中心,此时,速度势也从19日的$-4\times10^{-6}\,\mathrm{m}^2/\mathrm{s}$增强到24日的$-6\times10^{-6}\,\mathrm{m}^2/\mathrm{s}$。对流层高层的强辐散和负速度势均有利于孟加拉湾东南部对流发展。辐散中心从23日开始略向北移动,辐散区的对流层低层对应着850 hPa正涡度中心,也就是孟加拉湾热带风暴生成前期低层的低值中心。该地区强辐散和南亚高压非对称不稳定发展有密切的关系,在南海热带气旋的强降水潜热释放作用下,南亚高压加强西移后,南亚高压西南侧的高层辐散区正好位于孟加拉湾东南部上空。为该海

域低压的发展提供了高层质量流出条件。

　　为了近一步分析孟加拉湾热带风暴生成过程中对流层高层的环流状况,图 9 给出了 360 K (对流层高层)等熵面上的位涡以及风场的分布。4 月 19 日开始,在对流层高层反环流的东侧, 受偏北风气流的引导有高位涡南伸,进入东风带后向西平流,21 日和 22 日在南海中部、中南 半岛南部以及孟加拉湾的东南部形成明显的高位涡带。并且 23 日后该高位涡带一直向西北 方向移动。对流层高层高位涡带有利于底层气旋式环流的发展。

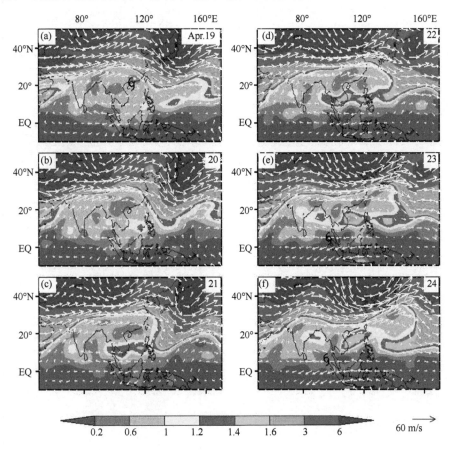

图 9　2008 年 4 月 19—24 日 360K 等熵面上风场(矢量箭头:单位 m/s)和位涡场
(阴影,单位 PVU＝10⁻⁶ m²/(s・K・kg),❺为热带气旋中心位置

　　从前面的分析可知,在孟加拉湾热带风暴生成前夕,由于南海热带气旋的影响对流层高层 反气旋发展,使得在高层反气旋的西南侧形成强的辐散区和负速度势中心,为低压的发展提供 了很好的高层质量流出条件。同时,在南亚高压南侧形成高位涡带向孟加拉湾东南部侵入,在 一定程度也有利于该地区低层正涡度的发展。因此,南海热带气旋活动造成的南亚高压发展 为 4 月 23 日孟加拉湾东南部热带低压的发展提供了很好的对流层高层环流条件。

4.3　热带风暴 Nargis 对孟加拉湾夏季风的触发

　　以往研究表明,孟加拉湾暴发性涡旋可以造成孟加拉湾夏季风的暴发(颜京辉,2005;关 月,2010)。2008 年孟加拉湾夏季风暴发(孟加拉湾夏季风暴发日期为 4 月 24 日)前(4 月 21 日),850 hPa 副热带高压脊线位于 10～20°N 之间,热带东风带位于赤道西风带和副热带西风带之间(图 10a)。随着我国中东部冷空气向南海以及孟加拉湾推进,低压风暴在孟加拉湾东南部发展并迅速向西北方向移动,副热带高压脊线开始断裂(图 10b)。24 日(图 10d)开始,青

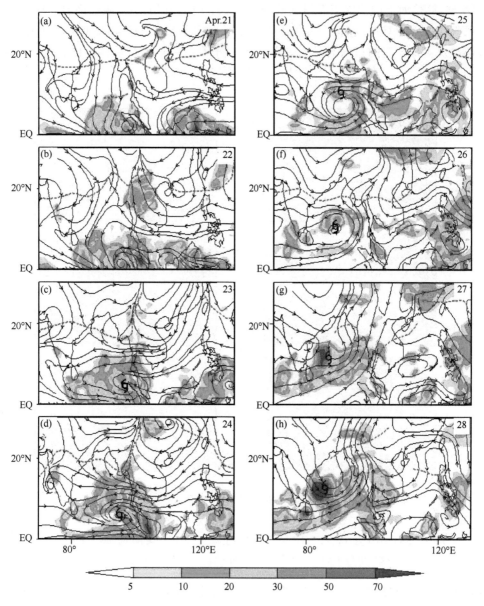

图 10　2008 年 4 月 21—28 日 850 hPa 流场(黑色流线)、日降水
(阴影,单位 mm)以及副热带高压脊线(红色虚线)。₲为热带风暴中心位置

藏高原西南部有低压槽发展,热带风暴 Nargis 低压环流逐渐和高原槽连接。26 日在风暴中心东侧,热带西风和副热带西风带打通,这样的天气形式有利于赤道地区的水汽向中南半岛以及孟加拉湾中部输送,并在后期热带风暴发展过程中后形成强降水,造成孟加拉湾夏季风暴发。从以上的分析可知,孟加拉湾热带风暴 Nargis 活动对孟加拉湾夏季风偏早暴发起重要作用。

5 亚洲夏季风暴发前南海潜热加热试验

从 2008 年孟加拉湾夏季风暴发过程分析可知,4 月中旬南海热带气旋活动造成了南亚高压非对称不稳定发展,为孟加拉湾热带风暴 Nargis 的形成和迅速增强提供了有利的高低空环流条件。为了更深入研究这一过程是否具有普遍适用性,并且给出更强有力的证据,本部分将利用气候模式进行亚洲夏季风暴发前热带气旋潜热加热试验,进一步揭示夏季风区东部的热带气旋潜热加热对夏季风暴发的影响过程。

5.1 试验设计

为了分析亚洲夏季风暴发前南海热带气旋潜热释放对夏季风暴发的触发作用,本文将利用 FGOALS2 模式进行台风降水潜热释放敏感试验。由于我们关注的重点是分析相同的环流和热力条件下,西北太平洋存在台风降水潜热释放和没有台风潜热释放两种情况下南亚高压以及亚洲夏季风暴发的时间和过程差异,我们并不关心模式对实际发生的台风的模拟能力,因此,在试验设计中,并没有致力于模式对 2008 年台风"浣熊"的模拟,而是在模式控制试验的基础上人为的加入台风潜热释放热源,通过对比控制试验和加热试验的结果,分析台风加热对大气环流的作用。

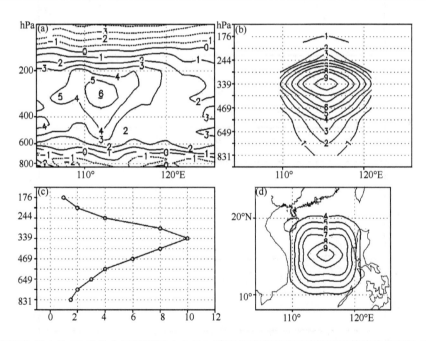

图 11 (a)2008 年 4 月 17 日沿台风"浣熊"中心(17.1°N)温度距平垂直剖面图(等值线间隔为 1,单位:℃);
(b)加入模式中温度的垂直剖面图(沿加热中心 15°N,单位:℃/d;(c)加入模式中的温度垂直廓线
(沿加热中心的剖面,115°E,15°N,水平坐标为温度,单位:℃/d,垂直坐标为气压,单位为 hPa);
(d)加入模式中 339 hPa 高度层的温度水平分布图(单位:℃/d)

2008 年 4 月 17 日,南海台风"浣熊"强度较强时,沿台风中心的纬向温度距平垂直剖面显示(图 11a),对流层中高层 150~600 hPa 之间为正温度距平,强增温中心位于 200~400 hPa 的高度,最大的增温为 6℃。根据这一观测事实,模式中每日加入的热源的垂直分布如图 11b 和图 11c,最大加热中心位于模式第 9 层,加热范围为(110°~120°E;10~20°N)。

以往研究表明,海表温度(Joseph,1990;Yang and Lau,1998)以及海气相互作用(Wu et al.,2011;2012)对夏季风暴发都有重要的影响。本文研究的主要目的是西北太平洋热带气旋对孟加拉湾夏季风暴发的影响。因此,在试验设计时要尽可能地保证控制试验和敏感试验中除了南海地区的潜热加热不同外,其他对夏季风暴发有影响的因子基本相同,这样更能体现南海地区台风潜热释放对孟加拉湾夏季风暴发的触发过程。因此,本部分设计了气候平均海温大气控制试验为(CT1)和对应的加热试验(HT1)。

5.2　大气模式加热试验 HT1 结果

在大气模式试验中,控制试验 CT1 从 1 月 1 日开始积分,控制试验中亚洲夏季风指标为图 12a,控制积分中孟加拉湾夏季风暴发时间 5 月 9 日,南海夏季风的暴发时间为 5 月 15 日。控制试验中孟加拉湾和南海夏季风暴发时间跟气候平均暴发时间基本相同(孟加拉湾夏季风暴发时间为 5 月 7 日,南海夏季风暴发时间 5 月 15 日)。加热试验中加入热源的时间选定为 4月 21—29 日(比 2008 年 4 月 13—19 日略偏晚)。

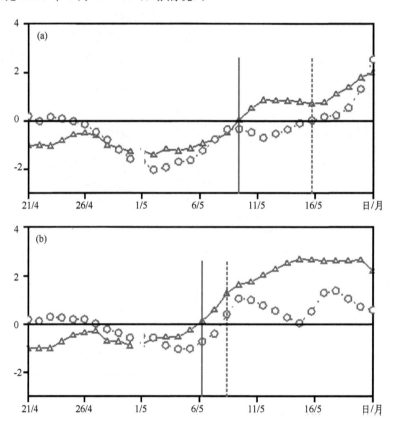

图 12　控制试验 CT1(a)和加热试验 HT1(b)中 200～500 hPa 之间对流层中上层平均温度
的经向梯度(夏季风指标),红色虚线代表南海夏季风区(5°～20°N;110°～120°E),
蓝色实线代表孟加拉湾夏季风区(5°～20°N;85°～100°E)

4 月 21 日开始,每日加入图 11 所示热源,积分一段时间后,在加热区中心附近的对流层中上层出现温度正距平区域(图略)。4 月 27 日,热源对大气的加热使得南海上空的温度比同经度上平均温度高 2～3℃。加热造成的温度距平和 2008 年台风"浣熊"造成的温度距平形态相似,中心强度略弱(图11a)。从图11c可知,模式中加入的热源中心强度为10℃/d,比观测中"浣熊"中心附近6℃的温度距平要高,但这样的加热率对大气的加热效果并没有超过"浣熊"潜热释放对大气的加热。因为热源进入大气后,随着温度的改变,热能有一部分转化成动能,大气达到新的热力平衡状态。因此,加热试验HT1中加入的热源是合理可行的。

在加热试验HT1中,4月21—30日加入热源,5月1日关闭热源,积分继续进行。从控制试验CT1和加热试验HT1中亚洲夏季风暴发时间可以看出(图12),南海地区热带气旋潜热加热使得孟加拉湾夏季风暴发时间由控制试验的5月9日提前至5月6日(提前3d),南海夏季风暴发时间由5月15日提前至5月8日(提前7d)。下面详细分析南海海域热带气旋加热触发夏季风暴发的过程。

(1)南海潜热加热过程中南亚高压的演变和行星涡度平流

南海区域热带气旋潜热加热造成加热区以及附近地区(孟加拉湾、印度半岛、青藏高原等地)对流层高层反气旋发展(图略),伴随着反气旋的发展,反气旋中心向西移动到加热区上空的北侧(图13)。4月22日,对流层高层反气旋中心位于菲律宾以东132°E附近洋面上,受南海地区潜热加热的影响,高压中心逐渐向加热区移动(偏西方向),25日高压中心位于加热区域附近。同时,25日开始高压中心东侧的偏北风开始增强,西侧的偏南风增强,风速增强使得南亚高压的东侧出现正行星涡度平流,西侧出现负行星涡度平流。24—26日孟加拉湾和中南半岛附近的负行星涡度平流对该地区位势高度的增加起重要作用。

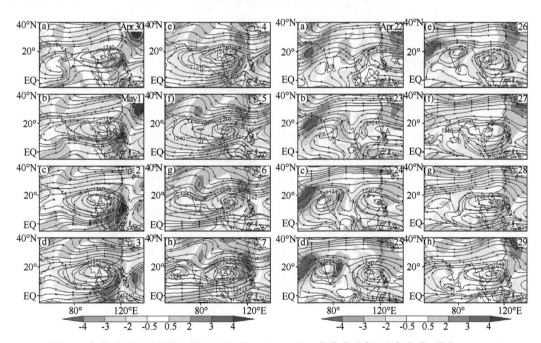

图13　加热试验HT1中,4月22—5月7日200 hPa位势高度场(蓝色实线,单位10 gpm)、流线以及行星涡度平流(阴影,单位10^{-10} s^{-2}),A为反气旋中心位置

在南海区域外部热源持续维持期间(4月21—30日),200 hPa南亚高压中心西移动到加热区域上空后受潜热加热和行星涡度平流的共同作用稳定维持在南海北部。加热关闭后(图13),5月1日开始,受200 hPa南亚高压东侧强正涡度平流和西侧负涡度平流的影响,高压中

心开始西移,2日开始,南亚高压中心位于中南半岛中部。高压南侧偏东风逐渐增强,孟加拉湾东南部由较一致的偏东风转为辐散气流(5月5日),有利于该地区对流系统的发展。

(2)加热试验HT1中孟加拉湾季风暴发性涡旋生成过程

加热试验HT1中,4月29日孟加拉湾和中南半岛西部对流层低层为反气旋环流(图14),赤道以北的印度洋大部分地区为偏东风控制,正垂直涡度中心位于南海热带气旋加热区域附近。外部潜热加热关闭后,南海北部的偏东风增强并向西扩展,和孟加拉湾前期维持的偏东风打通并有效增强了该地区的风速。受偏东风水平风切变的影响,中南半岛东南部和南海北部出现较强的正垂直涡度中心(图15),涡度中心的东侧和南侧出现大于30 mm/d的较强降水。3日,南海西北部、中南半岛和孟加拉湾东部的东风带持续增强,强风速中心位于中南半岛中部,同时降水和低层垂直涡度中心西移,700 hPa高度上垂直涡度达$4×10^{-5} s^{-1}$,孟加拉湾东南部开始出现大于10 mm/d的降水,部分地区降水量在30~50 mm/d。4日开始,孟加拉湾

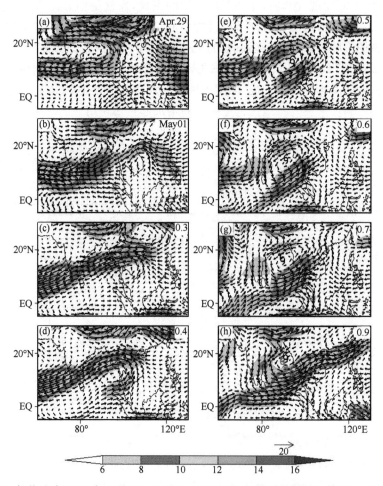

图14　加热试验HT1中,4月29—5月9日700 hPa风场(矢量箭头,单位:m/s)和风速
(阴影,单位 m/s),⑥为热带风暴中心位置

东南部出现气旋式环流中心,正涡度中心最大值为$3×10^{-5} s^{-1}$并迅速增强。在南海热带气旋加热关闭后4天,孟加拉湾东南部出现低压环流中心,该低压迅速发展形成孟加拉湾夏季风暴

发性涡旋。5 日开始,孟加拉湾夏季风暴发涡旋中心附近风速达 10 m/s 以上,中心附近最大垂直涡度为 $4 \times 10^{-5} \mathrm{s}^{-1}$,2008 年 4 月 27 日孟加拉湾热带风暴强度达到风暴等级时700 hPa最大风速约为 12 m/s 以上、最强降水为大于 40 mm/d,最大垂直涡 $3 \times 10^{-5} \mathrm{s}^{-1}$。加热试验 HT1 中,5 月 5 日孟加拉湾东南部低压强度接近或达到热带风暴强度等级。伴随着孟加拉湾低压的发展,4 日开始,孟加拉湾南部的越赤道气流也逐渐增强,6 日(图 14,15)热带风暴中心东南侧的越赤道西南风和带副热带西风气流打通,孟加拉湾大部分海域被西南气流控制,同时降水强度较大,孟加拉湾夏季风暴发。

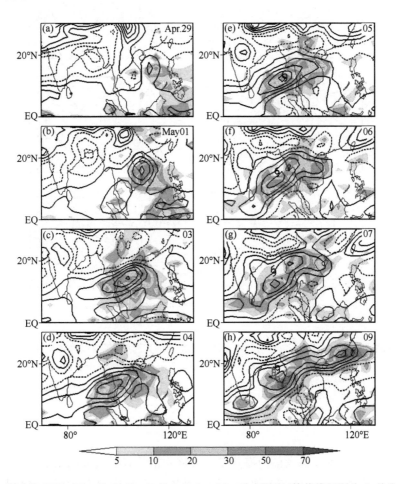

图 15　加热试验 HT1 中,4 月 29 日—5 月 9 日 700 hPa 垂直涡度(等值线间隔为 1,单位:$10^{-5} \mathrm{s}^{-1}$)
和降水(阴影,单位 mm/d),6 为热带风暴中心位置

(3)高空辐散对孟加拉湾热带风暴的触发作用

孟加拉湾热带风暴生成前期,南亚高压中心由南海北部西移至中南半岛中西部(图 13)。伴随着南亚高压西移,对流层高层辐散中心也明显西移(图 16)。4 月 29 日,200 hPa 强辐散中心位于南亚高压中心的东南侧(南海中部)(图 16 a),辐散强度较强。南海热带气旋加热关闭后,南海上空的辐散由大于 $3 \times 10^{-5} \mathrm{s}^{-1}$ 减弱为小于 $2 \times 10^{-5} \mathrm{s}^{-1}$。5 月 3 日开始,南亚高压东南侧的辐散开始向西南方向移动,此时对流层低层孟加拉湾东南部正垂直涡度中心开始形成,对流层高层辐散和低层低压辐合耦合在一起。强降水的正反馈作用进一步增强了低层气旋涡度

发展以及高层辐散。5月5日,低压中心附近的正涡度达$3\times10^{-5}\mathrm{s}^{-1}$,并且高层辐散中心恰好位于600 hPa附近正涡度中心(850 hPa的正涡度中心偏东)。这种形式的出现有利于热带风暴强度迅速增强,5月5日后,热带风暴造成的强降水超过30 mm/d。5月6日孟加拉湾夏季风暴发,9日热带风暴中心靠近孟加拉湾东北侧陆地后强度减弱消亡。

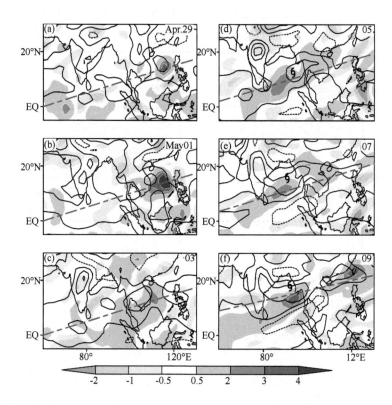

图16　加热试验 HT1 中,4 月 29 日—5 月 9 日 850 hPa 垂直涡度(等值线间隔为 1,单位:$10^{-5}\mathrm{s}^{-1}$)
和 200 hPa 散度(阴影,单位 $10^{-5}\mathrm{s}^{-1}$),⑤为热带风暴中心位置

6　结论

本文研究了亚洲夏季风暴发前南海热带气旋降水潜热释放造成的南亚高压非对称不稳定发展,进而通过南亚高压的发展对孟加拉湾热带风暴生成作用,详细阐述了南海热带气旋活动通过影响南亚高压触发孟加拉湾风暴生成和夏季风暴发的过程。得到以下主要结论:

(1)亚洲夏季风暴发前西北太平洋热带气旋活动造成南亚高压不稳定发展

理论分析、个例分析以及数值模拟都表明,亚洲夏季风暴发前西北太平洋热带气旋活动造成的强潜热释放能够显著改变对流层高层反气旋的强度和中心位置。热带气旋加热过程中,高层反气旋中心位于加热区域上空偏北的位置,在加热区域的西部受行星负涡度平流的影响,也出现位势高度增强。热带气旋加热关闭后,前期加热区域上空的正位势高度迅速向北移动并随着西风带东移,在东部正行星涡度平流和西部负行星涡度平流的共同作用下高层反气旋中心(南亚高压)西移到中南半岛上空。并且受南亚高压东部高压增强的影响,西风带内槽脊加强。台风的潜热释放以及行星涡度平流的共同作用造成了南亚高压在台风活动期间以及

台风活动过后非对称不稳定发展。

　　(2)南亚高压不稳定发展对孟加拉湾风暴生成和夏季风暴发的触发作用

　　受西北太平洋热带气旋潜热释放以及由此引发的行星涡度平流的影响,对流层高层反气旋出现不稳定发展,在高压的西南侧出现强高空辐散,热带气旋加热关闭后,随着高压中心的西移,高空辐散也西移到孟加拉湾东南部和中南半岛南部,当高空辐散和低层正涡度区耦合后,对流和低压迅速发展成孟加拉湾夏季风暴发性涡旋或者热带风暴。

　　同时,随着南亚高压的演变,高压南侧形成一条高位涡带,该高位涡带向孟加拉湾东南部靠近也对风暴的生成起一定的作用。

　　孟加拉湾风暴生成后,孟加拉湾夏季风暴发。

参考文献

关月.2010.海气相互作用对孟加拉湾夏季风暴发涡旋的形成和亚洲夏季风暴发的影响.北京:中国科学院大气物理研究所博士学位论文,pp115.

黄菲,李元妮.2010.南海夏季风暴发与西北太平洋热带气旋活动.中国海洋大学学报,**40**(8):1-10.

毛江玉.2001.季节转换期间副高形态变异和季风暴发机制研究.北京,中国科学院大气物理研究所博士学位论文,pp139.

陶诗言,何诗秀,杨祖芳.1983.1979 年季风试验期间东亚夏季风暴发的观测研究.大气科学,**7**:347-355.

吴国雄,丑纪范等.2002.副热带高压形成和变异的动力学问题.北京:科学出版社,pp314.

许健民,张其松.2006.卫星风推导和应用综述.应用气象学报,**17**(5):574-582.

颜京辉.2005.亚洲夏季风的暴发和推进过程及副热带高压形态的变异.北京:中国科学院大气物理研究所博士学位论文,pp147.

Ananthakrishnan R, Srinivasan V, Ramakrishnan A R *et al*. 1968. Synoptic features associated with onset of southwest monsoon over Kerala, *Forecasting Manual Report* No. IV-18. 2, India Meteorological Department, Pune, India.

Bao Q, Wu G X, Liu Y M, *et al*. 2010. An introduction to the coupled model FGOALS1. 1-s and its performance in East Asia. *Advances in Atmospheric Sciences*, **5**:167-178.

Emanuel K A. 1995. On thermally direct circulations in moist atmospheres. Journal of the Atmospheric Sciences, **52**(9):1529-1534.

Guo L, Liu Y M. 2008. The effects of diabatic heating on asymmetric instability and the Asian extreme climate events. *Meteorology and Atmospheric Physics*, **100**: 195-206.

Huffman G J, Adler R F, Bolvin D T, *et al*. 2007. The TRMM multi-satellite precipitation analysis:Quasi-global, multi-year, combined-sensor precipitation estimates at fine scale. *Journal of Hydrometeor*, **8**:38-55.

Huffman G J. Adler R F, Morrissey M M, Curtis S, Joyce R, McGavock B, Susskind J. 2001. Global precipitation at one-degree daily resolution from multi-satellite observations. *Journal of Hydrometeor*, **2**: 36-50.

Hurrell J W, Hack J J, Shea D, *et al*. 2008. A new sea surface temperature and sea ice boundary dataset for the community atmosphere model. *Journal of climate*, **21**:5145-5153.

Kalnay E, Kanamitsu M, Kistler R, Collins W, Deaven D, Gandin L, Iredell M, Saha S, White G, Woollen J, Zhu Y, Leetmaa A, Reynolds B, Chelliah M, Ebisuzaki W, Higgins W, Janowiak J, Mo KC, Ropelewski C, Wang J, Jenne R, and Joseph D. 1996. The NCEP/NCAR 40-year reanalysis project. *Bulletin of the American Meteorological Society*, **77**: 437-471.

Liu B Q, He J H, and Wang L J. 2012. On a possible mechanism for southern Asian convection influencing the South Asian High establishment during winter to summer transition. *Journal of Tropical Meteorology*, **18**: 473-484.

Mao J Y, Wu G X. 2008. Influences of typhoon Chanchu on the 2006 South China Sea summer monsoon onset. *Geophysics Research Letter*, **35**. L12809, dio: 10. 1029/2008GL033810.

Plumb R A, Hou A Y. 1992. The response of a zonally symmetric atmosphere to subtropical thermal forcing: Threshold behavior. *Journal of the Atmospheric Sciences*, **49**(19): 1790-1799.

Webster P J, Yang S. 1992. Monsoon and ENSO: Selective systems. *Quarterly Journal of the Royal Meteorological Society*, **118**: 877-926.

Wu G X, Zhang Y SH. 1998. Tibetan Plateau forcing and the timing of the monsoon onset over South Asia and the South China Sea. *Monthly Weather Review*, **126**(4): 913-927.

Xu J J, Chan J C L. 2001. First transition of the Asian summer monsoon in 1998 and the effect of the Tibet-tropical Indian ocean thermal contrast. *Journal of the Meteorological Society of Japan*, **79**:241-253.

Yu H, Hu C H, and Jiang L Y. 2007. Comparison of three tropical cyclone intensity datasets. *Acta Meteor. Sinica*, **21**: 121-128.

青藏高原东部暴雨云团的卫星雷达特征①

朱 平[1,2] 肖建设[3]

(1. 南京信息工程大学气象灾害预报预警与评估协同创新中心中国气象局重点实验室，南京 210044
2. 青海省气象台，西宁 810001；3. 青海省气象科研所，西宁 810001)

摘 要：使用 FY-2 卫星红外通道数据和西宁雷达数据，对青藏高原东部典型局地暴雨过程进行云团分析；针对测站上空 7×7 像元范围的云团进行云顶温度变化等相关分析，对关键四省范围内的云团进行识别、追踪和对流云团参数计算，对暴雨云团的雷达回波特征也进行了分析。主要结果表明：①7×7 像元范围红外各通道的云顶温度变化趋势一致。云顶温度梯度峰值和其变化率对强降水最有预报意义，二者均出现在强降水之前，峰值次数为 1～2 次；②对流云团的识别追踪方法更为简单有效；③高原东部暴雨云团均为 β 中～α 中尺度，水汽柱深厚但强度比低海拔地区更弱，若对流云团空间参数位置靠近测站的距离小于 15 个像距时降水将在几个小时内产生；④暴雨云团在雷达回波图上表现为强降水超级单体风暴特征，并且，回波顶高峰值（及顶高梯度）与云顶温度谷值（及云顶温度梯度峰值）、垂直累积液态水含量峰值与水汽通道云顶温度谷值的对应关系很好。本研究结果对高原强对流云团的识别、跟踪及短时降水预报等具有重要参考价值。

关键词：红外通道；局地暴雨云团；识别和跟踪；短时降水预报。

1 引言

自 2004 年 10 月 19 日以来，我国成功发射了四颗静止气象卫星（FY-2C、FY-2D、FY-2E 以及 FY-2F），具有红外（IR1 即红外 1：10.3～11.3 μm、IR2 即红外 2：11.5～12.5 μm、IR3 即红外 3（水汽通道）：(6.2～7.6 μm) 和短波红外（3.5～4.0 μm）以及可见光(0.55～0.9 μm) 五个通道，其分辨率各不相同。红外通道是昼夜云和地表的红外辐射信息，水汽通道得到是空间大气中上层水汽分布。从这些不同通道得到的各种云图信息，通过加工处理后，可以得到很多卫星气象图像和气象业务产品。目前运用各通道得到的云图信息进行降水估计的应用较为广泛。Adler 和 Negri（1998）结合一维云模式提出了一种估计对流云和层状云降水的方案；Vicente 等（1998）发展了全自动的卫星估测降雨技术并进行了业务试运行。Lin 等（2003）使用 1998 和 1999 年雨季 GMS-5 红外云图资料研究云顶亮温和地表降水率之间的关系，得出随着亮温降低和亮温梯度增加很可能出现强降水的结论。Hong 等（2004）使用人工神经网络云分类系统（PERSIANN CCS）进行卫星估测降水，该云分类系统每隔 30 min 从 10.7 μm 静止卫星红外云图提取出局地和区域云特征进行细尺度(0.04°×0.04°/像素)降水分布估测，其小

① 基金项目：青海省科技厅项目"青海省短时强降水预报预警方法研究"（编号：2011-Z-712），公益性行业（气象）科研项目（编号：GYHY201306006）。
第一作者简介：朱平（1980—），女，在读博士研究生，主要从事大气遥感与短临天气预报研究。E-mail：ping_xjs2010@126.com

时降水分布估计值和雨量计测量值的相关系数为 0.45。Bergès 等（2009）使用一种新的云增长率指数法估测降水，该指数相比冷却指数能更有效地识别出降水单体，将该新指数法用于大范围降水估测，其日降水检验结果有所改善。Mahrooghy 等（2011，2012）将链接聚类集成（LCE）方法应用于高分辨率卫星估测降水（HSPE）算法—人工神经网络云分类法估测降水的修正形式，研究结果表明，LCE 法相比使用自组映射（SOM）的高分辨率卫星降水估计能力更高，LCE 法对中到大雨的 Heidke 技能评分提高 5% 至 7%，且同等威胁指数（ETS）在冬季的检验评分提高 5%。卢乃锰和吴蓉璋（1997）研究得出在弱降水区对流云团的降水强度与云团的云顶温度梯度（G）呈正相关。但在强降水区，相应的云顶温度梯度却在减小，即很强的降水更容易发生在云顶比较平坦的区域。江吉喜和范梅珠（2002）将青藏高原对流云的强度按云顶温度值分为 4 级：Ⅰ. 即一般性对流云（$-32 \sim -54\,^{\circ}\text{C}$）；Ⅱ. 伴有雷暴的较强对流云（$-54 \sim -64\,^{\circ}\text{C}$）；Ⅲ. 穿越对流层顶的强对流云（$-64 \sim -80\,^{\circ}\text{C}$）及 Ⅳ. $\leqslant -80\,^{\circ}\text{C}$ 的极强对流云，并研究得出高原上对流云的云顶亮温多在 $-32 \sim -54\,^{\circ}\text{C}$ 之间，强对流云很少。胡波等（2005）根据云团强中心附近的最大亮温梯度区的移动来估计云团未来 1 h 强降水可能的强度与落区。郑世林和席世平（2006）研究得出云顶亮温梯度大的区域是灾害性天气的易发区。陈佩燕等（2006）分析得出西北太平洋热带气旋（TC）强度与云顶亮温（TBB）存在负相关关系。滕卫平等（2006）分析得出随着云顶亮温的降低，1 h 降水量降水强度逐渐增大，出现强降水的概率也明显增多。张驹等（2007）研究发现 TBB 值由最低值快速上升时，其对应站点的降水强度也大，降水区域出现在 TBB 梯度大的地方。赵强和程路（2009）研究得出强降水区域与 TBB 低值中心对应较好，单站 TBB 值与降水强度对应较好，TBB 低值出现时段与强降雨时段基本吻合。李森等（李森等，2010；胡渝宁和李森，2012）通过计算深对流指数和红外通道亮温差来识别暴雨云团，并得到卫星深对流指数的大值区和红外多光谱带差值的正负分布与对流云的发展、强对流的发生有很好的对应关系。刘延安等（2012）基于 FY2 红外云图的亮温和面积阈值实现对强对流云团的短时预报，并得出雨量站实测的 1 h 降水量与云顶平均亮温和 TBB 极小值存在较好的对应关系。

青藏高原东部属于干旱、半干旱地区，随着近年来极端天气事件增多，高原上夏季对流活动明显增强，短时强降水异常频发，常导致山洪灾害等，给人民生命财产造成了巨大损失。由于高原地形起伏大、降水分布不均，对流降水受地形影响大。然而，高原东部目前仅两部雷达用于监测和预警强对流天气，探测范围有限；数值预报模式对局地对流降水无能为力，且高原南部常年被云覆盖，因此，本文利用 FY2 卫星红外通道监测资料对东部的局地暴雨过程进行分析，并得出红外通道物理量的变化特征及其与 1 h 降水量之间的关系等，以期提高短时强降水预报的准确率，从而在一定程度上减轻灾害性天气造成的损失。

2　资料说明

选取 2005—2010 年发生在青藏高原东部 19 次典型局地暴雨过程，如表 1 所示，降水起止时间用年月日时表示，如个例 1 的降水起止时间为 2005 年 8 月 14 日 18 时至 15 日 06 时。1 h 最大降水量（OHP_{max}）栏的时间表示自动气象站测得 OHP_{max} 的时间。高原东部包括 13 个自动气象站，站点分布位置如图 1 所示，每个县仅 1 个自动气象站，站点间的最短距离仅 30 km（尖扎到化隆站）。降水实况资料来源于青海省气象台，卫星数据来源于国家卫星气象中心

FY-2C 和 FY-2E 数据(Hdf5 格式),提取出包括青海在内的四省(区)范围(72.89°～108.73°E、25.74°～50.60°N)的红外云图灰度数据及对应定标表,由此得到该范围的云顶亮温(TBB,单位:K)数据。图像分辨率 0.05°/像素,即约 5 km/像素。

表 1　青藏高原东部 19 次局地暴雨过程(北京时)

个例	站号	站名	降水起止时间		OHP_{max}(mm)/时间
			年月	时分—时分	
1	56043	玛沁	200508	1418—1506	27/24:00
2	56046	达日	200607	1210—1216	25/16:00
3	56067	久治	200607	2020—2107	27.5/02:00
4	56065	河南	200707	1616—1622	25.1/22:00
5	52765	门源	200708	0713—0720	28/19:00
6	52754	刚察	200708	2014—2101	33/20:00
7	52866	西宁	200708	2514—2606	28/22:00
8	52943	兴海	200807	2811—2823	25.8/17:00
9	56065	河南	200907	1513—1522	32.7/19:00
10	52963	尖扎	200908	0214—0308	27.1/01:00
11	52943	兴海	200908	2412—2505	27.5/18:00
12	52963	尖扎	201005	2819—2902	25.1/01:00
13	52875	平安	201008	0711—0718	25/17:00
14	52968	泽库	201008	1013—1100	27.3/19:00
15	52968	泽库	200607	2112—2121	29.1/18:00
16	52765	门源	200609	0315—0401	26.1/21:00
17	56065	河南	200907	2011—2018	49.1/17:00
18	52877	化隆	201008	0711—0719	25.1/17:00
19	52974	同仁	201009	2015—2102	36.6/21:00

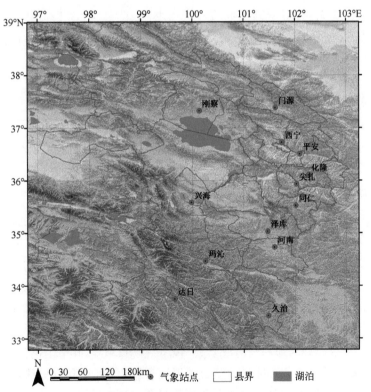

图 1　青藏高原东部典型暴雨过程自动测站分布

3　固定范围云顶温度变化特征

从图1中可看出高原东部的占地面积和地形起伏都比较大,各气象站均分布在山谷里,最短站间距已超过全国山区自动气象站的平均站间距。参考中小尺度强对流云核的直径(10～20 km)、全国山洪灾害重点防治区自动气象站的站间距(20～40 km)、山区自动气象站的站间距(平均<25 km),假设自动站(图1)测得降水量能代表周围15 km范围的降水,选取以站点为中心的35 km×35 km矩形云区范围(图2)作为研究区域,以分析判断测站上空对流云的发展变化和与降水的关系。图2为$M×N$个像素点的矩形范围,取$M=N=7$,每个方块表示一个像素点,黑色方块为测站所在位置。

研究指出(卢乃锰和吴蓉璋,1997;郑世林和席世平,2006；滕卫平等,2006;张驹等,2007;赵强和程路,2009)云顶温度梯度和云顶温度极小值均与降水存在较好对应关系。云顶温度降低说明云顶高度升高、积云发展,云顶温度升高表明云顶高度降低、积云减弱;同理,云顶温度梯度也反映了积云的发展变化,云顶温度梯度增大或减小代表云顶局部温度分布(或云顶高度分布)不均一性程度增强或减弱。对表1中各次暴雨过程取降水开始前4 h直到降水结束后2 h的所有时次云图资料,针对研究区域的云块,计算红外通道(红外1、红外2、红外3)云顶温度极小值(T_{min})以及云顶温度梯度(G)的极大值(G_{max})。

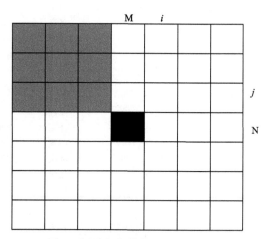

图2　测站所在计算区域示意图

采用3×3的窗口(如图2灰色区域所示)计算云顶温度梯度:

$$G = \sqrt{[T(i+1,j) - T(i-1,j)]^2 + [T(i,j+1) - T(i,j-1)]^2} \tag{1}$$

其中i、j为象素坐标,T为云顶温度(单位:℃,$T=TBB-273.16$)。在图2所示7×7矩形范围内搜索各个3×3窗口中心点的温度梯度,从而得出温度梯度最大值G_{max}。

3.1　云顶温度极值及提前时间分析

分析表1中19次降水过程的7×7矩形范围云顶温度极值和相对于最大小时降水量整点测量时刻(t_{ohpmax})的提前时间,由于降水过程G_{max}峰值出现1～2次,因此列出红外1通道的计算值:$t_{\Delta Gmax}$、t_{1Gmax}、t_{2Gmax}、t_{Tmin}分别表示半小时内G_{max}最大上升变化值(ΔG_{max})、G_{max}第一次峰值(G_{1max})、G_{max}第二次峰值(G_{2max})、T_{min}最小谷值相对于t_{ohpmax}的提前时间,如表2所示(空白处表示未出现G_{max}第二次峰值),$t_{\Delta Gmax}$、$t_{1\ Gmax}$、$t_{2\ Gmax}$、t_{Tmin}的范围分别为2～11h、1～10.5h、0～3h、0～10h(个例1～15)或-0.5～$-2.5h$(个例16～19),ΔG_{max}、G_{1max}、G_{2max}、T_{min}最小谷值分别为3.4～22.3℃、13.2～48.3℃、16.4～51.2℃、-40.6～-90.3℃,其中个例3、14、15、17降水过程的T_{min}谷值均属于≤-80℃的极强对流云顶温度范围(江吉喜和范梅珠,2002)(等级Ⅳ),其余3种等级的降水过程各5次。19次局地暴雨过程中有15次在小时最强降水结束前出现

G_{max}第二次峰值,$t_{2\ Gmax}>0$占 12/15 次,$t_{\Delta Gmax}>t_{2\ Gmax}$占 14/15 次,$t_{\Delta Gmax}>t_{1\ Gmax}$占 10/19 次。4 次过程在小时最强降水结束前仅出现一次 G_{max} 峰值,$\Delta G_{max}<8$ 的共 3 次,其中 1 次 $G_{1max}>30℃$,另外两次 $G_{1max}>13℃$,但 T_{min} 分别为 $-43℃$ 和 $-82.3℃$ 且 $t_{Tmin}>1\ h$;$\Delta G_{max}>8$ 的 1 次 $G_{1max}>40℃$。19 次暴雨过程中有 18 次降水与云顶温度具有一定相关关系(个例 10 除外):当 $G_{2max}>15℃$ 时,强降水将在 3 小时内产生;当 $\Delta G_{max}>8℃$ 且 $G_{1max}>15℃$,或 $G_{1max}>30℃$,或 $T_{min}<-60℃$,满足其中之一则强降水在未来 6 h 内产生。

19 次降水过程的 G_{max} 峰值均出现在小时最强降水结束之前;个例 1~15 的 T_{min} 谷值也出现在最强降水结束之前;个例 16~19 的 T_{min} 谷值则出现在小时最强降水结束之后。个例 1~19 说明测站最强降水可能出现在 7×7 范围积云发展到最大高度之后也可能出现在最大高度之前,但一定出现在 7×7 范围积云云顶出现最大温度梯度(即出现最大高度梯度)之后,强降水的具体产生时间及雨强大小视降水所需的热力、动力、水汽条件的具体配置情况而定。

表2 青藏高原东部 19 次局地暴雨过程 7×7 范围云顶温度极值和提前时间

个例	$t_{\Delta Gmax}$ (h)	ΔG_{max} (℃/0.5h)	$t_{1\ Gmax}$ (h)	$G_{1\ max}$ (℃)	$t_{2\ Gmax}$ (h)	$G_{2\ max}$ (℃)	t_{Tmin} (h)	T_{min} (℃)	T_{min} 等级
1	7	12.7	5.5	27.4	3	16.4	5	−53.3	I
2	2.5	13.1	1	46.1			1	−49.8	I
3	2.5	3.4	2.5	16.4			1.5	−82.3	IV
4	5.5	15.4	5	31.2	0.5	19.5	3.5	−74.3	III
5	5	8.2	3.5	25.1	0	20.1	0.5	−50.7	I
6	2	19.3	2	28	1	33.3	0.5	−40.6	I
7	2	8.2	4	20.1	2	24.8	0	−59.7	II
8	4	13.5	4	29.1	1.5	29.2	1.5	−62.9	II
9	4	14.1	3.5	28.9	1.5	33.7	1.5	−69	III
10	11	4.1	10.5	13.2			10	−43	I
11	3	22.3	3	37.4	1	44.7	1	−62.6	II
12	2.5	8.2	3.5	16.4	1.5	27	4	−60.5	II
13	2.5	19.4	2.5	35.6	1	44.3	0	−69.5	III
14	4	13.6	4	42.2	2.5	43.2	1.5	−84.6	IV
15	3	10.8	2.5	38.5	1	30.1	0.5	−90.3	IV
16	2	9.0	2	22.8	0	30.2	−2	−69.8	III
17	2	15.4	1.5	33.7	0	39.6	−2.5	−85.4	IV
18	2.5	19.8	2	48.3	1	51.2	−2	−69.1	III
19	3	6.4	1	32.2			−0.5	−60.3	II

3.2 云顶温度变化趋势分析

以 2005 年 8 月 14 日玛沁暴雨过程(个例 1)和 2010 年 9 月 20 日同仁暴雨过程(个例 19)为例,分别说明 T_{min} 谷值出现在小时最强降水结束前和结束后的云顶温度变化趋势特征。从图 3 和图 4 可以看出,整个降水过程红外通道(红外 1、红外 2、红外 3)的 T_{min} 变化趋势基本一致,G_{max} 的变化趋势也基本一致,特别是红外 1 和红外 2 通道的云顶温度值接近;降水开始前

4 h直到降水结束 2 h内,红外 1 和红外 2 通道的云顶温度值可为正值,但红外 3(水汽)通道的云顶温度始终<−20℃,表明暴雨过程的水汽柱深厚,达到了对流层中上层。降水开始前(图3 和图 4 中左侧负值的绿色柱形),云顶温度逐渐降低、积云发展、云高升高,图 3 在 16:00−16:30 出现了积云的短时减弱,对应云顶温度稍有升高、云顶温度梯度略有减小;图 4 在降水开始前的积云基本处于不断发展中。降水阶段(图 3 和图 4 中 1 h 降水量≥0 的绿色柱形,测得降水的第一个整点分别为 18:00 和 15:00),积云继续发展成熟,由于降水释放的潜热增加了大气环境温度,图 3 和图 4 分别在降水开始的 1 h 内出现了云顶温度升高。随着降水的进行,云顶高度先升后降,积云逐渐减弱,降水结束后云顶温度恢复到环境大气的平衡状态。图 3 中 T_{min} 从谷值升高的过程中,出现较明显的两次降低,表明积云在从最大高度降低的过程中会出现短时增长现象。从图 3 和图 4 中还看出,G_{max} 曲线大值阶段对应 T_{min} 曲线斜率大值阶段,如图 3 中 17:00−19:30、19:30−00:30 和图 4 中 17:30−23:00 的 T_{min} 曲线陡度与 G_{max} 曲线值。

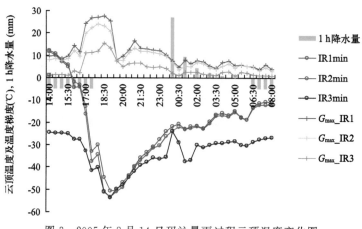

图 3　2005 年 8 月 14 日玛沁暴雨过程云顶温度变化图

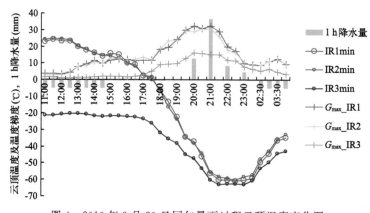

图 4　2010 年 9 月 20 日同仁暴雨过程云顶温度变化图

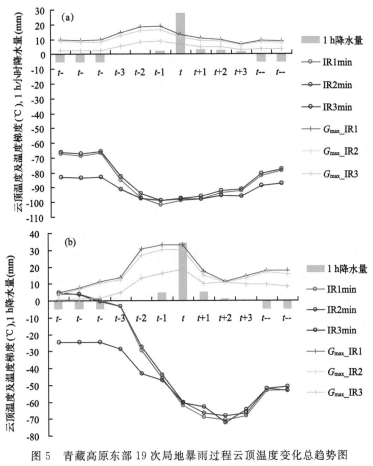

图 5　青藏高原东部 19 次局地暴雨过程云顶温度变化总趋势图
(a)前 15 次过程,(b)后 4 次过程

　　根据 19 次局地暴雨过程的具体降水时间,选择恰当的降水时段以分析降水过程的云顶温度变化总趋势。图 5 中以横轴 $t-$ 表示降水开始前 3 h,t 表示小时最强降水结束时刻,$t-1$、$t-2$、$t-3$ 表示 t 前 3 h,$t+1$、$t+2$、$t+3$ 表示 t 后 3 h,$t--$ 表示降水结束后 2 h。从图 5 中可以看出,红外各通道(红外 1、红外 2、红外 3)的云顶温度及温度梯度变化趋势分别一致,红外 1 和红外 2 通道的计算值很接近,红外 3(水汽)通道的云顶温度在 $-20℃$ 以下,G_{max} 峰值出现在降水开始直到 t 时刻这一阶段;降水阶段云顶温度先降低后上升、云顶温度梯度先上升后下降、对应积云高度先增长后减小,降水结束后 2 h 云顶温度逐渐恢复平衡。前 15 次局地暴雨过程,降水开始前 3 h 云顶温度略有先降低后上升趋势,如红外 1 通道云顶温度依次为 $-67.17℃$、$-66.63℃$、$-68.41℃$;$t-1$ 时刻云顶温度为最低、对应云顶温度梯度最大。后 4 次局地暴雨过程,降水开始前 3 h 云顶温度逐渐下降,t 时刻云顶温度梯度为最大值,$t+2$ 时刻云顶温度为最低、对应积云高度达到最大高度。

3.3　小时降水量级预报方程及误差检验

　　根据上述分析,选择红外 1 和红外 3 通道的云顶温度极小值($x1$ 和 $x2$)、红外 1 通道的云顶温度梯度极大值($x3$)等作为自变量,小时降水量作为因变量(y)。根据青海省短时降水强度的划分标准(朱平等,2012):0 mm$\leqslant y<$8 mm 为普通降水(Ⅲ级),8 mm$\leqslant y<$16 mm 为短

时强降水（Ⅱ级），$y \geqslant 16$ mm 为短时暴雨（Ⅰ级）。选择小时降水量＞1 mm 的 62 个降水时次，建立多元回归方程为：

$$y = 0.61 + 0.01x_1 - 0.11x_2 + 0.45x_3 \tag{2}$$

该方程通过 $P < 0.01$ 的检验，R^2 为 0.23（仅能解释因变量 23％的变异）。由于 x_3 的峰值均出现在小时最强降水结束之前，因此认为 x_3 峰值对小时最大降水量起重要贡献，x_3 峰值对 y 的贡献为：

$$y = -2.58 + 1.03X_3 - 0.01X_3{}^2 \tag{3}$$

该方程通过 $P < 0.01$ 的检验（相关性可信度至少 99％），R^2 为 0.55。加入 x_3 峰值的贡献后所得多元回归方程为：

$$y = -2.09 + 0.12x_1 - 0.16x_2 + 0.65x_3 \tag{4}$$

该方程通过 $P < 0.01$ 的检验，R^2 提高到 0.54，能较好地模拟小时降水量随云顶温度变化的趋势。

假设 t 仍为小时最强降水结束时刻，根据 1 h 降水量的真值分布时间，选择降水时段为 $t-1 \sim t+3$，对（2）～（4）式进行小时降水量预报检验，对于自变量 $x_1 \sim x_3$ 的真值分为 t 时刻不使用 x_3 峰值和使用 x_3 峰值贡献两种情况。检验结果如图 6 所示，$R^2 = 0.23$、$R^2 = 0.55$、$R^2 = 0.54$ 分别代表使用（2）、（3）、（4）式，可见方程模拟结果基本能反映真值随时间的变化趋势，模拟计算的峰值与真值的峰值差别均在 1 个量级内。前一种情况的模拟结果能提前 1 h 预测到强降水，但模拟计算值与真值相差 1 个量级；后一种情况模拟计算的峰值与真值明显接近，但提前时间在 0.5 h 内。总的来看，考虑 $x3$ 峰值对强降水影响的 $R^2 = 0.55$ 和 $R^2 = 0.54$ 的模拟计算值与真值更为接近，可见云顶最大温度梯度及梯度峰值对小时降水量起到了重要贡献。

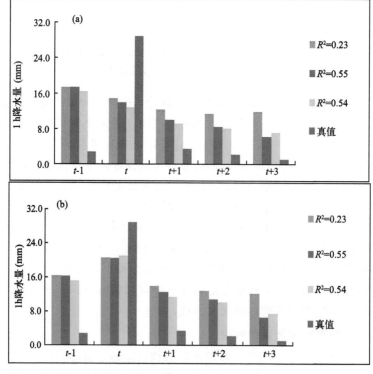

图 6　局地暴雨过程小时降水量级预报检验结果对比图（R 平方，即 R^2）

（a）t 时刻不使用云顶最大温度梯度峰值；（b）t 时刻使用云顶最大温度梯度的峰值贡献

另外,对 19 次局地暴雨过程降水开始前 3 h 内红外通道云顶温度极小值和温度梯度最大值进行统计分析。红外 1 通道的云顶温度极小值($x1$)和云顶温度梯度极大值($x3$)分别为 8.6~−74.7℃和 4.1~40.6℃,红外 3 通道的云顶温度极小值($x2$)为 −21.8~−68.7℃。该 19 次过程中仅两次过程(个例 5 和个例 6)在降水开始前 3 h 内的红外 1 云顶温度极小值＞0℃。因此,可将同时满足 $x_1<0℃$、$x_2<−20℃$、$x_3>4℃$初步作为即将有降水产生的先兆条件。

4　对流云团与测站降水

4.1　对流云团的识别和跟踪

对相邻时次的云图,选择云顶温度阈值(江吉喜和范梅珠,2002)(T_C)并提取轮廓,若轮廓内像元个数≥100 个,则认为是对流云团;计算云团质心间相距 100 km 以内的云团的相关系数,以同时满足最短质心距离和最大相关系数的云团为最佳匹配云团。

步骤 1:取 T_C 为 −32℃以提取云团轮廓,计算轮廓内像元个数(n_c),若 n_c≥100 则认为是一般性对流云团(江吉喜和范梅珠,2002);继续寻找对流云团内的最低温度(T_{min}),若 T_{min}≤ −80℃,则取 T_C 为 −54℃以提取轮廓,若该轮廓内 n_c≥100(刘延安等,2012)则认为是强对流云团(江吉喜和范梅珠,2002);计算云团面积并记录云团代号。

表 1 中 19 次局地暴雨过程的云团均属于 β 中~α 中尺度对流云,面积为 2600~1 100 000 km²,其中 2008 年 7 月 28 日兴海测站暴雨过程(个例 8)个别时次对流云团达到 α 中尺度。2006 年 7 月 12 日(个例 2),取 T_C 为 −32℃,14:30—16:00 四省(区)范围内对流云团个数分别为 18、18、14、18 个,该时段达日测站上空云团属于一般性对流云团(云团边界依次对应图 7 中蓝色、紫色、绿色、玫瑰色轮廓,红色线表示青海省界),云团面积为 β 中尺度且面积逐渐增大,从 3986.6 km² 增加到 77059.1 km²,T_{min} 从 −48.2℃降低到 −66.4℃,测站 15:00—16:00 出现强降水。

表 3　2006 年 7 月 12 日达日局地暴雨过程 14:30 云团 0~18 的计算值

云团代号	相关系数	质心距离(km)
0	0.9	21.2
1	0.6	1573.0
2	0.7	1181.4
3	0.7	1039.5
4	0.6	1041.1
5	0.5	1025.1
6	0.7	1909.7
7	−0.4	2483.1
8	0.6	2213.4
9	0.6	2406.4
10	0.3	2203.2
11	0.6	2560.1

续表

云团代号	相关系数	质心距离(km)
12	0.6	2966.1
13	0.6	2621.9
14	0.6	2615.7
15	0.6	2665.0
16	0.6	2729.3
17	0.6	2742.6
18	0.0	2970.6

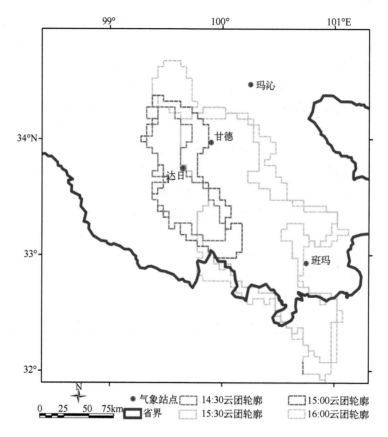

图7　2006年7月12日达日局地暴雨过程14:30—16:00对流云团轮廓

步骤2:计算相邻时次云团质心位置(X_{CG}, Y_{CG})和相关系数(r),计算式如(5)式和(6)式所示:

$$X_{CG} = \frac{\sum_{i=1}^{N_P} X_i T_i}{\sum_{i=1}^{N_P} T_i}, \qquad Y_{CG} = \frac{\sum_{i=1}^{N_P} Y_i T_i}{\sum_{i=1}^{N_P} T_i} \tag{5}$$

式中,T_i为像元温度,为方便提取质心,当$T_i > -32℃$时,令$T_i = 0$;N_P为对流云团内所有像元个数；X_i、Y_i 分别为像元经度和纬度。

$$r = \frac{\sum_{j=1}^{m}\sum_{i=1}^{n}(T_f(i,j)-\overline{T_f})(T_g(i,j)-\overline{T_g})}{\sqrt{\sum_{j=1}^{m}\sum_{i=1}^{n}(T_f(i,j)-\overline{T_f})^2}\sqrt{\sum_{j=1}^{m}\sum_{i=1}^{n}(T_g(i,j)-\overline{T_g})^2}} \quad (6)$$

式中，$\overline{T_f}$ 和 $\overline{T_g}$ 分别为 f 云团和假想匹配云团 g 的平均云顶温度。以云团质心为中心，m、n 分别为的覆盖云团的矩形在经度方向和纬度方向的像元个数。

　　统计相邻时次最佳匹配对流云团的移动距离（以质心位置为标准）和相关系数，分别为小于 100 km 和大于 0.5。例如，2006 年 7 月 12 日四省（区）范围的对流云团追踪，14:00 时刻 0 号云团与 14:30 时刻 0～18 号云团的相关系数及质心间的距离，如表 3 所示，可见 14:00 的 0 号云团恰好与 14:30 的 0 号为最佳匹配云团，相关系数为 0.9、质心间的距离为 21.2 km。

　　步骤 3：令 $t0$ 时刻 0 号云团的质心为 CG_0^{t0}，在 t_1 时刻云图上搜索各云团质心 CG_k^{t1}，寻找 CG_k^{t1} 与 CG_0^{t0} 相距 $\Delta L < 100$ km 的云团，计算相关系数 r 时 m、n 的取值以 CG_0^{t0} 和 CG_k^{t1} 所在云团的相对较小覆盖范围为准；以同时满足最大相关系数和 $\Delta L < 100$ km 的最小距离所在云团为 t_0 时刻 0 号云团的最佳匹配云团。

　　同理可在 t_1 时刻云图上得到 t_0 时刻 1、2、3……号云团的最佳匹配云团。

　　此对流云团识别和跟踪方法较简单、计算量相对较小、准确率高。

4.2 云团识别和跟踪效果检验

　　2010 年 8 月 10 日泽库测站暴雨过程的对流云团的识别和追踪效果，如图 8 和表 4 所示，图 8 中标有质心点的云团为识别和追踪到的一致的对流云团，13:00—16:00 识别和追踪到的对流云团一致；16:30 的追踪结果为无，识别到泽库测站附近存在 22 号对流云团（图 8h 彩色云团）。从 13:00 的 6 号云团（图 8a 彩色云团）开始，该云团与 13:30 的 6 号云团恰好是最佳匹配云团，最大相关系数为 0.7，质心间的距离为 36.2 km。13:00—16:00 属于一般性对流云团，T_{min} 为 220.7～196.2 K，即约 −52.3～−76.8℃；从 13:00 开始泽库西南方向有对流云发展，直到 15:30 已发展成 β 中尺度、T_{min} 为 198 K 的 15 号云团（表 4、图 8f 虚线轮廓内云团），该云团与 16:00 的 17 号云团（表 4、图 8g 虚线轮廓内云团）是最佳匹配云团，相关系数为 0.9、质心距离为 21.8 km。从 15:30 和 16:00 的云图（图 8f、g）可以看出彩色云团与轮廓线内云团有逐渐合并的趋势，直到 16:30 已合并为 22 号云团，T_{min} 为 190 K，属于强对流云团（彩色云团的阈值为 −54℃，轮廓线内云团阈值为 −32℃），对流云团已发生了严重形变，16:00 的 15 号云团（彩色）和 17 号云团（轮廓线内）与 16:30 的 22 号云团的相关系数分别低于 0.5。

　　其他强降水过程的云团检验结果与之类似，对流云团的识别和跟踪方法对形变较小的云团（相关系数 ≥0.5）的检验结果准确率为 100%，对发生了合并或分裂等严重形变的云团（一般相关系数 <0.5）的识别结果正确而追踪结果无效。

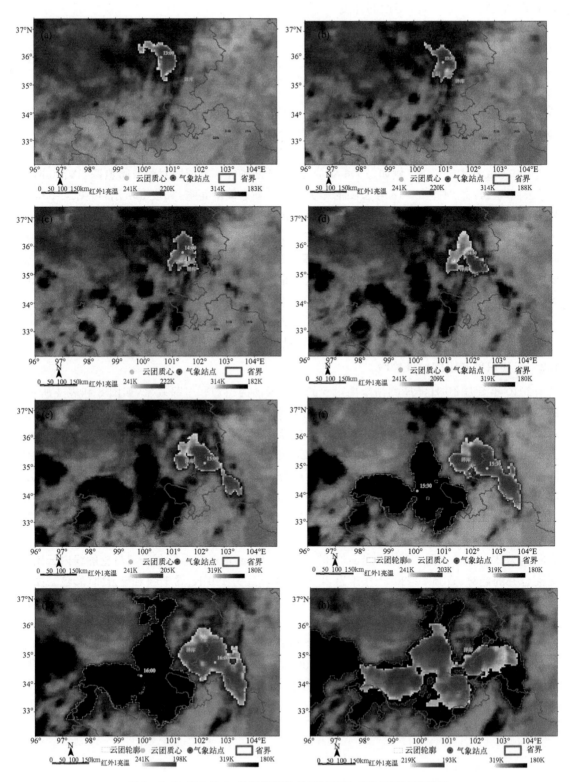

图8 2010年8月10日泽库测站暴雨过程的对流云团追踪效果

(a)13：00、(b)13：30、(c)14：00、(d)14：30、(e)15：00、(f)15：30、(g)16：00、(h)16：30

表4 2010年8月10日泽库测站暴雨过程的对流云团识别和追踪计算值

时次	识别的云团代号	T_{min}(K)	追踪的云团代号	相关系数	质心距离(km)
13:30	6	222.3	6	0.7	36.2
14:00	8	222.9	8	0.7	29.0
14:30	9	209.1	9	0.6	37.6
15:00	11	205.9	11	0.5	74.1
15:30	12、15	203.5、198	12	0.9、0.4	31.7、243.1
16:00	15、17	198.9、196.2	15	0.9、0.9	18.5、21.8
16:30	22	190	无	0.3、0.4	

4.3 对流云团参数计算

根据研究结果,卫星深对流指数的大值区和红外多光谱带差值的正负分布与对流云的发展、强对流的发生有很好的对应关系(李森等,2010;胡渝宁和李森,2012);雨量站实测的1 h降水量与云顶平均温度和温度极小值存在较好的对应关系(刘延安等,2012);云顶温度梯度大值区和强降水区的位置对应也较好(胡波等,2005;郑世林和席世平,2006)。由于高原测站稀疏,本文仅对19次局地暴雨过程的测站上空有对流云覆盖的时次进行分析,选择测站降水开始前3 h和强降水开始前3 h,计算并分析上述强对流云参数(辐射参数和空间参数)与测站降水预报的关系。

辐射参数:

对流云团云顶平均温度($\overline{T}$)、最低温度(T_{min})、最大温度梯度(G_{max}),质心位置红外多光谱带差值(T_{12}、T_{13})和深对流指数(DCI_{NS})。温度梯度和质心位置的计算式分别同式(1)和式(5)。

$$\begin{cases} T_{12} = T_{\alpha G1} - T_{\alpha G2} \\ T_{13} = T_{\alpha G1} - T_{\alpha G3} \end{cases} \tag{7}$$

式中$T_{\alpha G1}$、$T_{\alpha G2}$、$T_{\alpha G3}$分别表示质心的红外1、红外2、红外3的云顶温度,质心的深对流指数(DCI_{NS})计算式为:

$$DCI_{NS} = \begin{cases} 250 - T_{\alpha G} & T_{\alpha G} < 250K \\ 0 & T_{\alpha G} \geqslant 250K \end{cases} \tag{8}$$

式中$T_{\alpha G}$为质心位置云顶温度,由于400 hPa附近大气的温度一般是250 K,DCI_{NS}值可以表示云顶等于或高于400 hPa深对流云的程度,强对流开始前DCI_{NS}值越大表示发展成强对流云的概率越大。

空间参数:

对流云团质心位置($X_{\alpha G}$,$Y_{\alpha G}$)、最低温度(T_{min})位置、最大温度梯度(G_{max})位置和测站位置的距离Δl(单位:像元个数),分别为$\Delta l_{\alpha G}$、$\Delta l_{T_{min}}$、$\Delta l_{G_{max}}$。

4.4 数据分析和检验

以$-32℃$或$-54℃$作为对流云团的阈值,19次局地暴雨过程中除2009年8月2日尖扎测站(个例10)外,其余18次过程在强降水开始前3 h内均有对流云团覆盖测站,仅有三次过程在开始降水前3 h内有对流云团覆盖测站,可见高原夏季云顶温度高于$-32℃$也能产生降水,而产生强降水的对流云顶温度一般低于$-32℃$。测站强降水开始前3 h内对流云团参数值,仅2010年8月10日泽库测站这1次暴雨过程的$T_{12} < -8$、$T_{13} < -10$以及$DCI_{NS} \geqslant 50$,满足低海拔地区强对流雷暴云团的条件(李森等,2010;胡渝宁和李森,2012),其余过程高原

雷暴云团的 T_{12}、T_{13} 以及 DCI_{NS} 均不满足此条件。强降水开始前 3 h 内有对流云团覆盖测站的过程,最小 $\Delta l \leqslant 15$ 个像距的过程共 13 次,$\Delta l_{T_{min}}$ 均大于 5,列举出最小 $\Delta l \leqslant 5$ 的过程的对流云团参数和对应小时最大降水量(OHP),如表 5 所示,t_g 表示最小 Δl 时刻相对于暴雨测站 7×7 范围的云顶最大温度梯度峰值时刻的提前时间,t_{ohp} 表示最小 Δl 时刻相对于暴雨测站最大小时降水结束时刻的提前时间。可见 Δl_{CG} 平均小于 $\Delta l_{G_{max}}$、$\overline{T} \leqslant -40℃$、$G_{max} \geqslant 11℃$、$T_{12} \leqslant -2$、$T_{13} \leqslant 7$ 以及 $DCI_{NS} \geqslant 13$。其余降水开始前 $\Delta l \leqslant 15$ 个像距的局地暴雨过程的结果与之类似。因此若对流云团质心位置或最大温度梯度位置靠近测站(最小 $\Delta l \leqslant 5$),则 3 h 内一定有降水产生,多数情况下有强降水产生。最小 Δl 时刻可能比测站 7×7 范围的云顶最大温度梯度峰值时刻提前或推后 0~3 h,但均比最大小时降水结束时刻的提前 0.5~3 h。

表 5　测站强降水开始前 3 h 内最小 $\Delta l \leqslant 5$ 的过程的对流云团参数

OHP (mm)	Δl_{CG}/ 像距	$\Delta l_{G_{max}}$/ 像距	$\overline{T}$ (℃)	G_{max} (℃)	T_{12} (K)	T_{13} (K)	DCI_{NS} (K)	t_g (h)	t_{ohp} (h)
25	2	13	−41	36	−2	7	23	0.5	1.5
25.1	5	23	−44	29	−7	−7	33	1.5	3
27	6	2	−40	11	−2	2	13	−1.5	2
28	3	>35	−41	18	−3	0	26	−2.5	1
32.7	4	13	−49	39	−2	−9	34	1	2.5
49.1	7	3	−52	36	−2	−4	32	1.5	1.5

2005 年 8 月 14 日玛沁测站暴雨过程(OHP 为 27 mm),22:00 时刻 $\Delta l_{G_{max}}$ 为 2 个像元距离,对应 G_{max} 为 11℃(表 5);以玛沁测站为中心的 7×7 范围内(图 9),22:00 时刻的 G_{max} 为 13℃。2009 年 7 月 20 日河南测站的小时最大降水量为 49.1 mm,15:30 时刻 $\Delta l_{G_{max}}$ 为三个像距,对应 G_{max} 为 36℃(表 5);以河南测站为中心的 7×7 范围内(图 10),15:30 时刻的 G_{max} 为 34℃。2006 年 7 月 12 日达日测站的小时最大降水量为 25 mm(表 5),14:30 和 15:00 时刻 Δl_{CG} 均为 2 个像距,对应 $\overline{T}$ 为 −41℃和 −44℃、T_{min} 为 −48℃和 −56℃;以达日测站为中心的 7×7 范围内(图 11),14:30 和 15:00 时刻 T_{min} 为 −48℃和 −50℃。可见以测站为中心的固定小范围和对流云团的识别追踪两种方式计算的结果均是正确的。

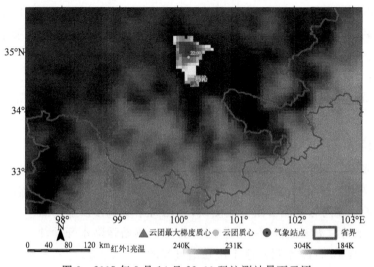

图 9　2005 年 8 月 14 日 22:00 玛沁测站暴雨云团

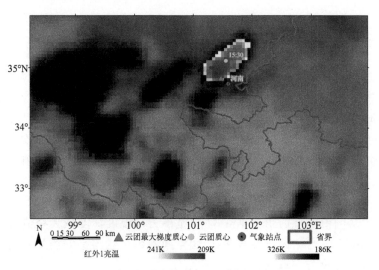

图 10　2009 年 7 月 20 日 15：30 河南测站暴雨云团

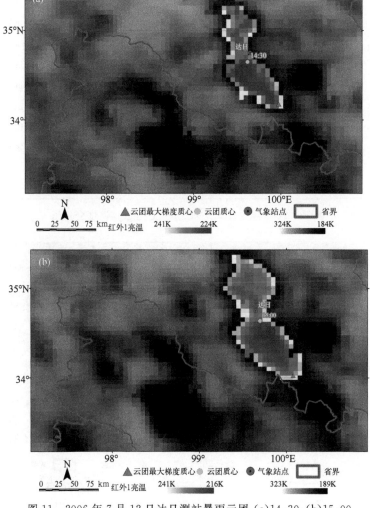

图 11　2006 年 7 月 12 日达日测站暴雨云团 (a)14：30，(b)15：00

5　暴雨云团降水雷达回波特征

2010年8月7日平安局地暴雨过程,14:30从黄南州东移北上的云团与15:00从海北州南下的云团合并加强,造成平安在开始降水一小时(16:00—17:00)内就产生了暴雨,强降水集中在后半小时并伴有冰雹、雷电和大风天气。以平安为中心的7×7范围的云顶温度变化(30 min间隔)如图12所示,17时红外1和红外3最低云顶温度谷值分别为−69.5℃和−60.5℃,16时为红外通道云顶温度梯度最大峰值时刻。16:00时7号暴雨云团(图13,平安北部)云顶最低温度、低温质心、最大温度梯度位置(云团空间参数位置)与平安测站距离分别为39、14、12个像距,18号暴雨云团(图13,平安南部)最低云顶温度(红外1为−64.2℃)位置与平安测站相距6个像距,此时恰为平安7×7范围云顶温度梯度最大峰值时刻。16:30平安北部7号云团与南部18号云团已经合并,云团空间参数位置与平安测站距离均大于30个像距,合并后的云团向东南方向移动。

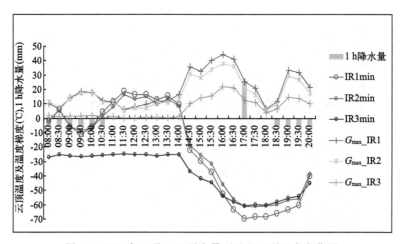

图12　2010年8月7日平安暴雨过程云顶温度变化图

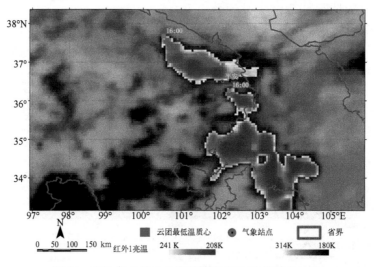

图13　2010年8月7日平安暴雨过程16时暴雨云团

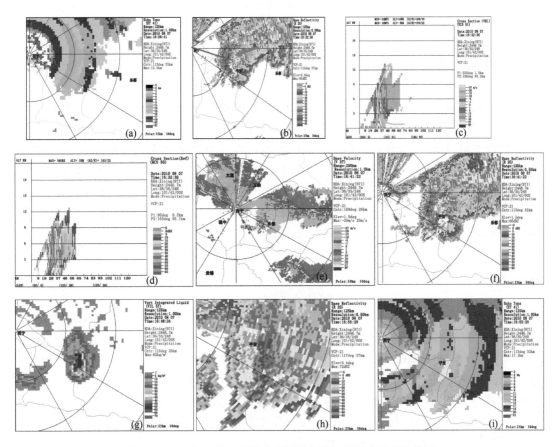

图 14　2010 年 8 月 7 日暴雨云团平安局地强降水雷达回波图

(a)16:08 回波顶高;(b)16:32 基本反射率因子(2.4°);(c) 16:32 基本速度垂直剖面;(d) 16:32 基本反
射率因子垂直剖面;(e) 16:41 基本速度 (1.5°);(f) 16:41 基本反射率因子 (1.5°);(g)16:48 垂直累积
液态水含量;(h)16:55 基本反射率因子(1.5°);(i) 16:55 回波顶高

2010 年 8 月 7 日红外暴雨云团平安局地强降水过程,从(图 14)雷达回波图看出,16:08
平安测站回波顶高海拔 11 km,以平安为中心的 7×7 范围的回波最大海拔高度为 15.5 km 且
该范围回波顶高度梯度大(图 14a),与 16 时以平安为中心的 7×7 范围红外通道云顶温度梯
度为最大峰值(图 12)的结果相符。由于 16:30 平安北部云团与南部云团已经合并,使处在云
团合并区域的平安对流加强,16:32 对流强中心前沿到达平安,最大回波强度(66dBZ)位于平
安北部,强中心带及边缘上产生两个对流单体,低层基本反射率因子强回波中心形如弓型(图
14b),沿虚线(图 14b)作垂直剖面,可以看到低层径向速度为负的入流到高层径向速度为正的
出流(图 14c,图黄色箭头)以及低层基本反射率因子梯度和位于平安测站北部的入流(图 14b,
橙色箭头所示)对应的弱回波区(图 14d),降水强中心偏下,最强中心高度低于 3 km(图 14d),
因此属于超级单体(俞小鼎等,2010),该对流风暴向东南方向移动,16:41 平安境内出现较明
显的下沉辐散气流(图 14e,图 14f 图红色椭圆内),降水回波中存在中气旋(图 14e),强回波带
上有两个对流单体、最大预期冰雹直径为 5 cm 的对流单体位于平安测站,低层基本反射率因
子强回波中心形如"S"形(图 14f),因入流位于风暴移动方向的前侧,因此仍属于强降水超级

单体。16：48 平安的最大垂直累积液态水含量达到 62 kg/m² (图 14g)、对流单体最大回波强度 65 dBZ，最强中心高度 3.9 km，30 dBZ 对流顶高大于 12 km。风暴单体继续东南移动，16：55 平安南部最大预期冰雹直径增加到 6 cm(图 14h)，以平安测站为中心的 7×7 范围的回波顶高达到此次过程最大海拔高度 17.1 km(图 14i)，与 17 时平安 7×7 范围的红外通道云顶最低温度谷值的结果一致。

其余局地暴雨过程的雷达回波特征与此类似，暴雨测站 7×7 范围的云顶温度梯度最大峰值时刻对应雷达回波顶高度梯度极大值、红外 1 和红外 2 云顶最低温度谷值时刻对应雷达回波顶高度极大值、红外 3 云顶最低温度谷值时刻对应垂直累积液态水含量的极大值。高原东部暴雨云团产生局地强降水过程，在雷达回波图上表现为强降水超级单体对流风暴特征，存在较明显低层高反射率因子梯度和前侧入流对应的弱回波区以及暴雨阶段的后侧下沉气流，最大回波强度可达到 60 dBZ 以上、最大垂直累积液态水含量可达到 50 kg/m² 以上、最强回波顶高偏下一般低于 3 km、风暴顶高可达到距地 15 km 左右，产生雷雨、冰雹和大风天气。

6　结　论

文章使用 FY-2 系列的 C 星和 E 星红外通道数据，选择降水开始前 4 h 直到降水结束后 2 h 的时段，对青藏高原东部的 19 次局地暴雨过程分两种方式进行了分析，第一种方式为针对测站上空 7×7 像元范围的云团进行云顶温度变化等相关分析，第二种方式为对关键四省（区）范围内的云团进行识别和追踪，并计算对流云团参数，初步得出了降水或强降水产生的先兆条件和提前时间。并且对暴雨云团的雷达回波特征也进行了附加分析。主要结果如下。

（1）红外通道（红外 1、红外 2、红外 3）的云顶温度及温度梯度变化趋势分别一致，红外 1 和红外 2 通道的计算值很接近，红外 3（水汽）通道的云顶温度均在 −20℃ 以下。降水阶段 7×7 范围云顶温度先降低后上升、云顶温度梯度先上升后下降、对应积云高度先增高后降低，降水结束后 2 h 云顶温度逐渐恢复平衡。G_{max} 峰值和半小时内 G_{max} 最大上升变化值（ΔG_{max}）均出现在强降水之前，G_{max} 峰值次数为 1～2 次，T_{min} 谷值多数出现在强降水之前也可能出现在之后，T_{min} 的曲线斜率大值阶段对应 G_{max} 的大值阶段。ΔG_{max} 和 G_{1max} 最高可达到 22.3℃ 和 48.3℃、T_{min} 最低可达到 −90.3℃。降水出现具体时间及雨强大小视降水所需的热力、动力、水汽条件的具体配置情况而定。

（2）以 7×7 范围红外 1 和红外 3 通道的云顶温度极小值（x_1、x_2）、红外 1 通道的云顶温度梯度极大值（x_3）作为自变量，1 h 降水量作为因变量，建立的降水量级预报方程，均通过了 $P<0.01$ 的检验，能较好地模拟 1 h 降水量随时间的变化趋势和提前 1 h 预测到强降水，模拟计算值与真值相差一个降水量级。在考虑 G_{max} 峰值对强降水的贡献后 R^2 由 0.23 提高到 0.54，模拟的降水量峰值与真值峰值明显接近，并且当云顶温度同时满足 $x_1<0℃$、$x_2<−20℃$、$x_3>4℃$ 时，可初步作为即将有降水产生的先兆条件；当 G_{max} 第二次峰值 $>15℃$ 时，强降水在 3 h 内产生。当 $\Delta G_{max}>8℃$ 且 $G_{1max}>15℃$，或 $G_{1max}>30℃$，或云顶温度极小值（T_{min}）$<−60℃$，满足其中之一则强降水在未来 6 h 内产生，可初步作为强降水发生的先兆条件。

（3）根据云顶最低温度选择云团识别阈值，同时满足最短质心距离和最大相关系数的对流云团识别和追踪方法，计算量小、准确率高。检验结果对形变较小的云团（相关系数 ≥0.5）的准确率为 100%，对发生了合并或分裂等严重形变的云团（一般相关系数 <0.5）的识别结果正

确而追踪结果无效。

(4)高原东部暴雨云团均属于 β 中—α 中尺度对流云团,水汽柱深厚但强度弱于低海拔地区强雷暴云团。高原东部对流云团的质心位置的红外 1 与红外 2 通道亮温差≤－2 K、红外 1 与红外 3 通道亮温差≤7 K、深对流指数≥13,对流云团平均云顶温度≤－40℃、G_{max}≥11℃、T_{min} 为－90.3～－40.6℃,则属于暴雨云团。多数情况下局地暴雨开始前 3 h 内有对流云团覆盖测站,若对流云团辐射参数和空间参数(云顶最低温度、低温质心、最大温度梯度位置)靠近测站的距离≤15 个像距则测站将有降水或强降水产生。当最小距离≤5 个像距则 3 h 内测站一定有降水产生,多数情况有强降水产生。最小距离时刻比最强小时降水结束时刻的提前 0.5～3 h。

(5)高原东部暴雨云团产生局地强降水过程,在雷达回波图上表现为强降水超级单体风暴特征,产生雷雨、冰雹和大风天气。存在较明显的低层高反射率因子梯度和前侧入流对应的弱回波区以及暴雨阶段的后侧下沉辐散气流。暴雨测站 7×7 范围的云顶温度梯度最大峰值时刻对应雷达回波顶高梯度极大值、红外 1 和红外 2 云顶最低温度谷值时刻对应雷达回波顶高极大值、红外 3 云顶最低温度谷值时刻对应垂直累积液态水含量的极大值。

由于高原地形复杂、测站稀疏、降水分布不均,且夏季对流降水受地形影响很大等因素,能观测到降水量的暴雨云团降水过程很少且均是局地暴雨,因此统计的样本数有限,本研究结论将在今后的工作中继续改进和完善。

参考文献

陈佩燕,端义宏,余晖,胡春梅. 2006. 红外云顶亮温在西北太平洋热带气旋强度预报中的应用. 气象学报, **64**(4):474-484.

胡波,杜惠良,肖云. 2005. 用云团强中心附近最大亮温梯度区判别强降水. 气象科技, **33**(5):401-403.

胡渝宁,李森. 2012. 基于 FY2D 静止气象卫星云图中雷暴云团的识别 // 中国会议, S1 灾害天气研究与预报. 北京:中国气象学会.

江吉喜,范梅珠. 2002. 夏季青藏高原上的对流云和中尺度对流系统. 大气科学, **26**(2):263-270.

卢乃锰,吴蓉璋. 1997. 强对流降水云团的云图特征分析. 应用气象学报, **8**(3):269-275.

李森,刘健文,刘玉玲. 2010. 基于 FY2D 静止卫星云图的强对流云团识别. 气象水文海洋仪器, **27**(2):72-78.

刘延安,魏鸣,高炜,李南. 2012. FY-2 红外云图中强对流云团的短时自动预报算法. 遥感学报, **16**(1):79-92.

滕卫平,杜惠良,胡波,俞善贤. 2006. 浙江省降水云系红外云图特征及其与降水量的关系. 气象科技, **34**(5):527-531.

俞小鼎,周小刚,Lemon L. 2010. 强对流天气临近预报. 北京:中国气象局培训中心,18-29.

张驹,王敏,顾清源. 2007. 四川 2006 年"9.3"暴雨过程中 TBB 与强降水对应关系分析. 四川气象, **27**(2):7-9.

朱平,李生辰,肖建设. 2012. 青海省短时强对流天气雷达自动预警技术应用初步研究. 暴雨灾害, **31**(2):182-187.

赵强,程路. 2009. 云顶亮温在一次区域性暴雨中的分析与应用. 陕西气象,(4):1-4.

郑世林,席世平. 2006. 河南省 2005-06-21 强对流天气分析. 河南气象,(3):46-47.

Adler R F and Negri A J. 1988. A satellite infrared technique to estimate tropical convective and stratiform rainfall. *Journal of Applied Meteorology*, **27**(1):31-51.

Bergès J C，Jobard I and Roca R. 2009. A new index to estimate precipitation using cloud growing rate. *Geophysical Research Letters*，**36**(8)：1-5.

Hong Y，Kuo L H，Sorooshian S and Gao X G. 2004. Precipitation estimation from remotely sensed imagery using an artificial neural network cloud classification system. *Journal of Applied Meteorology*，**43**(12)：1834-1852.

Lin C C，Zhang C A，Lin Z M，Lin X M，Xie Y F and Zheng S Z. 2003. Study on the relationship between brightness temperature from GMS-5 infrared cloud imagery and surface rain rates during the raining seasons of Fujian province. *Journal of Tropical Meteorology*，**9**(1)：74-79.

Mahrooghy M，Younan N H，Anantharaj V G and Aanstoos J. 2011. High resolution satellite precipitation estimate using cluster ensemble cloud classification // *Proceedings of the* 2011 *IEEE International Geoscience and Remote Sensing Symposium* (IGARSS). Vancouver：IEEE：2645-2648.

Mahrooghy M，Younan N H，Anantharaj V G and Aanstoos J. 2012. On the use of a cluster ensemble cloud classification technique in satellite precipitation. *IEEE Journal of Selected Topics in Applied Earth Observations and Remote Sensing*，**5**(5)：1356-1363.

Vicente G A，Scofield R A and Menzel W P. 1998. The operational GOES infrared rainfall estimation technique. *Bulletin of the American Meteorological Society*，**79**(9)：1883-1898.

南海北部 ASCAT 风场的验证分析

郭春迓　李天然　李春霞　胡东明　林良根

（广州中心气象台，广州 510080）

摘　要：本文利用 2010—2012 年间的 ASCAT 风场资料同南海北部的浮标、海上平台自动站的风场数据进行了对比分析。初步研究结果表明：观测得到浮标站和海上石油平台站点的风场以东北风居多，在该风向下，浮标站和石油平台观测的风向往往大于 ASCAT 观测；在东南风，或者偏西（包括西南西北风时），ASCAT 观测的风向值往往略微偏大；而从风速的观测对比来看，两种观测的风速较为相当，平台的观测略有偏大。ASCAT 观测风场同石油平台测量风场之间的风速和风向的均方根误差分别为 3.83 m/s，83.82°。在台风"天兔"发生期间，将 ASCAT 风场与台风风场的对比表明，二者在风速和风向上的的均方根误差分别为 1.90 m/s，36.21°。此过程中 ASCAT 得到的风场主要以东北到东风为主，风速大多为 5～15 m/s；在风速介于 0～10 m/s 之间时，ASCAT 风场较日本精细化数值预报起报场偏东；在风速介于 10～20 m/s 之间时，ASCAT 风场则更易偏北。

关键词：ASCAT 风场；浮标；石油平台；验证分析。

1 引言

自 1987 年 6 月搭载着特殊传感微波图像仪（SSM/I）的卫星被发射以来，人类利用卫星探测全球海洋的表层风速资料已有一定历史，主要探测手段来自被动微波辐射仪和散射仪等；后者不仅能够探测到风速，也可以得到风向信息（Yu and Jin，2012）。1991—2009 年 11 月期间发射的 QuikSCAT 卫星为大家研究海洋风场提供了良好的参考依据，但该卫星目前已停止运行。2006 年 10 月 19 日，欧洲气象卫星组织（EUMESAT）发射了 MetOp－A 卫星，它提供的 ASCAT 表层风场数据目前已被广泛研究和应用（Bentamy，*et al.*，2008；Bentamy，*et al.*，2012）。

目前国内学者针对 ASCAT（Advanced Scatterometer）卫星数据也做了一些研究：林书正和周昆炫（2011）研究了热带气旋发生时 ASCAT 风场的精度，发现在强风环境下它会明显低估实况风速；张增海等（2013）指出，在强风时 ASCAT 和浮标资料一致性较好，而弱风时 ASCAT 则大于浮标观测；张婷等（2013）对比了 25 km 分辨率下的 ASCAT 风场同南海北部的石油平台风场数据，发现二者风速的均方根误差为 2.53 m/s，而风向均方根误差在 47.87°；林明森等（2013）则利用 ASCAT 数据和 HY-2A 卫星微波散射计提供的风场数据进行了对比。

在实际应用中，香港天文台利用 ASCAT 数据监测热带气旋的位置、强度及风场结构（蔡振荣，李立信，2013）。本文将利用 ASCAT 风场数据和广东省沿岸浮标站、海上石油平台的风场资料进行对比，以期开发该数据在业务应用中的价值。

2 数据和方法介绍

ASCAT 卫星数据为搭载在 EUMETSAT METOP 卫星上的探测器获得,主要产品为海洋表层风场(10 m 中性层结风场),包括风速和风向。空间分辨率为 $0.5°×0.5°$ 和 $0.25°×0.25°$,包括近海风场数据和海洋风场数据,本研究使用 $0.5°$ 分辨率的海洋风场数据。由于是极轨卫星数据,取 2010 至 2012 年间每日该卫星扫过 $100°\sim130°E$,$0°\sim30°N$ 区域时的数据。

浮标和海上石油平台位于南海北部,其风场数据采用 2010—2012 年间有记录的 2 min 平均风场观测数据,时间上每 10 min 输出一次。日本气象厅(JMA)精细化预报起始场产品,取 2013 年 9 月 18—26 日期间(台风"天兔"经过我省时段),空间分辨率为 $0.5°×0.5°$,时间取每日 08 时(北京时)起报的起始场数据。

图 1 为 ASCAT、海上浮标站、石油平台站三种观测数据的空间匹配示意图:

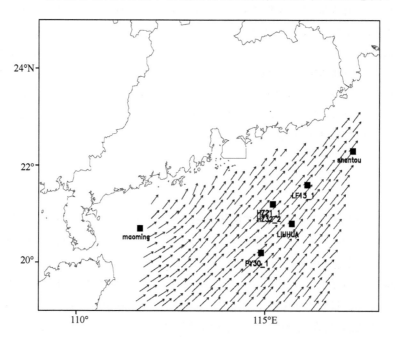

图 1　某时次的 ASCAT 风场数据(黑色矢量)和浮标站、石油平台站(黑色方块)示意图

由于 ASCAT 数据的分辨率较粗,本研究采用空间反距离权重插值法,公式如下:

$$Z_p = \sum_{l=1}^{m} \frac{\frac{Z_1}{d_i^k}}{\sum_{i=1}^{m} \frac{1}{d_1^k}}$$

其中,Z_p 为 p 点的风速或风向,Z_i 为第 i 个点的风速或风向,d_i 为待插点与其邻域内第 i 个点之间的距离,k 为次幂,这里 k 取 2。

利用上述方法,将扫过南海北部的 ASCAT 风场数据插值到浮标站和海上石油平台所在的位置,然后寻找二者相同或者相近时次的数据进行对比,采用如下两种误差估计法:

均方根误差：$S_e = \sqrt{\dfrac{1}{N}\sum\limits_{i=1}^{N}(F_i - Q_i)^2}$

平均绝对误差：$E = \dfrac{1}{N}\sum\limits_{i=1}^{N}|F_i - Q_i|$

其中，F 为观测值 1，Q 为观测值 2，N 为总样本数，i 为样本。

3 与浮标和平台风场的比较

取 2010 年至 2012 年的 ASCAT 风场资料，找到在这期间扫过南海北部地区的数据，利用反距离权重插值得到每个浮标站和石油平台点上的 ASCAT 风场值，同时搜索相同或相近时次（为了兼顾精确度和尽可能多的样本数，首先保证两种数据均为同日，然后在有数据的前提下，尽量取相近的时次，或相同时次下，相同或相近分钟）的浮标站、石油平台观测资料，结果对比如图 2 所示。汕头浮标站、茂名浮标站、LIUHUA 平台、HZ21-1 平台、HZ32-2 平台、PY30-1 平台、LF13-1 平台的风向（风速）样本数分别为 57(58)、90(90)、112(119)、13(13)、31(31)、85(75)、76(73)。图 2 中横纵坐标分别为浮标站（平台）观测的风速、风向，和 ASCAT 卫星观测的风速、风向，直线表示二者相关系数为 1。高于该直线的点表示同一观测时次下，记录的 ASCAT 卫星数据大于浮标站或海洋平台数据，反之亦然。

可以看到，在所研究的这些点上，ASCAT 风场和浮标、平台观测风场的相关性均较好，这能互相证明两个不同观测风场的有效性，但是也要注意到，在不同的观测点上，ASCAT 风场数据和浮标、平台数据又有不同偏差。

对汕头浮标站而言，风向的对比来看，二者差别较大：多数时次吹东北风（风向在 50°以内），这时浮标站风向值偏大；在风向为偏东到东南（50°～150°之间）时，ASCAT 风向偏大较为严重，而吹偏西风（包括西南、西北风）时（200°～350°之间），浮标站风向又较为偏大。从风速对比来看，二者基本相当，个别时次浮标观测风速偏大。另外，该站观测的风速最大值不超过 20 m/s。

对茂名浮标站而言，ASCAT 风向值偏大（几乎在每个风向都是，且多数时次吹东北风（50°～100°）），但风速二者相当，个别时次浮标观测风速偏大。另外，可能与地理位置有关，该站上的风速在这三年间基本不超过 15 m/s。

对于海上石油平台来说，HZ21-1 和 HZ32-2 石油平台具有相同的地理位置，但是由于海拔高度和周围环境不同，二者的风场记录也截然不同。从与 ASCAT 的对比来看，HZ21-1 平台观测点的记录，风向风速均大于卫星观测，并且该点基本吹东北到偏东风，风速在 15 m/s 以内。而 HZ32-2 平台观测资料虽然也高于卫星观测的风向风速，但是风向在偏东到偏南甚至西南风之间，风速与 HZ21-1 差不多。

LF13-1 和 PY30-1 石油平台与上述二者不同，平台观测的风速小于 ASCAT 观测的风速，但风向二者相当，大部分为东北风情况下，平台观测值略大。LIUHUA 石油平台：两种观测的风速值相当，但平台观测的风向远远小于 ASCAT 观测的风向值。

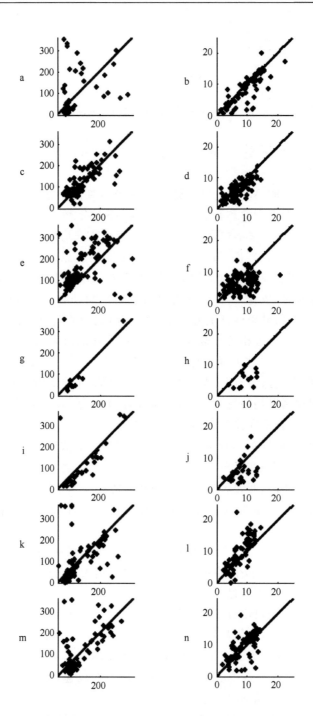

图 2　ASCAT 卫星观测和站点测量的风向(左图,单位:°)风速(右图,单位:m/s)对比:
a 和 b 为汕头浮标站;c 和 d 为茂名浮标站;e 和 f 为 LIUHUA 石油平台;g 和 h 为 HZ21-1 石油平台;
i 和 j 为 HZ32-2 石油平台;k 和 l 为 PY30-1 石油平台;m 和 n 为 LF13-1 石油平台

　　图 3 给出了所有石油平台的风向风速在两种观测下的对比。总的来说,这些观测点的风
向以东北风居多,而在这种情形下,平台观测的风向往往大于ASCAT 观测的风向值,在东南

风,或者偏西(包括西南西北风时),ASCAT 观测的风向值往往略微偏大;而从风速的观测对比来看,两种观测的风速较为相当,平台的观测略有偏大;以上结论对浮标站数据适用。以上所有 ASCAT 观测风场同石油平台测量风场之间的风速和风向平均绝对误差、均方根误差分别为2.98 m/s,3.83 m/s,52.35°,83.82°,略大于张婷等(2013)的研究。

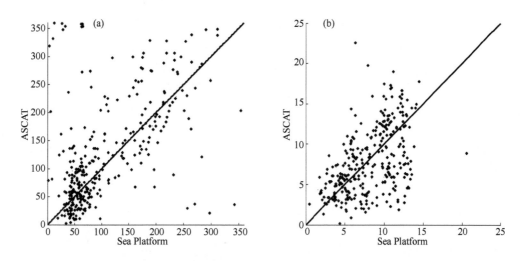

图3 所有石油平台的 ASCAT 卫星观测和平台测量的风向(a)风速(b)对比

4 与台风风场的比较

1319 号台风"天兔"在 2013 年 9 月 16 日至 23 日一路西北行进入南海,并于 22 日 19 时 40 分在广东汕尾市沿海地区登陆。在它位于菲律宾以东的西北太平洋地区,至其穿过巴士海峡期间,保持着超强台风(中心最大风力达 60 m/s,阵风 75 m/s)的强度。

图 4 显示了 9 月 18 日至 26 日期间(因 22 日 ASCAT 没有扫过该海域,故未给出)南海西北部的风场,黑色矢量为日本精细化数值预报的起报(北京时 08 时)风场,红色矢量为 ASCAT 卫星轨道扫描到的同日风场。从该图看出,两个观测风场的一致性(包括风速风向)很高,但遗憾的是 ASCAT 数据存在不连续性,因此作为日常预报应用具有一定缺陷,但在数据同化等应用中可以发挥一定作用。

一个值得注意的问题是,风速较小时,例如台风周围,或者热带低压环流中,两种观测的风场数据吻合度较好,但是在"天兔"大风分布区,如 9 月 20 日、21 日两天,二者探测的风向往往有较大偏差:吹北风时,ASCAT 探测的风向易左偏,而吹东风时易右偏(有待进一步验证)。

对图 4 中的两种风场作玫瑰图分析(图 5,仅统计了 ASCAT 有资料的点),可以看到在这期间,ASCAT 捕捉到的风场主要为偏东风,而其中以东北风为主。在风速介于 0~10 m/s 之间时,ASCAT 风场似乎更易偏东,而日本精细化数值预报起报场则更易偏北一些;在风速介于 10~20 m/s 之间时,ASCAT 风场更易偏北,而日本模式起报场则更易偏东。

2014年卫星遥感应用技术交流论文集

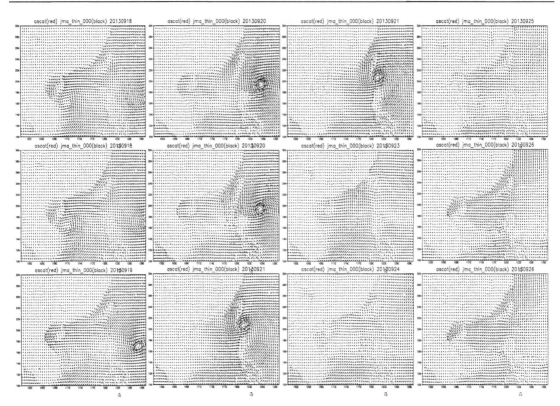

图4 2013年9月18日至26日期间(22日除外)的 ASCAT 观测风场(红色)
和日本精细化数值预报的起报时次风场(黑色)

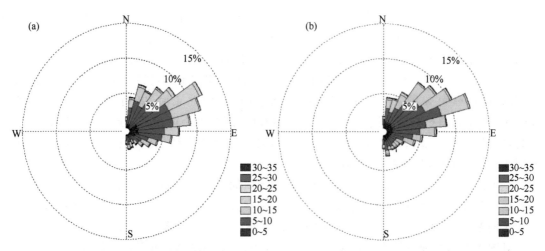

图5 9月18日至26日期间 ASCAT(a)和日本精细化数值预报起报场(b)的风玫瑰图(单位:°)

通过计算得到,在9月18日至26日期间,ASCAT 观测风场同日本精细化数值预报起报时次风场之间的风速和风向平均绝对误差、均方根误差分别为 1.40 m/s,1.90 m/s,18.84°,36.21°。

5　结论

通过 ASCAT 风场资料同浮标、石油平台数据的初步对比分析,本研究验证了前人的观点:卫星数据与地面观测的风场数据具有较好的一致性,此外,本文还得到如下两点结论:

(1)在所统计的 2010 年至 2012 年间(只统计有资料记载的时次),观测得到广东省近海的两个浮标站和海上石油平台以东北风居多,而在该风向下,浮标站和石油平台观测的风向往往大于 ASCAT 观测;在东南风,或者偏西(包括西南西北风时),ASCAT 观测的风向值往往略微偏大;而从风速的观测对比来看,两种观测的风速较为相当,平台的观测略有偏大。ASCAT 观测风场同石油平台测量风场之间的风速和风向平均绝对误差、均方根误差分别为 2.98 m/s, 3.83 m/s,52.35°,83.82°。

(2)在台风"天兔"运动过程中,ASCAT 风场能够清晰地捕捉到台风环流结构。从与日本精细化数值预报的起报场进行对比来看,二者具有较好的一致性,计算得出二者在风速和风向上的的平均绝对误差、均方根误差分别为 1.40 m/s,1.90 m/s,18.84°,36.21°。在台风"天兔"发生期间,ASCAT 得到的风场主要以东北到东风为主,风速大多为 5~15 m/s;在风速介于 0~10 m/s 之间时,ASCAT 风场较日本精细化数值预报起报场偏东;在风速介于 10~20 m/s 之间时,ASCAT 风场则更易偏北。

上述结论仍需要进一步验证和完善:由于浮标、石油平台数据具有不同的海拔高度,与卫星数据对比前还需进行高度订正;另外,可以采用 ASCAT 近海风场数据,与更多的浮标、平台、海岛自动站等风场数据进行对比。

参考文献

蔡振荣,李立信. 2013. 香港天文台在热带气旋监测的最新发展. 第三届南海风云论坛.

林明森,邹巨洪,解学通,等. 2013. HY-2A 微波散射计风场反演算法. 中国工程科学,**15**(7):68-74.

林书正,周昆炫.2011. ASCAT 卫星散射仪反演风场于热带气旋环境下之误差特征. 2011 年地球科学系统学术论坛论文集,144-150.

张婷,张杰,杨俊钢,等. 2013. 卫星散射计与海面平台所测的风场数据比较. 海洋学研究,**31**(2):45-51.

张增海,曹越男,刘涛,等. 2013. ASCAT 卫星反演风场在中国近海的初步检验,天气技术总结专刊,**5**(2):8-15.

Bentamy A,Croize-Fillon D,Perigaud C. 2008. Characterization of ASCAT measurements based on buoy and QuikSCAT wind vector observations. *Ocean Science*,**4**(4):265-274.

Bentamy A,Grodsky S A,Carton J A,*et al*. 2012. Matching ASCAT and Quik SCAT winds. *Journal of Geophysical Research*:*Oceans* (1978-2012). 117(C2).

Yu L,Jin X. 2012. Buoy perspective of a high-resolution global ocean vector wind analysis constructed from passive radiometers and active scatterometers (1987-present). *Journal of Geophysical Research*:*Oceans* (1978-2012). 117(C11).

FY-3/MWHS 资料在山区
一次暴雨中的应用初探[①]

李　雪[1,2]　谷小平[1]

(1. 贵州省山地环境气候研究所,贵阳 550000;2. 黔西南州气象局,贵州 兴义 562400)

摘　要:本文尝试利用 FY-3 卫星微波湿度计(MWHS)资料和贵州地面区域站降雨资料,分析了 2013 年 5 月 24—25 日贵州山区出现的一次强降水的云团特征和强降水区的微波亮温(水汽)垂直结构,进而初步统计了 FY-3 资料与山区 3~6 h 降雨量关系,结果表明,强降雨量与 FY-3 卫星资料的微波资料有较好的相关性,对短时强降水具有一定的预警意义,同时也为利用 FY-3 微波资料进行降水量的估计提供依据。

关键词:FY-3 卫星;VIRR;MWHS;降雨量。

1　引言

暴雨及其产生的洪涝灾害是一种对人类威胁较大的自然灾害,因此对它的监测和预报具有非常重要的意义。卫星资料具有较大的空间和时间分辨率,可以快速对大范围降水的分布做出全面的监测,现已经成为监测和预报降水的重要手段之一(徐双柱等,2011)。利用气象卫星资料对暴雨进行观测,能够有效地监测和预报暴雨的形成、移动以及持续时间等。然而,可见光和红外波对云和降水的穿透性较差,所获得的可见光和红外云图信息主要来自降水云顶部,降低了遥感信息与地面观测资料的可比性(闵爱荣等,2008)。相比而言,微波能深入到一定的云层,甚至到地表,可直接反映降水云的微物理特性(傅云飞等,2007;赵姝慧等,2010),与降水的关系更直接(闵爱荣等,2008),目前已成为国内外卫星遥感估测降水的一个重要方向。

随着风云系列气象卫星的发射,我国的气象卫星遥感技术快速发展,产品也日益丰富。2008 年 5 月 27 日我国成功发射了首颗新一代极轨气象卫星风云三号(FY-3A),它搭载了可见光/红外扫描辐射计、中分辨率光谱成像仪、微波成像仪和微波辐射计等 11 个有效载荷,不仅弥补了我国星载微波探测仪器的空白,对星载微波辐射计反演降水的研究也必将产生积极的促进作用(邓伟等,2004)。2010 年 11 月 7 日,风云三号 02 星(FY-3B)相继升空,两颗卫星互为备份,大大提升了我国对天气气候系统星载监测探测能力(谷松岩 等,2010)。而如何利用这些新型探测资料反演出可靠的各种大气和环境参数,并将这些产品应用于天气分析、数值天气预报以及气候和环境等研究领域是未来气象卫星应用的重要研究方向(方宗义等,2004)。

---

①　基金项目:西南突发性灾害应急与防控技术集成与示范(2012BAD20B06);2013 年度贵州省气象科技开放研究基金资助项目:贵州西南部暴雨概念模型的研制。

作者简介:李雪(1987—),女,贵州织金人,助理工程师,主要从事天气预报及卫星资料在气象上的应用研究。E-mail: lixue1019@163.com

目前对 FY-3 卫星微波数据的研究主要集中在仪器通道特性方面(孙茂华等,2007;张升伟等,2008;关敏等,2008;王宏建等,2009),而在气象领域的应用研究也仅限于台风降水(孙知文等,2007;黄富祥等,2010;陈昊等,2011),在山区降水的应用还未尝试。

本文以 2013 年 5 月 24—25 日贵州山区出现的一次强降水过程为例,利用 FY-3 上搭载的微波湿度计(Microwave Humidity Sounder,FY-3/MWHS)资料,以及地面自动站降雨量实测资料进行综合分析,尝试分析 FY-3/MWHS 资料与降水量之间的关系。

2 天气实况及数据与方法

2.1 天气实况

2013 年 5 月 24—25 日,受地面辐合线及南支槽前的西南气流影响,贵州省出现入汛以来最大范围暴雨天气,其中,共有 66 站大暴雨,374 站暴雨,479 站大雨,最大降水为安顺市镇宁县本寨乡炳云村 159 mm,大到暴雨主要集中在省中西部地区,而省的东南部降雨量较小(图 1)。

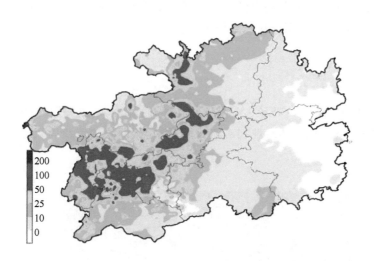

图 1 2013 年 5 月 24 日 08 时—25 日 08 时贵州区域自动站降水量分布图(单位:mm)

2.2 数据与方法

微波可以清晰地体现出强降雨云团的结构特征,微波通道对云系中的水滴和冰晶粒子非常敏感,利用它们可以有效地从对流云区中识别强降水区。

FY-3/MWHS 为全功率型微波辐射计,是搭载在风云三号卫星上的一个重要的有效荷载。它包括 5 个探测通道(表 1),中心频率分别为 150 GHz、150 GHz、183.31±1 GHz、183.31±3 GHz 和 183.31±7 GHz,其中 150 GHz 通道包含水平和极化两种方式,不同的极化方式从不同的角度识别云体,反映不同的云体散射信息,也为利用多通道组合反演对流云带。同时,这两个通道的微波辐射受云雨大气影响明显,一般云雨大气中的液态水成物,使这两个通道的微波辐射迅速饱和,深对流云系中固态水成物冰晶物质,强烈散射这两个通道的微波辐射,造成云系中的强辐射冷区,利用这些信息可以有效提取大气中有关卷云特征和降水的信息,还可以在大气干燥区域分析地面积雪的特征(马刚等,2008);通道 3、4 和 5 中心频率分别为 183.31±1 GHz、183.31±3 GHz 和 183.31±7 GHz,这三个通道对大气中不同高度层水汽的微波辐射表现出不同的响应特性,183.31±1GHz 通道对大气上层水汽含量敏感,而 183.31±3 GHz 和 183.31±7 GHz 通道逐渐远离吸收线中心向两边移动,穿透深度加深,分别对大气中层和低层水汽敏感(谷松岩等,2010)。这三个主通道可以分别用来探测大气 300 hPa、500 hPa 和 850 hPa 不同高度层水汽的分布特征。

表 1　微波湿度计(MWHS)光谱通道特征

通道序号	中心频率 (GHz)	主要吸收 气体	能量贡献 高度(hPa)	主要探测 目的	空间分辨率 (km)
1	150(V)	窗区	1000	可降水等	15
2	150(H)	窗区	1000	可降水等	15
3	183.31±1	H_2O	300	大气湿度	15
4	183.31±3	H_2O	500	大气湿度	15
5	183.31±7	H_2O	850	大气湿度	15

本研究采用的卫星数据来自搭载于 FY-3A 极轨卫星上的 MWHS 微波湿度计 L1 数据及 VIRR 红外 L1 数据,由中国气象局提供。鉴于强降水主要出现在 24 日夜间,选择的 FY-3 资料也在此时段内,因此本文选用此次过程作为试验分析。

3　降雨量及云团特征分析

从 2013 年 5 月 25 日 02:25FY-3/VIRR 红外图和强降水站点叠加图(图 2)上可以看出, 3 h 降雨量大于 25 mm 的地区都出现在对流云团活动区,即安顺市及周边地区的红外亮温处于低值区。

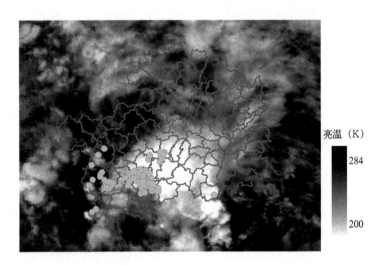

亮温(K)

284

200

图 2　2013 年 5 月 25 日 02:25VIRR 资料红外通道亮温值
(绿点为 3 h 降雨量大于 25 mm 自动站位置)

3.1　强降水区的微波亮温(水汽)垂直结构

大气垂直温度、湿度对分析暴雨的发展及强度极其重要,利用微波湿度计资料分析本次暴雨的垂直结构,计算各层面(1000 hPa、850 hPa、500 hPa 及 300 hPa)亮温距平值,负值显示为冷区,正值显示为暖区,从 2013 年 5 月 25 日 00:48 微波湿度计图看,沿 26°N 东西向垂直剖面图(图 3),显示对流区分布在 106°—108°E,以 107°E 为最强,即安顺市及周边地区对流很强,对流顶部已上升至 300 hPa,范围也较广,揭示该区未来降水较强。

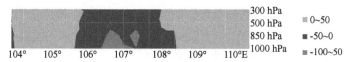

图 3 微波湿度计反演 26°N 垂直切面亮温距平图(FY-3B—MWHS)

3.2 自动站降雨量与 FY-3 卫星资料统计分析

选用的 2013 年 5 月 25 日 00:48 FY-3 资料对应贵州省该日 01 到 07 时自动站降雨量统计见表 2;通过分析,得到强降雨对流云团降雨量与 FY-3 卫星资料的关系图(图 4)。

表 2 2013 年 5 月 25 日 00:48 FY-3 数据与 01 至 07 时自动站降雨量(3 h>50 mm)统计表(部分)

区站号	经度(°E)	纬度(°N)	3 h 降水(mm)	6 h 降水(mm)	1000 hPa(K)	850 hPa(K)	500 hPa(K)	300 hPa(K)	红外通道(K)	地点
R3638	106.11	25.72	78.8	97.3	192.4	203.3	224.4	228.5	214.0	星红
R3430	105.91	25.84	64.6	69.7	192.4	203.3	224.4	228.5	212.6	花溪水库
R3642	105.94	25.73	63.8	82.2	192.4	203.3	224.4	228.5	214.3	坝雨
R3639	106.14	25.78	62.9	83.8	192.4	203.3	224.4	228.5	208.2	打来
57910	106.09	25.77	61	74.3	206.8	217.1	232.3	230.7	211.2	紫云
R3645	105.96	25.78	56	80.7	206.8	217.1	232.3	230.7	211.9	猛德寨
R3657	106.02	25.76	53.8	72.5	206.8	217.1	232.3	230.7	211.6	三岔沟
…	…	…	…	…	…	…	…	…	…	…

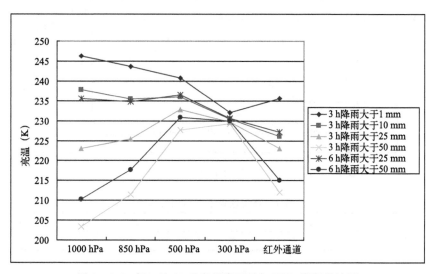

图 4 2013 年 5 月 25 日贵州降雨量与 FY-3 资料统计图

从统计图上可以看出,微波亮温越低,暴雨越强;弱降水区(3 h 降雨量大于 0.1 mm 的区域)或非降水区微波亮温值 $T_{b_{1000\ hPa}} > T_{b_{850\ hPa}} > T_{b_{500\ hPa}} > T_{b_{300\ hPa}}$,红外和微波亮温一般在 230 K 以上;3 h 降雨量大于 25 mm 或 6 小时降雨量大于 50 mm 暴雨区微波亮温值在 210~230 K

且 $T_{b_{1000\,hPa}} < T_{b_{850\,hPa}} < T_{b_{500\,hPa}}$，红外亮温约为 215 K；3 h 降雨量大于 50 mm 大暴雨区微波亮温值小于 205 K 且 $T_{b_{1000\,hPa}} < T_{b_{850\,hPa}} < T_{b_{500\,hPa}} < T_{b_{300\,hPa}}$ 且 300 hPa 高度微波亮温值最高，红外亮温低于 215 K。这个结论与钟儒祥等人(钟儒祥 等,2010)研究结果相似。因此,可以利用这一结论对强降水区进行识别,这对短时强降水的监测具有一定的预警意义。

此外,分析降雨量与各层之间的相关性(表 3 所示)可以看出,降雨量与各层亮温呈较好的负相关,相关系数达 0.78 以上,且 $T_{b_{300\,hPa}} < T_{b_{500\,hPa}} < T_{b_{850\,hPa}} < T_{b_{1000\,hPa}}$,这为利用 FY-3/MWHS 资料进行对流云团的降雨量估计提供依据。

表 3　降雨量与 FY-3 各层亮温的相关系数

	1000 hPa	850 hPa	500 hPa	300 hPa
相关系数	−0.95	−0.94	−0.91	−0.78

3.3　区域统计分析

选取紫云、镇宁、大方和黎平四个县作为样本区域,分别对应两个强降水区和两个弱降水区,统计结果如图 5 所示。可以看出,紫云微波亮温低,小于 230 K,微波亮温值 $T_{b_{850\,hPa}} < T_{b_{500\,hPa}} < T_{b_{300\,hPa}}$,且红外亮温低于 220 K,显示该地区可能有明显降水,且未来 3 h 内降水将大于 25 mm,而大方、黎平微波亮温高,主要是微波亮温值 $T_{b_{850\,hPa}} > T_{b_{500\,hPa}} > T_{b_{300\,hPa}}$,且红外亮温也很高,显示该地区未来 3 h 内不会有强降水,以上结果由地面自动站降雨量得到验证(表 4)。

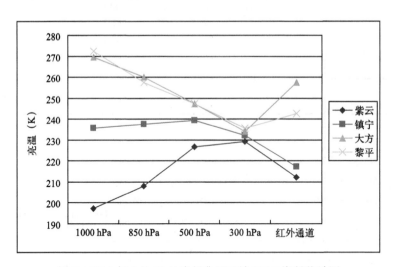

图 5　2013 年 5 月 25 日贵州典型区域 FY-3 资料统计图

表 4　典型区域 3 h 平均降水量

	紫云	镇宁	大方	黎平
区域平均降水量(mm)	33.2	20.0	0.9	0.3

4　小结和讨论

鉴于 FY-3/MWHS 资料在山区应用较少,本文尝试利用 FY-3 资料对贵州省出现的一次强降水过程进行分析显示,2013 年 5 月 24—25 日贵州山区强降雨量与 FY-3 卫星资料的红外、微波资料相关性很好,这对贵州暴雨的短时监测具有一定的预警意义。分析结果表明:

(1)微波湿度计亮温比红外亮温对暴雨敏感,微波亮温越低,降水越强,强降水的低微波亮温区层次比弱降水的厚。

(2)降雨量与各层面微波亮温之间呈很好的负相关,弱降水区域或非降水区微波亮温值 $T_{b_{1000\,hPa}} > T_{b_{850\,hPa}} > T_{b_{500\,hPa}} > T_{b_{300\,hPa}}$,红外亮温大于 230 K;3 h 降雨量大于 25 mm 或 6 小时降雨量大于 50 mm 暴雨区微波亮温值范围在 210~230 K 且 $T_{b_{1000\,hPa}} < T_{b_{850\,hPa}} < T_{b_{500\,hPa}}$,红外亮温约为 215 K;3 h 降雨量大于 50 mm 大暴雨区微波亮温值小于 205 K 且 $T_{b_{1000\,hPa}} < T_{b_{850\,hPa}} < T_{b_{500\,hPa}} < T_{b_{300\,hPa}}$,且 300 hPa 高度亮温最高,红外亮温低于 215 K。

(3)降雨量与 FY-3/MWHS 各层面微波亮温之间呈很好的负相关性,相关系数达 0.78 以上,且 $T_{b_{300\,hPa}} < T_{b_{500\,hPa}} < T_{b_{850\,hPa}} < T_{b_{1000\,hPa}}$。这为 FY-3/MWHS 资料对贵州山区对流云团的降雨量估计提供依据,它们之间的关系式将在今后作进一步研究。

参考文献

陈昊,金亚秋. 2011. 风云三号 MWTS/MWHS 大气温度与水汽廓线反演——2008 年凤凰台风个例试验. 遥感学报,**15**(1):137-147.

邓伟,何会中,程明虎,等. 2004. TRMM 卫星微波成像仪分级产品及其反演降水算. 气象科技,**32**(4):206-212.

方宗义,许建民,赵凤生. 2004. 中国气象卫星和卫星气象研究的回顾和发展. 气象学报,**62**(5):550-560.

傅云飞,李宏图,自勇. 2007. TRMM 卫星探测青藏高原谷地的降水云结构个例分析. 高原气象,**26**(1):98-106.

谷松岩,王振占,李靖,等. 2010. 风云三号 A 星微波湿度计主探测通道辐射特性. 应用气象学报,**21**(3):335-342.

关敏,谷松岩,杨忠东. 2008. 风云三号微波湿度计遥感图像地理定位方法. 遥感技术与应用,**23**(6):712-716.

黄富祥,刘年庆,张鹏,等. 2010. 风云三号 A 星紫外臭氧垂直探测仪反演产品的比较和评. 光学精密工程,**18**(7):1568-1575.

马刚,2008. FY3 大气垂直探测器辐射资料的同化应用研究. 兰州大学研究生,学位论文.

闵爱荣,游然,卢乃锰,等. 2008. TRMM 卫星微波成像仪资料的陆面降水反演. 热带气象学报,**24**(3):265-267.

闵爱荣,张翠荣,王晓芳. 2008. 基于微波成像仪资料反演陆面降水. 气象科技,**36**(4):495-498.

孙茂华,郑震藩,张升伟,等. 2007. 风云三号微波湿度计数据处理与系统控制的冗余设计方案. 遥感技术与应用,**22**(3):147-151.

孙知文,施建成,杨虎,等. 2007. 风云三号微波成像仪积雪参数反演算法初步研究. 遥感技术与应用,**22**(2):264-267.

王宏建,李靖,刘和光,等. 2009. 风云三号微波湿度仪天线设计与分析. 中国工程科学,**11**(4):39-45.

徐双柱,吴涛,张萍萍. 2011. 风云 3 号气象卫星资料在暴雨预报中的应用. 灾害学,**26**(3):97-102.

张升伟,李靖,姜景山. 2008. 风云 3 号卫星微波湿度计的系统设计与研制. 遥感学报,**12**(2):199-207.

赵姝慧,周毓荃. 2010. 利用多种卫星研究台风"艾云尼"宏微观结构特征. 高原气象,**29**(5):1254-1260.

钟儒祥,曾沁,翁俊铿,等. 2010. "2010.5.6"广东暴雨 FY3 卫星资料综合分析. 气象研究与应用,**31**(12):10-12.

风云气象卫星资料在暴雨监测和预报中应用

徐双柱　　吴　涛　　张萍萍　　王继竹　　刘希文

（武汉中心气象台,武汉 430074 ）

摘　要:介绍近几年武汉中心气象台利用风云气象卫星资料在暴雨监测预报中应用的研究成果。经过相关项目的研究,建立了以风云气象资料为主,结合常规观测资料和数值预报产品等,以网页形式的风云系列卫星资料的暴雨监测预报业务系统,定量监测和预测暴雨的发生、发展,为预报人员提供一个集暴雨云团各类特征参数、暴雨 0～3 h 临近预报、暴雨 0～6 h 短时预报、暴雨预警 (12 h)等产品为一体的业务应用平台。结果表明,该平台对于暴雨的临近和短时预报有一定的指导作用。

关键词:风云气象卫星;暴雨;监测;预报。

1 引言

暴雨、强对流等灾害性天气是由中尺度对流系统（ Mesoscale Convective System,MCS)造成的。长江流域是中国著名的暴雨多发地。每年因暴雨洪涝灾害所造成的经济损失非常巨大。如 1998 年因暴雨洪涝灾害所造成的经济损失达到 2550.9 亿元,占当年全国全部自然灾害损失比例的 85%。

卫星遥感资料具有观测范围广、时空分辨率高等特点,目前是暴雨、强对流等灾害性天气监测预警预报的主要数据源。研究表明,利用气象卫星资料对暴雨进行观测,能够有效地监测和预报暴雨的形成、移动以及持续时间等。随着风云系列气象卫星的发射,我国的气象卫星遥感技术得到了快速的发展,自主卫星产品也日益丰富。武汉中心气象台 2007－2009 年通过风云 3 号 A 星的开发与应用项目,2009－2012 年通过公益性行业科研专项"卫星云图解译技术研究",2013 年以来通过风云三号气象卫星应用系统二期工程应用示范项目等持续性研究工作,卫星资料的应用水平得到明显的提升。本文介绍近几年武汉中心气象台利用风云气象卫星资料在暴雨监测预报中应用的研究成果。

2 暴雨云团识别跟踪

基于 FY-3 和 FY-2 云图资料识别对流云团轮廓,结合地面雨量和雷达资料计算云团特征量,识别云团生命史状态。在卫星云图中,对流云团 MCS(以下简称云团)表现为云顶亮温值低于一定阈值的连续区域,并且该区域面积应满足一定阈值。云团识别的主要任务是识别出该区域,通常以轮廓码描述其外形,其中 Freeman 链码表最为常见(图1)。同时,为便于查找云团内部任意位置的亮温值,使用线段码表示整个区域,该线段码可由 Freeman 链码转换而来。在本技术中,轮廓码主要用来计算云团的几何参数(如椭圆参数)及保存外形,线段码主要用来计算与云团亮温有关的物理参数,如平均亮温、最低亮温等。

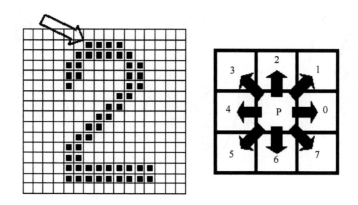

图1 Freeman 链码表示图形轮廓示意图

2.1 单阈值法识别云团

用一组阈值(包括亮温、面积)从云图中提取出对流云团的轮廓(图2)。

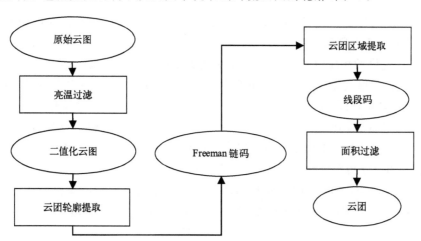

图2 单阈值识别云团基本流程图

2.2 云团跟踪

云团跟踪实现对不同时次云图上的同一云团进行关联。采用目前国际上较为成熟的面积重叠法识别相邻时次同一云团,即相邻时次两个云团的重叠程度越大,则为同一云团的可能性就越高,同一云团所对应 Ri 值最大。

$$Ri = \frac{Mi(t+1) \bigcap N(t)}{Mi(t+1)}, Mi(t+1)、N(t) 分别表示 t+1、t 时刻的云团范围。$$

云团合并/分裂是云团演变过程中比较常见的现象之一,对其进行识别有利于跟踪回波的演变过程(图3)。使用面积重叠程度识别云团合并/分裂,同时该重叠程度必须满足一定条件。

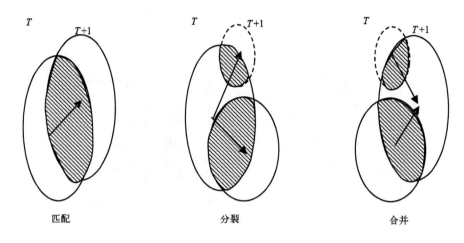

匹配　　　　　　　分裂　　　　　　　合并

图 3　云团跟踪示意图(阴影区为云团重叠区域)

3　卫星资料暴雨短时预报

0~6 h暴雨定义:30.0~50.0 mm为暴雨,50.1~100.0 mm为大暴雨,100.1 mm(含100.1 mm)以上为特大暴雨。

利用FY-3提供的相应时次高分辨率微波湿度计和微波成像仪产品、风云系列气象卫星多通道探测资料、卫星气象中心下发的相关导出产品、以及日本、欧洲中心细网格模式预报相应预报时段的物理量产品,结合02时、05时、08时、11时、14时、17时、20时、23时地面及08时、20时高空常规资料,对近年来5—9月0~6 h暴雨个例云图资料进行分析,用"配料法"思想建立0~6 h暴雨短时预报模型。每日提供4次长江中游0~6 h(起报时段为北京时02时、08时、14时、20时)分县点对点0~6 h暴雨以上量级短时预报产品。

"配料法"是由Doswell于1996年提出的对于强降水的一种新的预报方法。以暴雨预报为例,一场强降水(P)的发生主要与降水持续时间(D)和降水率有关,即

$$P = E\overline{qw}D$$

这里q是比湿,w是上升速度,E是比例系数。从上式可知,一场降水的大小决定于上升速度、水汽供应量以及降水持续时间,最强降水量出现在降水率最强而且降水持续时间最长的地方。

研究表明,长江中下游地区暴雨的主要制造者是深的湿对流系统,暴雨系统的发生发展主要受三种基本物理成分的影响:水汽、上升强迫和不稳定。基于此研究,采取如下研究思路,首先采用诊断分析的方法,从FY-2C、FY-3A卫星产品以及日本、欧洲、T639数值预报产品中,选取与水汽、上升强迫和不稳定三种基本物理成分相关的最佳"配料"因子,制定合适的"配料"综合指数方程,并通过统计分析的方法,确定6 h短时暴雨预报的"配料"综合指数阈值,最终做出6 h短时暴雨预报,方案设计流程图(图4)如下:

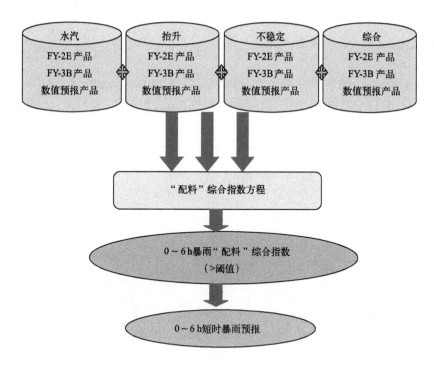

图 4　卫星资料暴雨短时预报流程图

表示 6 h 强降水趋势的"配料"综合指数命名为 SCI(satellite－based Comprehensive Index),认为该指数大于 45 时,对应着 6 h 暴雨的出现。SCI 的设计方程如下:

SCI＝(qqq * (insta＋lift1＋lift2＋lift3)/100＋zonghe0)/4

其中:

qqq＝(rh_850_ec_max－(hs5－273.15))/(1＋(t－td)_850_T639_min)(水汽含量,饱和度)

insta＝aki_T639_max－mpv2_850_T639_min＋fy2c_grad＋fy2c_convec　　　(不稳定)

Fy2c_convec＝250－(fy2c_tbb)(fy2c_tbb＜250k,否则 fy2c_convec＝0,表征深对流)

lift1＝vor_850_ec_max＋div_200_ec_max(大尺度抬升)

lift2＝vor_850_T639_max－div_850_T639_min　　　　(中尺度抬升)

lift3＝ － qxy_850_T639_min　　　　　　(垂直运动)

zonghe0＝2 * rain_japan_6h＋rain_T639_6h －(hs1＋meris5)/2(降水产品)

(注意:max,min 指的是 6 h 预报实效内的最大值(最小值)。Rain_6h 代表 6 h 的降水总和。hs1,hs5 表示 FY-3A 微波湿度计第 1,5 通道亮温值。

表 1　2010－2013 年 6 h 暴雨个例反演 TS 评分

	Ts 评分(%)	空报率(%)	漏报率(%)
数值预报配料	22.36025	38.50932	39.13043
nwf＋fy2c	23.52941	41.76471	34.70588
nwf＋fy3B	26.81564	44.69274	28.49162
nwf＋fy2c＋fy3B	27.31325	41.36145	31.32530

4　卫星云图12小时暴雨预警

0～12 h暴雨定义:规定12 h站点累计降水量超过30 mm为暴雨。

湖北省地处长江中游地区,湖北省区域划分:鄂西北、鄂东北、鄂西南、江汉平原、鄂东南。(如图5)

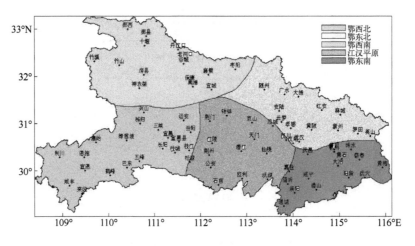

图5　湖北省分区图

利用2006—2011年5—10月FY-2C红外云图资料;2006—2011年5—10月高空、地面常规观测资料以及湖北省77个一般气象观测站1 h雨量资料,分别对湖北省5个区域的12 h暴雨发生前红外云图的变化特征进行分析研究,通过对短时暴雨历史个例的分析,提取云图参数的统计学阈值;结合NCEP数值预报产品风场及物理量场分析,建立12 h暴雨综合预报判别式,为卫星云图暴雨预报提供形势场依据,最终确定湖北省77站0～12 h(雨量≥30 mm)卫星云图12 h暴雨预报方法。每日提供2次湖北省77站12小时(起报时段为北京时08时、20时)暴雨概率预报产品。

(1)12 h暴雨发生前红外云图的变化特征分析

首先,提取红外云图参数,包括:关键区域亮温最低值(单位:0.01 K),最低亮温1 h变化(单位:0.01 K),亮温小于−32℃面积(单位:13 km×13 km或个像素点),亮温小于−32℃面积1 h变化(单位:13 km×13 km或个像素点),亮温小于−54℃面积(单位:13 km×13 km或个像素点),小于−54℃面积1 h变化(单位:13 km×13 km或个像素点),最大亮温梯度(单位:0.01 K/像素点)和最大亮温梯度1 h变化(单位:0.01 K/像素点)8个参数。

其次,选取12 h暴雨与红外云图有较明显对应关系的个例作为统计对象,考虑到实时预报的需求,将每个预报区域的云图参数提取区分为两个:Ⅰ区代表上游系统区,Ⅱ区代表暴雨落区,即目标研究区域,同时,选取暴雨发生前4～5 h的云图参数,对每个参数采取不同的提取该参数的预报阈值,作为未来预报的判据。

以鄂西南Ⅰ区云图参数为例说明阈值的确定方法(见表2)。

表 2　鄂西南Ⅰ区卫星云图参数阈值表

序号	最低亮温 (0.01 K)	亮温变化 (0.01 K)	−32 K 面积 (13 km×13 km)	−32 K 变化 (13 km×13 km)	−54 K 面积 (13 km×13 km)	−54 K 变化 (13 km×13 km)	最大梯度 (0.01 K)	梯度变化 (0.01 K/像素)
1	18000	−842	373	−13	359	9	−6174	302
2	18598	598	321	−49	318	−38	−7813	−1639
3	18598	0	293	−24	293	−21	−6192	1621
4	18000	−598	285	−9	251	−43	−6430	−238
…	…	…	…	…	…	…	…	…
计算方法	最小值	求和	最小值	求和	最小值	求和	平均值	求和
计算结果	18299	−842	285	−82	251	−93	−6652.25	46
阈值	≤18000	≤800	≥280	≤−80	≥250	≤−90	≤6000	≥40

注:"变化"类参数计算方法为当前时次减去最近前一时次,选用求和的方法可以反映过去一段时间变化的总体趋势及量级。

针对Ⅰ区、Ⅱ区 16 个红外云图参数,最终得出该地区的短时暴雨概率:$P = \sum \ln / 16 \times 100\%$。

(2)卫星云图暴雨 12 h 概率预报结果

卫星云图暴雨 12 h 概率预报是以红外卫星云图参数为基础,通过对历史个例中各个参数的阈值来判断暴雨云团的发展演变,以概率的形式给出落区内暴雨发生的可能性;同时,为增加 12 h 暴雨预报的准确性,特别加入 NCEP 预报 6 h 综合判别预报结果,以增加 12 h 暴雨的发生所需的形势场及物理量场判断依据,最终达到提高预报准确性的目的。

(3)NCEP 数值模式物理量选取

从暴雨形成所需的动力、热力、水汽条件出发,利用 NCEP 预报场资料,选取表征动力,水汽、热力、水汽辐合等指标的低空急流(700 hPa,850 hPa)、850 hPa 露点温度、850 hPa 比湿、850 hPa 假相当位温、850 hPa 与 500 hPa 温度之差、K 指数等物理量作为判据因子。

水汽是暴雨发生的先决条件,暴雨发生时,低层必须有充足的水汽供应。露点温度是衡量大气中水汽含量的一个物理指标,低层大气中露点温度的大小可以反映水汽的多寡,是暴雨预报的重点参考因子。

低层高温、高湿大气是暴雨产生的关键因子,假相当位温(θse)不仅考虑了气压对温度的影响,也考虑了水汽的凝结和蒸发对温度的影响,是对大气热力和水汽条件的综合反映。在中尺度分析当中假相当位温是反映大气热力条件一个重要因子。

K 指数与暴雨落区有较好的对应关系,其数学表达式为:$K = (T_{850} − T_{500}) + T_{d850} − (T_{700} − T_{d700})$,其中第 1 项为 850 hPa 与 500 hPa 的温度差,代表温度递减率;第 2 项为 850 hPa 的露点,表示低层水汽条件;第 3 项为 700 hPa 的温度露点差,反映中层饱和程度和湿层厚度。K 指数是反映中低层稳定度和湿度条件的综合指标。一般 K 值愈大,愈有利降水发生。K 指数对暴雨预报有非常好的指示意义。

500 hPa 与 850 hPa 之间的温差越大,表示大气层结越不稳定,有利于对流发生,因此中尺度分析把 850 hPa 与 500 hPa 的温差选为有利于强对流天气发生的重要指标。并根据历史个例统计分析,将其阈值定位 25℃。

按照风云卫星资料结合 12 h 暴雨的发生所需的形势场及物理量场判断依据,建立了卫星云图 12 h 暴雨预警方法(如图 6)。

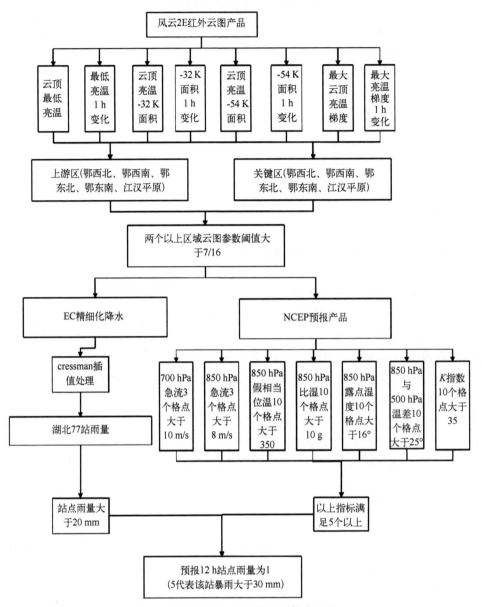

图 6　卫星云图 12 小时暴雨预警流程图

5　暴雨卫星监测预报应用平台

暴雨卫星监测预报应用平台,实现了资料收集、处理及对各类监测预报产品的集成显示功能,为业务人员提供可视化使用界面。所有产品均在统一的 WEB 页面下进行显示,该页面系统与预报业务应用平台有效结合,充分发挥 MICAPS 系统功能,实现各类数据资料实时显示、分析,避免系统的重复开发。主要包括:数据的分类接收和存储、数据解码和处理、信息发布等(图 7)。

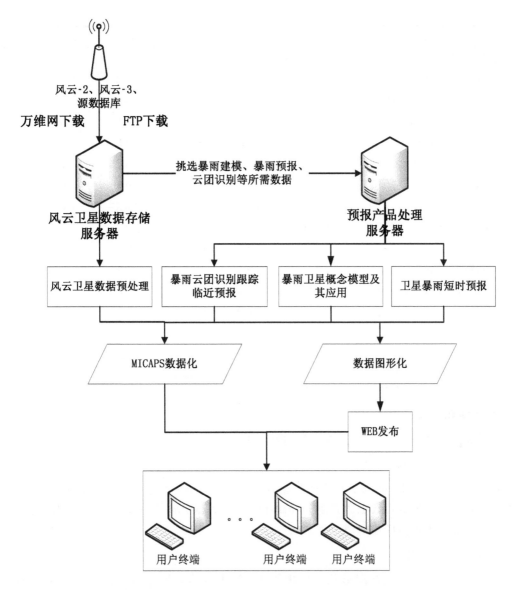

图 7 暴雨卫星监测预报应用平台信息流程图

5.1 数据的分类接收和存储

卫星数据通过湖北省信息保障中心通过 CMA_CAST 共享下载实现卫星数据（FY-2、FY-3）实时下载，并以 FTP 服务器的方式实现同步存储，然后利用卫星地面应用系统卫星天气应用平台（SWAP）的自动处理分系统以 FTP 的方式实现实时下载、分类存储及历史数据删除，为系统提供数据保障。卫星数据列表 3。

表 3 卫星数据产品下载列表

产品名称	卫星	仪器	时段	格式	分辨率	备注
等经纬度投影 5 km 分辨率图像	FY-2E	VISSR	HHmm	AWX	5 km	（IR1）
等经纬度投影 5 km 分辨率图像	FY-2E	VISSR	HHmm	AWX	5 km	（IR2）

续表

产品名称	卫星	仪器	时段	格式	分辨率	备注
等经纬度投影 5 km 分辨率图像	FY-2E	VISSR	HHmm	AWX	5 km	(IR3)
等经纬度投影 5 km 分辨率图像	FY-2E	VISSR	HHmm	AWX	5 km	(IR4)
等经纬度投影 5 km 分辨率图像	FY-2E	VISSR	HHmm	AWX	5 km	(VIS)
平均相当黑体亮度温度产品	FY-2E	VISSR	HHmm	AWX	5 km	(TBB)
降水估计产品	FY-2E	VISSR	HHmm	AWX	5 km	(PRE)
晴空大气可降水产品	FY-2E	VISSR	HHmm	AWX	5 km	(TPW)
云分类产品	FY-2E	VISSR	HHmm	AWX	5 km	(CLC)
总云量产品	FY-2E	VISSR	HHmm	AWX	5 km	(CAT)
对流层上中层水汽含量	FY-2E	VISSR	HHmm	AWX	5 km	(UTH)
云区湿度廓线	FY-2E	VISSR	HHmm	AWX	5 km	(HPF)
全圆盘标称图像文件	FY-2E	VISSR	HHmm	HDF	—	(NOM)
中分辨率光谱成像仪 L1 数据	FY-3A/B	MERSI	HHmm	HDF	1000 m	(MERSI)
中分辨率光谱成像仪 L1 数据	FY-3A/B	MERSI	HHmm	HDF	250 m	(MERSI)
扫描辐射计 L1 数据	FY-3A/B	VIRR	HHmm	HDF	1000 m	(VIRR)
微波温度计 L1 数据	FY-3A/B	MWTS	HHmm	HDF	60 km	(MWTS)
微波湿度计 L1 数据	FY-3A/B	MWHS	HHmm	HDF	15 km	(MWHS)

5.2　数据解码和处理

数据解码和处理包括：卫星数据解码、数据图形化处理等。

5.2.1　卫星数据解码和处理

卫星数据格式有 HDF 和 AWX 两种格式类型，其中 AWX 格式文件可以通过 MICAPS 系统直接显示，HDF 格式数据处理通过 MATLAB。数据解码后还需要进行辐射定标计算，最终得到暴雨分析预报所需的温度值。

5.2.2　数据图形化处理

暴雨卫星预报平台数据图形化主要用于 WEB 平台信息发布，包括：静止卫星数据图形化、静止卫星产品图形化、极轨卫星数据图形化、暴雨预报产品图形化。其中静止卫星数据通过 MICAPS 3 系统后台程序和 FORTRAN 程序语言混合编程截图，其他数据都通过 FORTRAN 程序语言和 GRADS 绘图程序混合编程实现。

5.3　信息发布

通过 WEB 页面的方式以图片和 PDF 文档格式文件显示卫星数据图形及暴雨预报图形化产品，采用 B/S 的架构，Web 服务器软件采用 Apache HTTP Server2.2 和 PHP 5.3.5，网页前台页面使用 HTML，后台逻辑使用 ASP.Net4.0，编程语言采用的是 C♯，客户端使用 IE 浏览器来访问系统。

①系统效率：系统并发数量不少于 50 个，地图刷新速度小于 5 s，针对指定范围的条件查询，检索响应速度不超过 10 s。

②系统稳定性：至少保证系统平均无故障时间（MTBF）不小于 1000 h，平均恢复时间

(MTTR)不超过 1 h,使整个系统可用性≥99.9%,即一年中断服务时间不超过 8.5 h。

6 结束语

风云三号卫星和风云二号卫星是两个不同系列的气象卫星,两者具有较强的互补性。本文将气象卫星资料结合其他资料一起制作暴雨的临近和短时预报,进行了成功的尝试,取得了一些初步的成果。

(1)利用极轨气象卫星和静止气象卫星的各自优势,实现了暴雨云团的识别跟踪。

(2)利用暴雨"配料法"原理,使用风云卫星资料作为"配料法"配料之一结合数值预报产品实现暴雨 6 h 落区预报方法。

(3)利用风云卫星资料结合 NCEP 数值预报产品风场及物理量场分析,建立了 12 h 暴雨落区预报。

(4)检验结果表明,暴雨云团的识别跟踪、暴雨 6 h 落区预报和 12 h 暴雨落区预报对于暴雨的临近和短时预报有一定的指导作用。

参考文献

陈国春,郑永光,肖天贵.2011.我国暖季深对流云分布与日变化特征分析.气象,**37**(1):75-84.

方翔,邱红,曹志强,等.2008.应用 AMSU-B 微波资料识别强对流云区的研究.气象,**34**(3):22-29.

费增坪,王洪庆,张焱,等.2011.基于静止卫星红外云图的 MCS 自动识别与追踪.应用气象学报,**22**(1):115-122.

江吉喜,范梅珠.2002.青藏高原夏季 TBB 场与水汽分布关系的初步研究.高原气象,**21**(1):20-24.

刘健,张文建,朱元竞,等.2007.中尺度强暴雨云团云特征的多种卫星资料综合分析.应用气象学报,**18**(2):158-164.

许健民,张其松.2006.卫星风推导和应用综述.应用气象学报,**17**(5):575-582.

杨军,董超华,卢乃锰,等.2009.中国新一代极轨气象卫星——风云三号.气象学报,**67**(4):501-509.

郑永光,陈炯,朱佩君.2008.中国及周边地区夏季中尺度对流系统分布及其日变化特征.科学通报,**53**(4):471-481.

2013年两次西南涡云系和雷达回波特征分析[①]

韦惠红　牛　奔　王继竹　车　钦

（武汉中心气象台，武汉 430074）

摘　要：采用 FY-2 卫星资料、雷达资料、NCEP 再分析资料和常规观测资料，对 2013 年春季两次东移西南涡影响过程中的云系、雷达回波演变和环境场特征进行了分析，结果表明：1)两次西南涡形成都伴随有高原槽东移和高原东侧偏南急流增强，高原槽东移、冷暖平流发展对低涡形成和发展起重要作用。2)低涡云系在结构形式上经历了暖锋云系向叶状云系转变。随着低涡云系后部干区增大，叶状云系形成典型的"S"形后边界，雷达回波上"人"字形回波形成。低涡云系的结构形式和边界形状，对急流发展和低涡东移、低槽的位置有指示作用。3)受低涡影响，降水可分为两个阶段，第一阶段为低涡暖区降水，对流云团表现为反气旋弯曲暖锋云系，第二阶段中层干冷空气下沉加剧，干湿气团交汇形成西南－东北向带状冷锋云系，冷锋云系降水从西到东影响。4)低涡云系的西南部，红外亮温和雷达回波对应关系较好，强降水出现在上风方向亮温低值中心和梯度大值区附近，低涡云系东部和东北部对应关系差。

关键词：西南涡；叶状云系；红外亮温。

1　引言

西南低涡是青藏高原特殊地形与环流相互作用下的产物，发生于我国西南地区 700 或 850 hPa 等压面上的气旋性环流或有闭合等高线的低涡，是一个尺度约为 300～500 km 的中尺度系统，属 α 中尺度涡旋。它在生成初期是一个十分浅薄的中尺度系统，但其发展东移所带来的剧烈天气影响非常严重。

我国气象科技工作者针对西南低涡形成、维持机制及结构特征、发展东移等开展了一系列的研究。王晓芳等(2007)分析了 2005 年 6 月 25 日长江流域暴雨过程的西南低涡结构特征及其移动发展机制，发现西南低涡是显著不对称的斜压系统，中低层没有冷心或者暖心结构，东南－西北向温湿梯度十分显著，低涡前方有强而深厚的上升运动。王智等(2003)对西南涡及其低空急流演变进行中尺度模拟，西南低涡东移前，低空急流首先东移发展，低涡与急流的发生发展与初始阶段中层东移高空浅槽的槽前弱辐散紧密相关。赵思雄等(2007)指出，高空槽前的正涡度平流、温度平流及以高原东侧边界层的特殊动力作用（摩擦作用）对西南低涡产生和维持有重要的影响，而在 850 hPa 附近，低层的强辐合则是西南低涡主要的维持机制。陈栋等(2007)从水汽输送、温度平流、相当位温等对川东西南涡进行诊断，指出高层不断有干冷空气入侵，使垂直对流不稳定向盆地东北部强烈发展，气旋性涡度不断增大，低涡强烈发展，另一方面，低层暖湿空气的水平切变作用对低涡发展有重要作用。赵玉春等(2010)指出，高原涡形

---

①　公益性行业（气象）科研专项（GYHY201206003）资助。

成后沿高原东北侧下滑,在四川盆地诱生出西南涡。马红等(2010)对一次西南涡引发 MCC 暴雨的卫星云图和多普勒雷达特征进行了分析,指出雷达回波上"人"字形回波、平行短带回波和逆风区的出现说明 MCC 内部存在多个 β 中尺度系统,直接造成多个暴雨中心。杜倩等(2013)对一次西南低涡造成华南暴雨过程的 FY-2 卫星观测进行分析,指出利用红外和水汽图像配合,可以反映西南低涡发展东移过程中低层辐合带云系、高空扰动云系和弱冷空气的不同作用。

在以往研究中,主要对西南低涡结构、西南低涡的动力和热力条件进行诊断分析,也有不少学者对低涡云系的中尺度系统和雷达回波演变进行了初步分析,但是对西南低涡云系形态特征、演变,低涡云系中的亮温分布和雷达回波强度的对比分析很少。何光碧(2012)也指出西南低涡云系特征和雷达回波特征的认识等方面存在不足。卫星云图是大气运动状况的直观表征,时间和空间分辨率较高,通过分析云的结构形式如带状云系、涡旋云系、斜压叶状云系等云型特征,可以推断大气中正在发生的热力和动力过程,以及云系所代表的天气系统所处的生命阶段。本文利用 FY-2 卫星云图资料、雷达资料、NCEP 再分析资料和常规观测资料,对 2013 年春季两次西南低涡东移过程中卫星云图、雷达回波特征和环境场做诊断分析,对西南低涡云系的结构形式、边界形状等详细分析,以及卫星云图亮温和雷达回波分布的对比分析,加深预报员对西南低涡卫星云图和雷达回波的认识,为天气分析和预报提供有用的线索。

2 天气概况和天气背景

2013 年 4 月 29 日(简称个例 1)和 5 月 25—26 日(简称个例 2),受 500 hPa 高原槽和 700 hPa 西南低涡东移影响,长江、汉江流域出现了范围广、强度大的两次降水过程。

个例 1 中,西南涡形成前,500 hPa 欧亚大陆为两槽两脊形式,从乌拉尔山到新疆地区为脊区控制,在新疆脊的南部青藏高原上空有高原槽发展。随着高原槽东移,低层偏南气流增强,700 hPa 偏南急流核达到了 16 m/s,此时 700 hPa 和 850 hPa 在四川盆地上空形成了气旋性辐合区。29 日 08 时,在 500 hPa 槽线正下方,700 hPa 形成闭合的气旋性涡旋,西南涡形成,低涡外围的大风速区(≥12 m/s)范围增大,在低涡东侧形成东西向暖切变线。图 1a 为 500 hPa 槽线和低涡中心演变图,700 hPa 和 850 hPa 低涡中心只标注开始时间和结束时间,低涡中心之间为 6 小时间隔(图 1b 相同)。700 hPa 低涡中心沿着长江中游 31°N 附近移动,850 hPa 低涡中心略偏南,主要降水区位于 700 hPa 低涡东南侧。

个例 2 中,前期 500 hPa 亚洲中高纬地区为宽广低槽区,在青藏高原中部有高原涡发展,高原涡底部引出南北向长槽。24 日 20 时在 850 hPa 四川盆地中部形成中尺度闭合低涡环流。随着低槽东移,在槽前的正涡度平流作用下,25 日 14 时,700 hPa 在(106°E,32°N)附近低涡形成,中低层形成深厚的涡旋。图 1b 为个例 2 中 500 hPa 槽线和低涡演变图,低涡在 500 hPa 低槽引导下向东北方向移动,降水中心位于 700 hPa 低涡东北部。

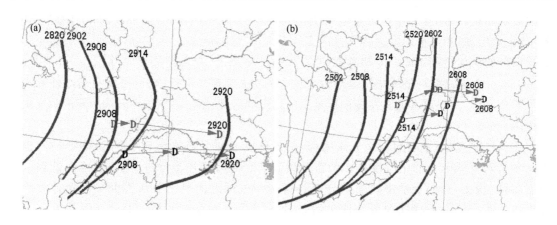

图1　2013年4月28—29日(a)和5月25—26日(b)500 hPa槽线和低涡中心演变图
（棕色实线：500 hPa槽线；红色D：700 hPa低涡中心；黑色D：850 hPa低涡中心）

3　西南低涡卫星和雷达回波特征

　　高时空分辨率的静止卫星可以观测到大气中发生的动力和热力过程，可以监测到大、中、小尺度云团的发生、发展和演变情况。以下对低涡东移过程中云系和雷达回波的演变、红外亮温值和雷达回波强度做对比分析。

3.1　西南低涡云系和雷达回波演变

　　个例1中，低涡形成前，青藏高原上空有大范围结构较散乱的高原槽云系东移，28日21时，高原槽云系东移到河套南部，云系变得密实和有组织性，低槽云系底部2个纬距附近，几个γ中尺度云团在重庆南部合并发展形成椭圆形白亮云团，随着椭圆形云团东移发展，冷云罩面积增大，23时（图2a），≤−54℃冷云罩面积达到了$11×10^4$ km^2，云顶最低亮温达到−85℃，西南涡云系在低槽云系底部发展形成。在高原槽引导下，西南涡云系向东北方向扩张，范围变大。29日09时，低涡云系东北部亮温低值区向北凸起，呈现出反气旋弯曲形式，低槽云系范围缩小，叠加在低涡云系西北部演变为中低云系，在低涡云系的东南部，有向东南方向流出的卷云线，说明高空为西北气流；低涡云系的东北部有向东北方向发展的卷云线，说明高空有西南气流，湖北省处于高空西南风和西北风的"喇叭口"辐散场内，为对流的发展和维持提供了有利的高空辐散条件。12时（图2b），低涡云系向东北方向扩张，高空槽云系进一步减弱，此时低涡云系演变成叶状云系，在其东北边界表现为反气旋弯曲形式。陈渭民（2010）指出，在卫星云图上，凡是云系向冷空气凸起，卷云呈反气旋弯曲，则一定是暖锋云系，表明暖空气向北推进。17时（图2c），低涡云系东北部维持反气旋弯曲形式，在其西部边界变得整齐光滑，气旋性弯曲加强，随着贵州、湖南附近的γ中尺度、β中尺度云团东北移动和低涡云系合并，在低涡云系西部形成气旋性弯曲边界，低涡云系后边界呈现"S"形弯曲，形成典型的叶状云系。29日23时以后，低涡云系东北部反气旋性弯曲和西部气旋性弯曲的特征逐渐消失，叶状云系逐渐演变成一般带状云系。在水汽云图上（图略），29日08时开始，有水汽低值区从云南向北扩张，29日13时在四川中东部水汽低值区范围增大，水汽低值区范围扩大的过程中，低涡云系后侧反气旋弯曲增强，说明中高层有干冷空气下沉入侵云区。

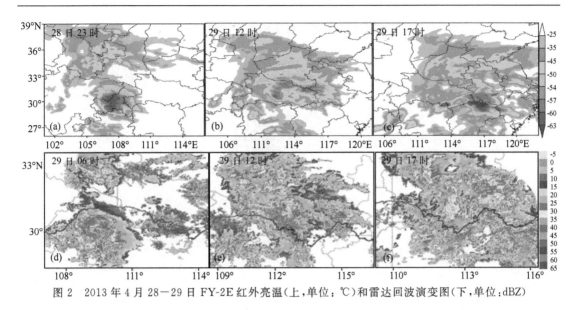

图 2　2013 年 4 月 28—29 日 FY-2E 红外亮温(上,单位:℃)和雷达回波演变图(下,单位:dBZ)

从 SWAN 系统分析雷达回波演变特征,文中所用 SWAN 雷达资料为长江流域 11 部雷达的组合反射率产品拼图资料(下同)。29 日 06 时(图 2d)团状密实的低涡回波开始进入恩施地区,回波强度在 30~40 dBZ 之间,局部强度达到 50 dBZ。29 日 09 时,低涡回波东移过程中出现反气旋性旋转,其结构从团状向南北向回波带转变,移动前沿有≥55 dBZ 对流回波出现。随着低涡回波东移旋转,与其左前侧对流回波合并,12 时(图 2e)形成反气旋弯曲的西北—东南向回波带,当回波移到 32°N 以北时,回波强度迅速减弱,此阶段主要为低涡东侧暖区引发的降水。17 时(图 2f),在神农架附近出现无回波"V"型缺口,说明冷空气入侵加剧,同时从恩施地区、湘西有 30~40 dBZ 散乱回波向东北方向移动与低涡回波带合并,在湖北省中东部地区形成"人"字形回波,而此时卫星云图上表现为典型叶状云形式,随后湖北省中东部转受"人"字形回波上西南—东北向回波带东移影响。

个例 2 中,25 日 03 时开始,从高原南部有大片中低云(低槽云系)向东北方向移动,在其移动过程中结构变得紧密,亮温值下降。15 时开始(图 3a),低槽云系后部(重庆北部)和南部(鄂东附近)有对流云团迅速发展,低槽云系后部发展的对流云团正好位于 700 hPa 低涡中心前侧,说明此时低涡云系已经开始发展。从雷达回波上(图 3d),重庆地区有西南—东北向回波带东移与前沿低槽回波带合并。随着低槽云系东北移动减弱,低涡云系范围增大,量温值下降,且在低涡云系东南部对流云团迅速发展,在低涡前强偏南气流组织下,20 时(图 3b),低涡云系东北部与鄂东、江西的中尺度云团连成反气旋性弯曲的暖锋云系,叶状云形成,表现为"S"形后边界,云系北边界为反气旋型弯曲,西边界为气旋性弯曲,在雷达回波上(图 3e)在河南南部和湖北省形成"人"字形回波。26 日 03 时(图 3c),气旋性弯曲的南北向云带和反气旋性弯曲的东西向云带的交界处,开始出现低云区或无云区,无云区不断侵入叶状云主体,在结构形式上表现为","状,逗点云系形成。雷达回波上(图 3f),湖北省转受"人"字形回波上南北向回波带东移影响。由于 700 hPa 低涡中心从湖北、河南交界处东移,低涡中心偏北,从 SWAN 雷达拼图上看不到完整的低涡东移和演变过程,但是跟个例 1 类似,湖北省先后受两条回波带影响。

在叶状云和逗点云系形成过程中,在水汽云图上(图略),25 日 19 时开始,从河套北部有干区缓慢南压到重庆南部,23 时在叶状云系东侧形成明显的南北向干区通道,随着干区范围增大,逗点云系后部反气旋性程度加强。同时干区向云系主体入侵,在云系头部形成"V"形无云区。

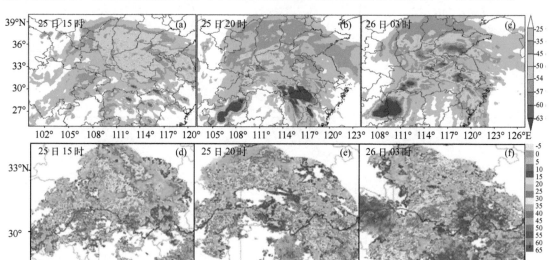

图3　2013年5月25—26日FY-2E红外亮温(上,单位:℃)和雷达回波演变(下,单位:dBZ)

从上述分析发现,低涡云系形成和东移过程中有相同点:1)低涡云系形成都伴随有大片高原云系东移,说明高原槽东移对西南涡形成和东移起关键作用。随着低涡云系发展成熟,低槽云系减弱演变成一般低云位于低涡云系北部。2)低涡云系向东北方向扩张并逐渐演变成反气旋弯曲云带,后侧演变成气旋性弯曲形式,即形成叶状云系。随着冷空气入侵,叶状云后边界反气旋性弯曲增大。3)湖北省降水过程分为两个阶段,累积降水强度大,第一阶段为西南涡还没移出时暖切变线上降水,对流云团表现为反气旋弯曲暖锋云系;第二阶段为西南涡移出时冷切变线上降水,此时"人"字形回波形成,南北向带状回波从西到东移动影响湖北省。不同点:1)低涡云系形成初期不同,个例1低涡云系首先在高原槽云系东南部形成;个例2低涡云系在高原槽云系后部发展起来的。2)个例2低涡云系发展到逗点云系阶段,且逗点云系持续时间长。陈渭民指出,逗点云系可以解释为大气闭合环流叠加一云区,说明个例2低涡发展更为深厚。3)个例1地面有冷空气影响,冷空气侵入西南低涡,导致低涡云系迅速减弱消亡。

3.2　红外亮温与雷达回波强度对比分析

红外亮温可以反映了云顶的温度状况,红外亮温低,说明云的发展高度高,则对流性强,降水效率可能会越高。在实际工作中发现,云顶亮温与降水强度并不是简单的线性关系,下图4用个例1低涡暖区降水阶段对低涡云系亮温和雷达回波强度做对比分析,揭示低涡影响过程中红外亮温与雷达回波(降水)的关系。

29日07时,鄂西南为稳定的低涡团状回波,回波强度在20~45 dBZ,对应卫星云图上亮温值在−61~−35℃。A位于低涡云系的西南侧,亮温值达−56℃,回波强度达到了50 dBZ,小时最大降水为34 mm;A右下方亮温值达到−61℃,回波强度为40 dBZ,小时降水最大14 mm。B和C点连成东西向亮温低值带,B点亮温最低值为−60℃,但无回波,C点亮温最低值为−62℃,有小范围55 dBZ对流回波发展。D附近的亮温值在−59~−45℃之间,无降水回波出现。09时,低涡云系整体东移,C附近云团剧烈发展,≤−45℃亮温低值区向北和向东扩张,亮温值下降,形成几个强度达 65 dBZ 回波中心,强对流回波位于最低亮温中心和上风方向的大梯度区(中低层风向为偏南风)之间。A 为从恩施东移的稳定性密实回波,雷达回波强度和红外亮温值对应关系较好。D 点与 07 时一样,亮温值在 -59~-45℃ 之间,无降水回波出现。12 时,随着低涡云系东移,A 点亮温值下降,说明低涡系统正在增强,雷达回波强度也出现增强,50~55 dBZ 密实强回波区位于亮温低值中心及西南侧大梯度区内。C 移动过程中减弱,亮温低值中心降到 -60℃,但无回波出现,说明在云团的消亡阶段,虽然亮温值较低,但是无降水或为弱降水。

从上述对 A、B、C、D 点分析发现,A 位于低涡云系西南部为稳定性回波,红外亮温值与雷达回波对应关系好,但不是线性关系,C 为对流回波区,增强中的亮温低值中心与强回波对应关系好,强对流回波区位于最低亮温中心和上风方向的大梯度区附近,说明这一区域是对流发展最旺盛的地方。D 位于低涡云系东南侧,亮温值低但无回波出现,D 应该是低涡云系中层气流的流出方向,是中高云区。如果从红外亮温值大小来预测降水会带来较大误差。卫星云图上可以识别云的大尺度云型分布和变化,结合亮温低值中心和梯度大值区分布、变化,来推断天气系统的强度、演变,进而对暴雨进行诊断和预报,比用红外亮温或者亮温梯度的数值来预报降水发展更有意义。

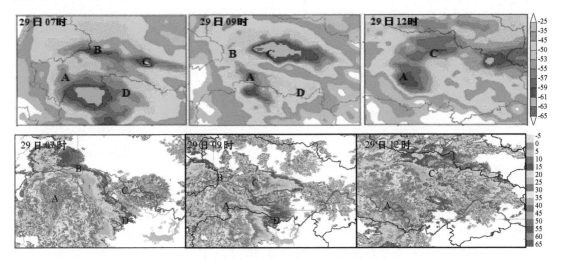

图 4　2013 年 4 月 29 日 FY-2E 红外亮温(上,单位:℃)和雷达回波分布图(下,单位:dBZ)

4　低涡云系平均量温分布与降水关系

对低涡影响过程中红外亮温值和相应时段内的降水量进行累积平均,揭示平均亮温分布和降水的关系,图 5a 和 c(b 和 d)分别为 4 月 29 日 08 时至 30 日 08 时(5 月 25 日 08 时至 26 日 08 时)平均亮温和累积降水分布图。从个例 1 的平均亮温值来看,其结构形式为叶状云结构,江淮流域有大片≤-30℃ 的亮温低值区,跟 24 小时累积降水比较,≥50 mm 降水区亮温值在 -42~-30℃ 范围内,≥100 mm 降水中心位于叶状云底部,不在亮温低值中心内。在叶状云东北部,即安徽中北部和江苏省境内出现较大范围 -38~-30℃ 无降水或弱降水区,亮温值与降水对应关系较差。个例 2 中,平均亮温分布结构形式表现为逗点云形式,低涡中心亮温值比个例1要低,跟累积降水比较,≥50 mm降水区亮温值在−52～−34℃范围内,河南中部大暴雨区出现在≤−50℃亮温低值中心内,强降水中心与亮温低值中心对应关系较好。在逗点云的东部和北部,跟个例1类似,也出现较大范围−38～−30℃无降水或弱降水的中高云区。两次过程都表现为低涡中西部,亮温值与降水对应关系好,而东北部对应关系差。

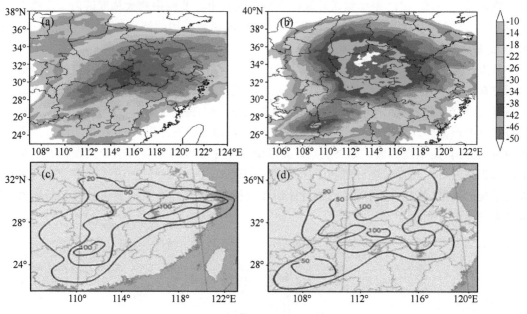

图5　2013年4月29—30日时(a、c)和5月25—26日(b、d)分别为
平均亮温(单位:℃)和累积降水(单位:mm)

5　低涡云型分布与大气环流关系

逗点云系的形成可以解释为大气环流叠加于一云区,由于闭合环流的作用,在环流中心之南偏西气流入侵,环流之北,云随气流由云区向西平流,最后形成逗点云系。个例2中(图略),从25日14时到20时,中低层低涡出现加深发展,700 hPa低涡中心位势高度下降3 dagpm,500 hPa槽后偏北大风从14 m/s增强到20 m/s,低涡叶状云头部开始出现无云区,随着无云区范围逐渐增大,26日02时,低涡云系发展到了逗点云系阶段,500 hPa和700 hPa低涡中心位于逗点云系西北部的无云区,逗点云系后边界向西1～2个经距存在中低层切变线,云系边界和切变线走向大致相同。与个例2相比,个例1中500 hPa没有出现低涡,低涡云系只发展到叶状云阶段,说明中低层深厚低涡和低涡加深、槽后偏北大风增大对形成逗点云有利。分析个例1和个例2中500 hPa低槽和低涡云系边界关系,当低涡云系后边界清楚时,500 hPa槽线位于其后边界2个经距附近,所以可以通过边界的位置,大致判断出低槽位置和走向。

6　西南低涡发生的有利环境条件

6.1　西南急流

西南急流可以给暴雨区输送动力、水汽和不稳定条件,大多数暴雨过程都伴随有西南急流发展。图 6 为个例 1 和个例 2 红外云图和 700 hPa 风场叠加图,可以分析西南涡形成时,中尺度云团活动与低空急流之间的关系。个例 1 低涡形成前,从孟加拉湾经云南到四川盆地有 10 m/s 的偏南风发展,四川盆地开始有小尺度云团发展。29 日 08 时(图 6a),700 hPa 形成气旋性涡旋,西南涡形成,偏南急流核达到了 16 m/s。从 29 日 14 时到 20 时,西南涡出现快速东移,在低涡东侧暖切变线附近,低涡云系由椭圆形向叶状云转变,其东北部出现反气旋性弯曲,29 日 16 时,低涡云系演变成典型叶状云。个例 2 和个例 1 类似,700 hPa 低涡形成后(图 6b),偏南急流范围和强度增强,偏南急流核增强到 16 m/s,随着 700 hPa 低涡形成和偏南急流增强,低槽云系底部有对流云团出现剧烈发展,对流云团在西南涡外围的偏南风组织下,发生聚集合并逐渐形成叶状云系和逗点云系。

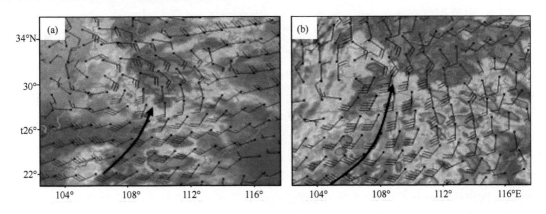

图 6　2013 年 4 月 29 日 08 时(a)和 5 月 25 日 14 时(b)FY-2E 红外云图和 700 hPa 风场叠加图
(黑色箭头为急流核)

从上述分析发现,西南涡东移发展和东移过程中,偏南急流增强,偏南急流增强使得中尺度对流云团发展,在大尺度低涡环流背景下,低涡云系主体和对流云团组织合并演变形成叶状云系,我们可以通过卫星云图上对流云团发展和叶状云系形成,来判断西南气流增强和低涡的形成、东移。

6.2　中低层暖平流发展情况

许多研究表明,西南低涡初期形成与发展和大气低层的强暖平流输送有关,以下分析个例 1 和个例 2 西南低涡形成和东移时温度平流的演变情况。

在西南涡形成前 12 小时,个例 1 和个例 2 四川中东部地区和湖北西部从低层到中层都为暖平流区,有深厚暖平流区发展。个例 1 中,29 日 02 时,四川盆地附近 700 hPa 暖平流区开始有小范围冷平流入侵,29 日 08 时(图 7a),冷平流区范围扩大,在冷平流和暖平流交界处出现闭合性涡旋,中心气压下降,700 hPa 低涡形成,在低涡环流区内,低涡中心右侧为暖平流区,左侧为冷平流区。29 日 14 时到 20 时,随着低涡东移,低涡东部 $\geqslant 1 \times 10^{-5}/s^2$ 暖平流区迅速东移。个例 2 中冷暖平流演变与个例 1 类似(图 7b),低涡发展前 6 h,随着冷平流开始入侵,低涡形成。个例 2 的暖平流强度比个例 1 要强,暖平流中心达到了 $3 \times 10^{-5}/s^2$,且暖平流中心随低涡向东北发展。

从上述分析可知,冷、暖平流和低涡是伴随发展的。低涡形成前有深厚暖平流发展,且暖平流中心移动方向与低涡移动方向一致,说明暖平流对低涡的形成和维持起重要作用。

冷平流的主要贡献是导致该地区的等压面降低,根据风压场适应原理,等压面下降,低涡发展。冷空气从低涡的北侧南下侵入低涡,暖湿空气受冷空气的强迫抬升,斜压作用使得低涡发展。

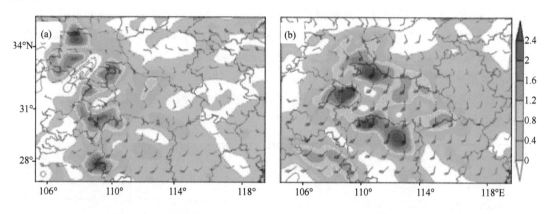

图7　2013年4月29日08时(a)和5月25日14时(b)温度平流(单位:/s²)和700 hPa风场叠加图
(阴影区为温度平流)

6.3　动力场分布特征

分析700 hPa低涡移动路径方向的涡度和散度纬向垂直剖面图,个例1中,在低涡形成前6 h,106°E(低涡初始形成位置)上空500 hPa附近有孤立涡度中心值发展,中心值达$12×10^{-5}s^{-1}$,随着低涡的形成和东移,涡度大值区向低层和向前方传播,29日14时(图8a),在低涡云系成熟时期,正涡度区范围和强度达到最大值,从106°E到113°E中低层出现连续的正

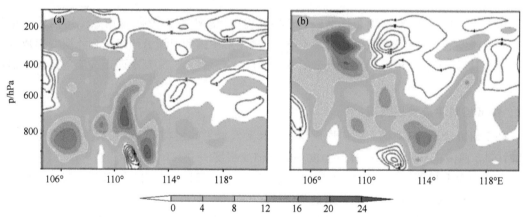

图8　2013年4月29日14时(a)和5月26日02时(b)纬向涡度垂直剖面图(单位:s⁻¹)
(阴影区为正涡度区,虚线为负涡度区)

涡度带上存在4个的正涡度中心,中心值都大于$15×10^{-5}s^{-1}$,分析29日14时的散度场分布(图略),低涡中心附近,散度弱,降水也较弱,而在低涡东部的4~8个经距暖切变线辐合区内,低层存在负散度中心,即位于低涡东部中低层存在气旋性辐合区。个例2涡度和散度的纬向垂直剖面与个例1类似(图8b),随着低涡形成和东北移动,正涡度区范围和强度增大,低涡中心附近低层辐合不明显,低涡东部暖切变线区辐合明显,说明在低涡中心附近,有气旋性环流,

但辐合不明显,降水较弱,在低涡中心东部 4～8 个经距附近,低层出现较强的气旋性辐合区,中高层出现反气旋性辐散,动力条件较好,强降水也出现在此。

7 结论

通过对 2013 年春季两次东移西南涡过程中卫星云图、雷达回波、环境场特征进行分析,得到以下结论:

(1)西南涡形成伴随有高原槽东移和高原东侧偏南急流增强,在 500 hPa 低槽东移引导下移出四川盆地。西南涡东移前方中低层存在深厚暖平流,冷、暖平流对低涡的形成和维持起重要作用。在低涡东部暖切变区中低层存在强的气旋性辐合环流,动力条件较好,强降水出现在此。

(2)低涡云系在结构形式上经历了暖锋云系—叶状云系转变。随着云系后部干区增大,叶状云系形成典型的"S"形后边界。可以通过卫星云图上对流云团发展和叶状云系演变,来判断西南气流增强和低涡的形成、东移。逗点云系中气旋性弯曲和反气旋性弯曲相交处无云区内为中层低涡所在,而低涡云系清楚后边界可以大致判断 500 hPa 低槽位置。

(3)低涡降水可以分为两个阶段,第一阶段为暖区降水,对流云团表现为反气旋弯曲暖锋云系,第二阶段中层干冷空气下沉加剧,干湿气团交汇形成西南—东北向带状冷锋云系,此时在雷达回波上有"人"字形回波发展。低涡影响过程降水时间长,累积强度大。

(4)低涡云系的西南部,红外亮温与雷达回波对应关系较好,强降水出现在下风方向亮温低值中心和梯度大值区附近,低涡云系东部和东北部与雷达回波对应关系差,红外亮温值低,但经常为无降水区或者弱降水区。卫星云图上可以识别云的大尺度云型分布和变化,结合最低亮温变化和梯度大值区位置,来推断天气系统的强度、演变,进而对暴雨落区进行诊断和预报,比用红外最低亮温或者亮温梯度的数值来预报降水发展更有意义。

上述研究结果对于西南涡云系演变、移动路径、及其引发降水的预报方面有指导意义,如预报时效等等,进一步提高本文的业务应用和指导价值。

参考文献

陈栋,李跃清,黄荣辉,等. 2007. 在"鞍"型大尺度环流背景下西南低涡发展的物理过程分级及其对川东暴雨发生的作用. 大气科学,**31**(2):185-201.

陈渭民. 气象卫星图像解译与判读. 2010. 全国气象部门预报员轮训系列讲义.

杜倩,覃丹宇,张鹏. 2013. 一次西南涡造成华南暴雨过程的 FY-2 卫星观测分析. 气象,**39**(7):821-831.

何光碧. 2012. 西南低涡研究综述. 气象,**38**(2):157-162.

马红,郑翔飚,胡永,等. 2010. 一次西南涡引发 MCC 暴雨的卫星云图和多普勒雷达特征分析. 大气科学,**33**(6):688-696.

王晓芳,廖移山,闵爱荣,等. 2007. 影响"05.06.25"长江流域暴雨的西南低涡特征. 高原气象,**26**(1):197-205.

王智,高坤,翟国庆. 2003. 一次与西南低涡相联系的低空急流的数值研究. 大气科学,**27**(1):75-85.

赵思雄,傅慎明. 2007. 2004 年 9 月川渝大暴雨期间西南低涡结构及其环境场的分析. 大气科学,**31**(6):1059-1075.

赵玉春,王叶红. 2010. 高原涡诱生西南涡特大暴雨成因的个例研究. 高原气象,**29**(4):819-931.

一次雹暴过程的卫星云图分析

吴迎旭[①]　　周　一　　张晰莹　　张惠君

(黑龙江省气象台,哈尔滨 150030)

摘　要:利用 FY-2E 静止气象卫星云图结合 FY-3 极轨气象卫星、天气雷达和常规天气资料对 2012 年 6 月 9 日发生在黑龙江省中部地区的雹暴云团进行分析,该雹暴云团所经之处出现了大冰雹和下击暴流。本文分析雹暴云团产生的大尺度环流形势;卫星云图上的雹暴云团中尺度环境场及环境特征:水汽图上的水汽带明显,暗区表明下沉气流,冷锋、干侵入为触发条件,云区面积的迅速增长促进对流单体合并形成对流云团;出现卷云砧和暖"V"型,观测到与雷达图窄带回波相对应的弧状云线。冰雹发生在云顶温度梯度最大的地方。

关键词:FY-2 静止气象卫星,雹暴云团,中尺度。

1　引　言

2012 年 6 月 9 日黑龙江中部多个地区出现大风和冰雹天气,其中铁力县 17:56 的顺时风速达到了 30 m/s,17:41—18:10 产生最大直径为 13 mm 的冰雹天气,铁力市双丰镇、王杨乡、年丰乡、铁力镇、工农乡影响严重,受灾人口达 3.44 万,部分农作物受灾,受灾面积 16067 hm²,成灾 8066 hm²,绝收 4200 hm²,造成经济损失 7802 万元。

2　雹暴云团形成背景

图 1 表明 500 hPa 上冷涡系统位于贝加尔湖东部,冷涡后部有较强的偏北气流,黑龙江省主要受西南风影响。850 hPa 上黑龙江省受暖舌控制,在黑龙江地区形成了中高层冷空气下滑并叠加到低层暖区之上的垂直结构,在黑龙江西南部以及与内蒙古与吉林、辽宁交界处为干区,在西南风的作用下可以将中层干空气吹向黑龙江中部,低层在黑龙江北部到西部有一条切变线,干侵入和切变线共同触发强对流天气发生。

6 月 9 日 14 时,地面低压中心位于内蒙古与吉林、辽宁交界处,冷锋位于我国东北地区南部,黑龙江省除了西南部外,都处于显著湿区中(图略)。对流触发区位于低压前部偏南气流与偏东气流的辐合区中。随着冷空气的推进,冷锋东移,雹暴云团就是生成于冷锋多层云系中。云系覆盖处的地面相对湿度较小,说明本次过程对区域性降水不是很有利。

---

① 第一作者:吴迎旭,从事短时临近预报工作,研究方向卫星、雷达。E-mail:wuyingxu281@163.com

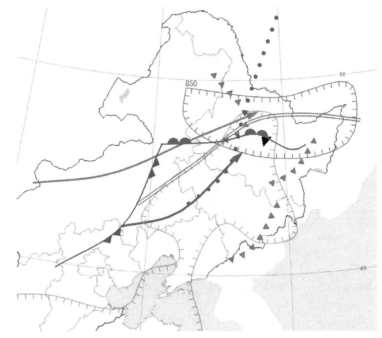

冷锋；　　暖锋；···· 850hPa温度脊；▼▼▼ 500hPa温度槽；══ 925hPa切变线；
500hPa干区和850hPa湿区；━→ 显著流线；▼ 下击暴流和大冰雹生成处；

图 1　2012 年 6 月 9 日 08：00 中尺度分析

3　FY-3 极轨卫星反演的温湿廓线

利用 FY-3 极轨卫星反演的湿度廓线中(图 2a、图 2b)，湿度随着高度的增加逐渐减少，925 hPa黑龙江的中东部处于湿区中；700 hPa 和 500 hPa 上黑龙江中东部属于干区控制，但东北部有一个范围非常小的湿区在富锦附近。这样整体上 FY-3 极轨卫星反演的湿度是一个上干下湿的不稳定层结，有利于强对流的产生。

FY-3 极轨卫星反演的温度廓线中(图 2c、图 2d)，黑龙江的中低层受暖空气控制，850 hPa温度梯度较大；500 hPa 附近能看到弱的冷空气位于温度脊东部，形成冷暖交汇。

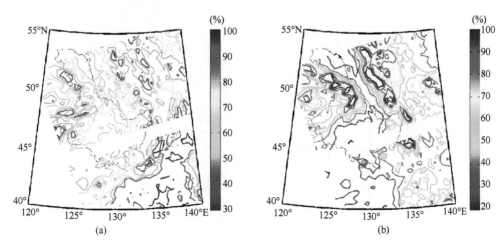

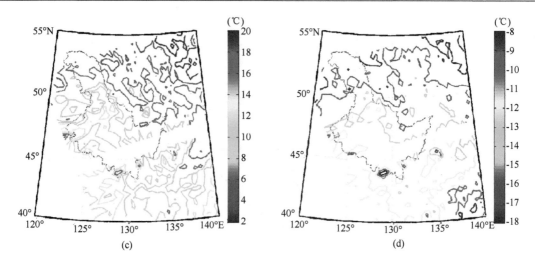

图 2　6 月 9 日 10:45FY3-B 反演湿温场

(a) 925 hPa 湿度廓线(%);(b) 500 hPa 湿度廓线(%);(c) 850 hPa 温度廓线(℃);(d) 500 hPa 温度廓线(℃)

4　雹暴云团的中尺度环境特征

4.1　冷涡与冷锋分析

9 日上午从贝加尔湖至渤海湾有一庞大的涡旋云系,如图 3 所示在涡旋云系处,冷涡中心位于蒙古境内的东北部。等高线与涡度等值线交角近于垂直,伴有低层辐合和高层辐散,在涡旋处有强烈的上升运动,说明正涡度平流较强,而风暴中强烈的上升气流是产生大冰雹的必要条件(俞小鼎等,2006);对应小涡旋云系的尾部为地面冷锋,冷锋云系后部无云区为下沉气流,说明负涡度平流较强,同时显示了该处为辐散区。雹暴云团是从冷锋云带中分裂出来的几个小对流单体逐步发展合并成一个庞大的雹暴云团。

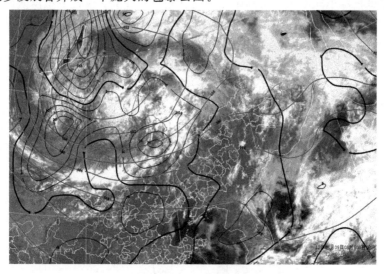

图 3　11:00 可见光云图与高空场叠加,蓝色为 500 高度场,黑色为 500 涡度场

4.2 垂直风切变分析

风暴的组织结构和强弱以及雷暴云团的生存时间的关键因子是垂直风切变(陈渭民，2003；孙继松，陶祖钰，2012；许新田，刘瑞芳，郭大梅等，2012)。如图 4 所示，在云团的东北部有向东部延伸的卷云砧，计算当日 08 时黑龙江省 4 个探空站的 0~500 hPa 垂直风切变(表 1)，黑龙江大部分地区的风垂直切变较大，哈尔滨站切变值为 $4.0×10^{-3}/s$，达到了超级单体风暴强度。

表 1　切变值计算

站点	切变值(0~500 hPa)(单位 $10^{-3}/s$)	参考风暴类型
齐齐哈尔(50774)	1.7	单单体或松散多单体(<2.0)
伊春(50774)	2.4	有组织的多单体(2.0~3.3)
嫩江(50745)	2.4	有组织的多单体(2.0~3.3)
哈尔滨(50953)	4.0	超强单体(≥3.3)

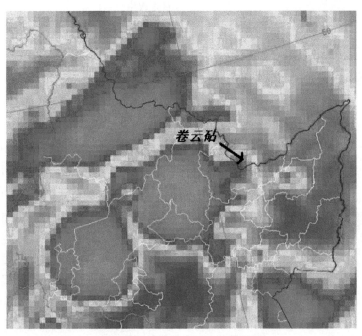

图 4　6 月 9 日 17:30 红外云图

4.3 水汽条件分析

水汽的不均匀分布是产生冰雹大风等灾害天气的一个重要因子(陈渭民，2003；孙继松，陶祖钰，2012；许新田，刘瑞芳，郭大梅等，2012)。从图 5a 中可以看到，这是一个高空冷涡云系，云系的底部是冷锋云带，水汽带呈气旋性弯曲，水汽带左侧的冷涡内部为暗色的干区，下沉气流强大，云带附近伴随着一个高空的辐散(图 5a 箭头处)，有利于大气的垂直运动，水汽带的右边缘有一些新生的对流单体 A 和单体群 B(图 5b)，这些对流单体是在水汽带与暗区相交处生成，在水汽图上颜色亮白，面积较小，排列规则，也成为雹暴云团的初生。通过将水汽图的时序图与红外云图对比可以看到：在雷暴云团发展过程中红外云团的边界与水汽图中白亮区的边界基本重合，表明中湿层较厚，上升运动较强。

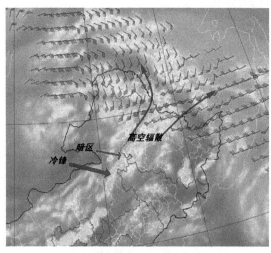
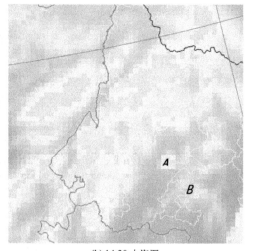

(a) 13:30 云导风与水汽图叠加　　　　　　　　(b) 14:30 水汽图

图5　6月9日水汽图

(a)13:30 云导风与水汽图叠加;(b)14:30 水汽图

5　雹暴云团中尺度特征分析

5.1　弧状云线

如图6所示,在对流云团的西南边界上,有向西南方向凸起的云线,在相应的雷达图上也可以探测到阵风锋结构,并且随着窄带回波与对流云的靠近,对流回波的强度的面积也都有所增大。当弧状云线与对流云靠近的时候,不断触发新的对流发生发展,并使对流云的面积扩大。

图6　弧状云线(15:30 可见光云图)

5.2　雹暴云团的碰并增长

云区面积增长的快慢是灾害性天气发生可能性的重要指标。对这次过程的雹暴云团的云顶亮温(-32℃和-52℃)在不同时刻所包围的冷区面积做了的统计,统计结果如图7所示,

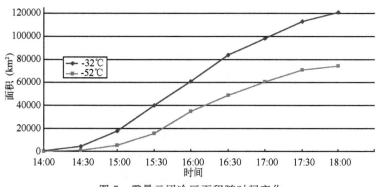

图 7　雹暴云团冷区面积随时间变化

−32℃和−52℃亮温所包含的云团面积从 15:30—18:30 一直处于增长状态。其中,13:30—16:30 是云团迅速增长时段,增长率超过了 200%,主要因为这个时段是一些弱小的雷暴单体迅速合并阶段,在合并后由于云团的相互作用,使得云团面积和强度达到一个迅速增长的过程,16:30 云团冷区面积趋于稳定,说明雹暴云团也开始趋于成熟,大部分地区的冰雹和大风天气也是从这个时段开始的。18:30 雹暴云团与冷涡云系合并,雹暴云团特征减弱。

5.3　云团的相互作用

对流云团的形成或加强离不开云团之间的相互作用,在云团中不断有新的单体生成、发展和消亡,使雹暴对流云团加强。图 8 表现出了云团的相互作用特征,图 8a 中云团 A 与 B 都处于发展阶段,−32°的冷区面积分别为 5750.6 km² 和 13734.8 km²,云团 D 的面积相对较小,图 8b 显示了半小时后云团 A 和 B 合并成云团 C,−32°的冷区面积扩大到 31245.7 km²,比云团 A 和 B 的冷区面积和增长了 60.4%,同时云团 D 也向云团 C 靠近趋于合并。

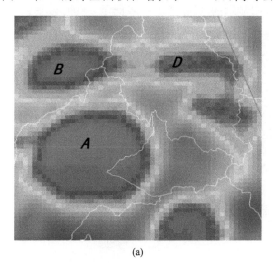
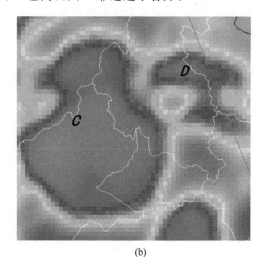

(a)　　　　　　　　　　　　　　　　　(b)

图 8　云团相互作用
(a)15:30 红外云图;(b)16:00 红外云图

5.4　雹暴云团的生命周期

5.4.1　雹暴云团初生阶段

图 9 为本次过程雹暴云图的初生阶段。从蒙古国、我国内蒙古东北部与黑龙江省西北部交

界处至我国华北北部有明显的涡旋云系,在涡旋尾部的云带前边界处,黑龙江的中部有一些分布密集的对流单体群(图9a),同时新的对流单体不断从云带前边界分裂出来;图8b中这些对流单体群有所合并,可见光图上对流单体颜色亮白,红外显示云顶温度为−35℃左右。同一时刻的水汽图上(图8c)的水汽带西侧有一条暗沟,暗沟为东北−西南走向,这条暗沟为低层存储了大量的水汽和能量,水汽带的东侧为一条暗带,也为雹暴云团的进一步发展提供了有利条件。

图9 雹暴云团初生阶段

(a)14:00可见光;(b)14:30可见光;(c)14:30水汽

5.4.2 雹暴云团生成和发展阶段

图10为这次过程的雹暴云团生成发展阶段。对流单体群已经向东发展成了几个雷暴云团,云团面积增大,云团表面出现褶皱,图9a云团已经表现出了椭圆状,一些云团的南侧或西南侧出现弧状云线,云线呈现西北−东南走向,距离云团主体6.4 km左右;图9b中雷暴云团开始合并,同时云团A−F的面积也都有所增大,红外增强云图显示的TBB值已经降低至−60℃以下。

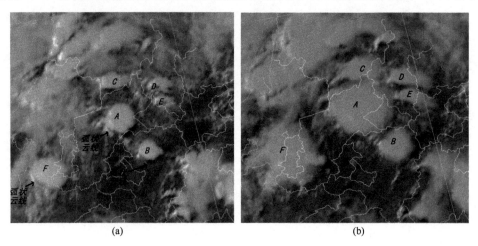

图10 雹暴云团生成发展阶段

(a)15:00可见光;(b) 16:00可见光

5.4.3 雹暴云团成熟旺盛阶段

图11为这次过程的云团成熟旺盛阶段。图10a已经将云团合并成三个主要的云团G、B、F,在低层暖平流的作用下,云团的相互作用使得云区面积逐渐迅速扩大,结构也逐渐紧凑,温

度梯度加大。云团 G 的面积超过了 4900 km²，在云图 G 的西南边界的上风方靠近云团 F 处出现更加明显的褶皱，在该处的云顶亮温梯度非常大，局部地区出现了 17 m/s 以上的大风和冰雹天气；图 10b 雹暴云团进一步合并成云团 H，云团移动速度很慢，但云团的面积和强度都明显增强，云顶亮温达到了 −65℃，同时可以观测到不太强的卷云砧，表明有垂直风切变，在云团的下风方有一个增暖的"V"型，光滑的云团边界温度梯度大值区处出现了冰雹大风天气，云团边界移到铁力时出现的顺时风速超过了 30 m/s，冰雹直径为 13 mm。图 11c 中雹暴云团与整个冷锋云带连接到一起。

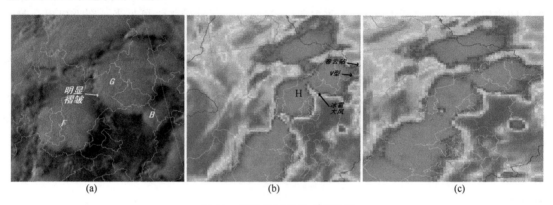

(a)   (b)   (c)

图 11　雹暴云团成熟旺盛阶段

(a)17:00 可见光；(b)18:00 红外；(c)18:30 红外

5.4.4　雹暴云团消亡阶段

图 12 为雹暴云团的消亡阶段。孤立的雹暴云团已经消失，与冷锋云带合并，云带的强度开始减弱，边界逐渐模糊，直至 6 月 10 日 08:00 基本消散，云团的整个生命共维持了 19 h。

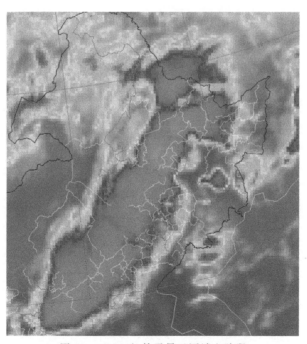

图 12　19:30 红外雹暴云团消亡阶段

6 结论

(1)这次过程是在高空冷涡与地面冷锋共同作用下形成的。中层干侵入、低层辐合和高层辐散、垂直风切变为大冰雹的产生提供有利条件。

(2)水汽图上的水汽带明显,左侧有暗色干区下沉气流,右边缘新生单体生成雹暴云团还产生冰雹和大风天气。与红外云图对比可以看到:在雷暴云团发展过程中红外云团的边界与水汽图中白亮区的边界基本重合,表明中湿层较厚,上升运动较强。可见光云图上出现凸起的弧状云线,并与雷达图窄带回波相对应。

(3)云区面积增长迅速,发展阶段增长率超过了200%;云团内部对流单体合并,形成对流云团,增加了冰雹和大风天气发生的可能性。

(4)整个雹暴云团从初始到开始消亡维持了19 h;在初生和发展阶段移动很快,进入旺盛阶段移动缓慢,云顶最低亮温为$-63℃$,$-32℃$和$-52℃$冷区面积分别超过了120000 km² 和70000 km²,出现卷云砧和暖"V"型,云团呈现椭圆型,有凹凸的褶皱,边界非常光滑,冰雹就发生在温度梯度最大的地方。

参考文献

陈渭民.2003.卫星气象学.北京:气象出版社,338-362.

孙继松,陶祖钰.2012.强对流天气分析与预报中的若干基本问题.气象,**38**(2):164-173.

许新田,刘瑞芳,郭大梅,等.2012.陕西一次持续性强对流天气过程的成因分析.气象,**38**(5):533-542.

俞小鼎,姚秀萍,熊庭南,等.2006.多普勒天气雷达原理与业务应用.北京:气象出版社,130-180.

利用分钟降水对中国东部 FY-3B/MWRI 反演降水精度的检验评估

徐　宾[1]　谢平平[2]　姜立鹏[1]　师春香[1]　游　然[3]

(1 国家气象信息中心,北京 100081;2 Climate Prediction Center. NOAA/NECP.
Camp Spring,Maryland;3 国家卫星气象中心,北京 100081)

摘　要:利用 Shepard 技术将 2012 年和 2013 年 5—9 月共 10 个月内中国东部地区站点观测分钟降水进行内插,构筑中国东部地区 0.05°经纬度格点上的分钟降水分析场,利用该分析场分析了视差订正与否对 FY-3B/MWRI 反演降水精度评估的影响,并评估了视差订正后卫星反演降水的精度。结果表明:分钟降水分析场精度可靠,可以用于 FY-3B/MWRI 反演降水的精度检验评估工作;对 FY-3B/MWRI 反演降水的位置做了视差订正后,FY-3B/MWRI 反演降水与地面观测降水更加接近;FY-3B/MWRI 判别有无降水的能力与有无降水阈值呈线性关系,但对强降水的判识能力随强降水阈值减小,且对 35 mm/h 以上的强降水没有判别能力;存在高估弱降水,低估较强降水的现象,且系统误差随降水强度呈线性增加;随机误差与降水强度基本呈线性增长趋势。

关键词:分钟降水;视差订正;MWRI;反演降水。

1 引言

随着星载探测仪器及其降水反演算法的不断改进,卫星反演降水的精度不断提高。其中星载微波成像仪,不仅能够探测到雨滴对辐射传输过程的影响和降水云体内部产生的辐射信息,而且能够在恶劣天气条件下全天候工作,因此许多科学家都开展了基于星载微波成像仪的降水反演研究(Ferraro et al.,1995,Kummerow et al.,1996,Smith et al.,1998,Wang et al.2011)。近年来,我国学者也陆续开展微波成像仪及其反演降水的相关研究,为我国星载微波成像仪探测及反演产品制作奠定了良好基础(游然等,2006)。2008 年 5 月 27 日和 2010 年 11 月 5 日我国搭载有微波成像仪的第二代极轨卫星风云三号卫星 A 星(FY-3A)(杨军等,2011)和风云三号卫星 B 星(FY-3B)相继发射成功,相关学者也对微波成像仪及产品在轨运行精度进行了评估(关敏等,2009,李小青等,2012,吴琼等,2012,杨虎等,2013)。2012 年 1 月国家卫星气象中心实现了 FY-3B 微波成像仪反演降水的稳定业务运行,并对外提供微波反演降水数据,标志着我国实现了微波反演降水等重大技术的突破。但对 FY-3B/MWRI 反演降水的检验却因缺乏相应的瞬时地面观测资料而相对滞后。自 2012 年起,国家气象信息中心实现了全国自动站分钟降水资料的获取,因此本文尝试利用分钟降水对中国东部 FY-3B/MWRI 反演降水精度的检验评估。

另外,由于 FY-3B/MWRI 采用 45°倾角的圆锥扫描方式,受云高的影响反演降水位置与实际降水位置存在一定的视差,因此本文也尝试利用模式模拟云高对卫星反演降水位置做视差订正,并用于对 FY-3B/MWRI 反演降水的评估。本文第一部分介绍数据及方法,第二部分为评估结果,最后是结论。

2　数据及方法

　　中国自动气象站网目前拥有超过 30000 个 自动站,主要分布于中国的东部地区。自动站在东部地区大多省份内分布密集,在都市地区某些 5 km 网格内的台站数可高达 3 站以上。本研究收集使用了 2012 年和 2013 年 5 月至 9 月(图 1 左图所示)中国东部地区内全部自动站观测的分钟降水资料。利用 Shepard 技术将研究时段 10 个月内每分钟的站点观测资料进行内插,构筑中国东部地区 0.05°经纬度格点上的分钟降水分析场。从分析场中可清晰分辨构成横跨中国大尺度雨带的中小尺度系统(图 1 右)。

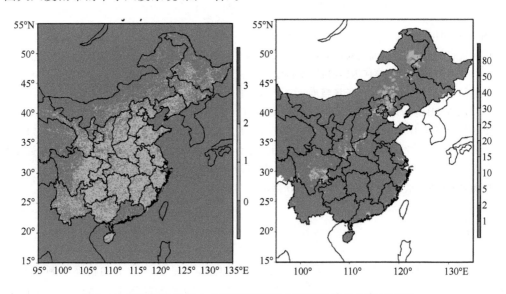

图 1　中国东部地区每 0.05°经纬度网格内雨量站数量分布(左)和
2012 年 7 月 21 日 15 时第 20 分的降水分布(右)

　　我们假定 FY-3B 的瞬时视野(FOV)是个直径为 25 km 的圆,定义 FOV 内的降水为该圆内所有 0.05°经纬度格点上降水量的平均。每次根据实际的 FOV 中心位置,确定 25 km 圆的范围,计算相应的地面降水实况。中国东部从南到北比较广泛的范围内 FOV 内的自动站数目可达 3～5 个以上。在一些主要的都市地区 FOV 内的雨量计数更可高达 20 以上(图略)。

表 1　7 个站网密集区的位置及站点数量

区域	位置	站点数量
沈阳	41.575°N;123.325°E	18
北京	39.925°N;116.325°E	23
天津	39.125°N;117.225°E	30
上海	29.775°N;121.675°E	34
成都	30.675°N;104.075°E	22
福州	25.425°N;119.075°E	21
桂林	25.275°N;110.325°E	22

　　分钟雨量分析场的精度取决于站点密度等因素。为确定分钟雨量分析场的精度作为检验 FY-3B 二级产品选取地面实况的依据,本文对分钟雨量分析场作了如下模拟试验:从整个东部地区选出站网特别密集的 7 个地区,包括沈阳、北京、天津、上海、福州、成都以及桂林(表 1)。这些被选地区中心相当于 FOV 范围内拥有 18～28 个自动站。通过从全部站点中随机取舍,定义 500 套具有不同站点密度和组合的台站网。然后用 Shepard 技术对 500 套模拟的站点网内的分钟雨量观测进行内插,得到 0.05 度经纬度格点上的分析场和 FOV 内的降水量,并假定 FOV 内降水的真值为所有台站上观测值的算术平均。将基于 500 套模拟站点网的分析场算出的 FOV 平均与这个真值相比,得到分钟降水量分析场的误差特征。除了分钟雨量,同时对 3,5,10,30 和 60 min 平均降水分析场精度进行了模拟比较。为确保误差统计的稳定性,对两年内暖季全部十个月进行了以上模拟计算。结果表明:基于分钟雨量分析场的 FOV 内平均降水量的精度随着雨量计数目的增加迅速改善,并在雨量计数目达到 3～5 个时趋于稳定;当 FOV 内没有雨量计时基于内插的分析场显现不小的系统偏差。但当 FOV 内有站点时,误差迅速趋零(表 2)。

表 2　分钟雨量分析场精度与 FOV 内雨量计数量的关系

	FOV 内雨量计数量	0	1	2	3	4	5	6	7	8
相关系数	1—min	0.381	0.631	0.742	0.804	0.839	0.862	0.877	0.882	0.881
	3—min	0.405	0.666	0.773	0.830	0.862	0.883	0.896	0.900	0.899
	5—min	0.418	0.685	0.789	0.844	0.874	0.893	0.904	0.909	0.907
	10—min	0.445	0.718	0.816	0.866	0.893	0.91	0.919	0.923	0.921
	30—min	0.522	0.788	0.868	0.906	0.926	0.938	0.944	0.946	0.943
	60—min	0.598	0.830	0.897	0.927	0.943	0.951	0.955	0.956	0.953
相对偏差(%)	1—min	7.543	1.698	0.618	0.675	0.157	0.306	0.22	0.221	−0.063
	3—min	7.545	1.697	0.619	0.674	0.157	0.306	0.219	0.223	−0.063
	5—min	7.545	1.697	0.619	0.675	0.157	0.305	0.219	0.222	−0.064
	10—min	7.543	1.699	0.618	0.676	0.157	0.307	0.217	0.223	−0.066
	30—min	7.548	1.697	0.619	0.675	0.156	0.305	0.217	0.22	−0.065
	60—min	7.547	1.697	0.62	0.675	0.155	0.305	0.217	0.22	−0.063

　　FY-3B/MWRI 为圆锥扫描方式,扫描角固定为 45°(杨虎等,2013)。MWRI 的观测位置假定为扫描线与地面相交的地理位置。这一假定造成了 MWRI 在探测一定高度的云时的位置差异。实际位置与探测位置的差异通过卫星高度角和云顶高度算出(Wang et al. 2011),在一些情况下这个差异能够大于 10 km。因此高分辨率的卫星产品通常需要将目标像元位置视差订正到它的真实位置。

　　本文尝试利用 FY-3B 星下点位置、云高和象元的标称位置为 FY-3B/MWRI 反演降水产品视差订正。因为缺乏云高的观测数据,因此本文首先获得像元位置的红外亮温,然后利用 NOAA NCEP 的 CFSR 再分析中的温湿廓线换算出云高。在换算完云高后,对 FY-3B/MWRI 反演降水各像元中心位置的经纬度进行了视差订正。经过视差订正后卫星反演与地面雨量计观测的空间对应明显改善(图 2)。表 3 给出像元内不同雨量计数目时,卫星反演降水与视差订正前后像元内地面观测降水的相关系数。结果表明:卫星反演降水与视差订正前后象元内地面降水的相关系数随着像元内雨量计数量快速增大,在像素内雨量计数目达到3～5个时趋于稳定。说明像素内雨量计数目较少时雨量分析场的精度降低,对二级反演评估结果产生不良影响。卫星反演降水与视差订正像元内地面观测降水的相关系数,在各不同雨量计数量均高于未做视差订正的相关系数,且增幅随雨量计数量增长。总体而言,用经过视差订正后卫星反演降水的相关系数比未订正时提高 0.1 左右。

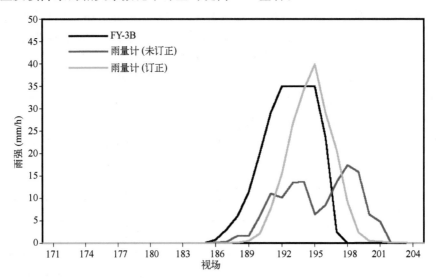

图 2   2012 年 7 月 8 日 18 点沿 FY-3B 一条扫描线上各像素内的卫星反演及经过和未经过视差订正后的像元内 5 分钟降水量分布(红色:未经视差订正的像元内降水量;绿色:经视差订正的像元内降水量)

表 3   卫星反演降水与视差订正前后象元内地面观测降水的相关系数

	像元内雨量计数量	0	1	2	3	4	5	6	7	8
1－min	订正前	0.228	0.319	0.390	0.406	0.431	0.436	0.426	0.452	0.422
	订正后	0.229	0.362	0.446	0.487	0.515	0.537	0.513	0.544	0.489
60－min	订正前	0.353	0.456	0.503	0.506	0.524	0.519	0.508	0.530	0.503
	订正后	0.360	0.498	0.567	0.584	0.604	0.614	0.593	0.619	0.569

3   评估结果

检验了 FY-3B/MWRI 反演降水判别有无降水的准确度和对强降水的反演能力,检验对象包括所有像元内具有 5 个或以上的个例。用 HIT(的中率),FAR(空报率),以及 HSS(Heidke 技巧评分)三个统计量来衡量判别有无降水的准确度和对强降水的反演能力。定义了 0～1 mm/h,间隔为 0.1 mm/h 的 11 个阈值,作为有无降水的判别标准,当卫星反演降水和地面观测降水均低于(高于)某个阈值时,则记为卫星反演降水判别有无降水准确。卫星反演判别有无降水的正确率随阈值提高,在阈值达到 0.4～0.5 mm/h 时趋于稳定。当用 1 min 雨量计观测作为真值时,卫星反演可较好判别强度较弱(～0.1 mm/h)的降水事件,但用较长时间平均雨量计降水作真值时因为较小的平均雨量可能发生在卫星观测以外的时间,正确率显著降低,这说明检验卫星反演应该尽量用较短时间的地面观测平均降水量(图 3)。针对强降水,选取 15～40 mm/h,间隔 2.5 mm/h 的 11 个强降水阈值,作为强降水的判别标准,当卫星反演降水和地面观测降水均低于(高于)某个阈值时,则记为卫星反演降水判别强降水准确。卫星反演判别强降水的命中率随阈值变化不明显,但空报率随阈值升高,正确率随阈值减小,阈值达到 35 mm/h 时 HSS 约为 0.15。FY-3B/MWRI 反演降水对 35 mm/h 以上的强降水没有判别能力。

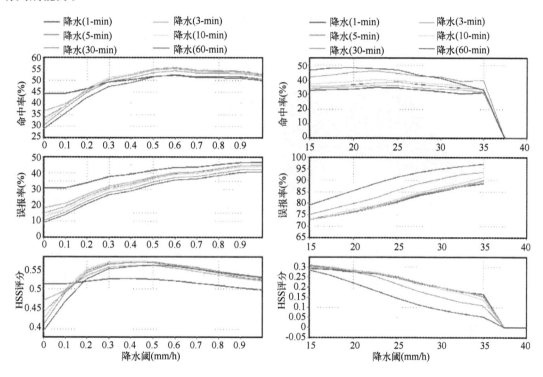

图 3　用不同时间长度的平均雨量计降水强度(不同颜色的线条)检验不同的阈值(X 轴)
定义有无降水时 FY-3B/MWRI 的判别正确率

　　为研究卫星估算精度随降水强度的变化,依据地面雨量计观测的降水强度把所有资料分成 12 组分别计算了相关系数等估算精度指标。当地面降水小于 35 mm/h 时,卫星反演降水增幅与地面降水增幅呈线性关系,卫星反演降水精度随地面降水强度而提高;但当地面降水超过 35 mm/h 时,卫星反演降水无法反映出地面降水强度的继续增长,且反演精度随降水强度降低(图 4 左)。卫星反演高估弱降水(<2 mm/h),低估较强降水,且低估的系统误差随降水强度呈线性增加。降水强度大于卫星反演饱和值(35 mm/h)时,反演随机误差很大。降水强度低于这个饱和值时,随机误差方差随降水强度基本呈线性增长(图 4 右)。

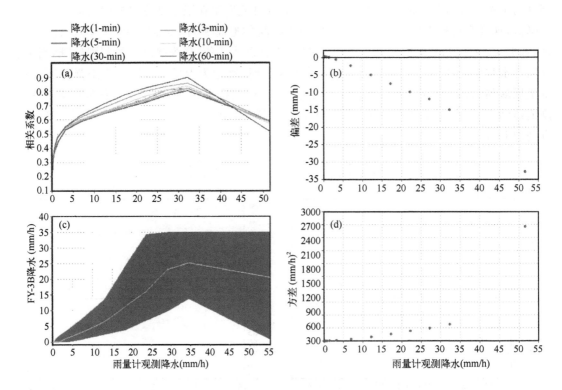

图 4　卫星反演降水与雨量计观测的不同时间段内平均降水强度的相关系数随降水强度的变化(a)，
卫星反演对不同强度降水反演的离散度(c)，图中绿线为中间值，红色阴影上下缘分别为
75%和25%百分值。卫星估算系统误差(b)与随机误差方差(d)随降水强度的变化

4　结论

本文利用 Shepard 技术将 2012 年和 2013 年 5—9 月共 10 个月内中国东部地区站点观测分钟降水进行内插，构筑中国东部地区 0.05 度经纬度格点上的分钟降水分析场；利用该分析场分析了视差订正与否对 FY-3B/MWRI 反演降水精度评估的影响，并评估了视差订正后卫星反演降水的精度。结果表明：

1)利用 Shepard 技术建立的分钟降水分析场精度可靠，可以用于 FY-3B/MWRI 反演降水的精度检验评估工作。利用 CFSR 云高产品对 FY-3B/MWRI 反演降水的位置做了视差订正后，FY-3B/MWRI 反演降水与地面观测降水更加接近，能够更为真实有效地对卫星反演降水的精度给予评估。

2)当用 1 min 雨量计观测作为真值时，卫星反演可较好判别强度较弱(~0.1 mm/h)的降水事件，但用较长时间平均雨量计降水作真值时因为较小的平均雨量可能发生在卫星观测以外的时间，正确率显著降低，这说明检验卫星反演应该尽量用较短时间的地面观测平均降水量。

3)FY-3B/MWRI 反演降水判别有无降水的正确率随有无降水判定阈值提高，但对强降水反演的正确率随强降水阈值而减小，且对 35 mm/h 以上的强降水没有判别能力。存在高估弱降水,低估较强降水的现象,且低估的系统误差随降水强度呈线性增加。降水强度大于 35 mm/h时,反演随机误差显著增加,但当降水强度低于 35 mm/h 时,随机误差方差随降水强度基本呈线性增长趋势。

参考文献

关敏,杨忠东. 2009. FY-3 微波成像仪遥感图像地理定位方法研究. 遥感学报. **13**(3):469-474.

李小青,杨虎,游然,等. 2012. 利用风云三号微波成像仪资料遥感"桑达"台风降雨云结构. 地球物理学报. **55**(9):2843-2853.

吴琼,杨磊,杨虎. 2012. FY-3B 微波成像仪图像质量评价. 遥感技术与应用. **27**(4):542-548.

杨虎,李小青,游然,等.2013.风云三号微波成像仪定标精度评价及业务化产品介绍. 气象科技进展. **3**(4):136-143

杨军,董超华. 2011. 新一代风云极轨气象卫星业务产品及应用.北京:科学出版社,1.

游然,卢乃锰,李小青. 2006. 风云三号微波降水反演. 第二届微波遥感技术研讨会摘要全集.

Ferraro R R and Marks G F. 1995. The Development of SSM/I Rain-Rate Retrieval Algorithms Using Ground-Based Radar Measurements. *Journal of Atmospheric and Oceanic Technology*. **12**(4):755-770.

Kummerow C , Olson W S and Giglio L 1996. A simplified scheme for obtaining precipitation and vertical hydrometeor profiles from passive microwave sensors. *Geoscience and Remote Sensing*, *IEEE Transactions on* **34**(5):1213-1232.

Smith E A,Lamm J E, Adler R,*et al*. 1998. Results of WetNet PIP-2 Project. *Journal of the Atmospheric Sciences*. **55**(9):1483-1536.

Wang C, Luo Z J, and Huang X 2011. Parallax correction in collocating CloudSat and Moderate Resolution Imaging Spectradiometer (MODIS) observations:Method and application to convection study. *J. Geophy. Res.* **116**D17201,doi:10.1029/2011JD016097.

第二部分

卫星资料在生态环境和灾害性
天气监测分析中的应用

植被与武汉市城市热岛效应关系解析[①]

万 君[②] 梁益同

(武汉区域气候中心,武汉 430074)

摘 要:本文以武汉市为研究区域,选用 EOS/MODIS 卫星数据,反演武汉市城镇用地地表温度和植被覆盖度;并分析它们之间的空间变化特征,以及植被对武汉市热岛效应的影响。结果表明:武汉市热岛和植被覆盖度具有明显的城郊分布特征,热岛区对应的地区植被覆盖度低,非热岛区对应的地区植被覆盖度相对较高。武汉市城镇用地的地表温度与植被覆盖度呈显著负相关对数关系,在地表属性相同的情况下,随着植被覆盖度的增加,地表温度逐渐降低。当植被覆盖度大于某一定值时,地表温度变化趋于平缓。初步计算表明,武汉市城镇用地规划时,城区植被覆盖度不应小于 53%,才能发挥植被最大的降温效果,有效缓解城市热岛效应。

关键词:武汉市;地表温度;植被覆盖度;城市热岛。

1 引言

城市热岛效应(Urban Heat Island Effect,简称 UHI)是一种由于城市建筑及人们活动导致热量在城区空间范围内聚集的现象,是城市气候最显著的特征之一(肖荣波,2005)。近年来,随着城市经济社会的发展,人口、规模的急剧膨胀,土地利用覆盖类型逐渐从农用地转变为城镇用地,原本自然植被、土壤表面逐步被不透水、不透气的水泥、沥青、高楼等所取代,使得城市的热岛效应更加明显。

目前研究 UHI 方法主要从气象学、遥感学、建筑学等角度开展研究,黄利萍等从自动气象站和地面常规资料对天津城市效应时空特征进行了分析(黄利萍,2012),吴宜进等研究了武汉城市热岛的主要形成机制(吴宜进,1996);方圣辉等和张杨等利用 Landsat 卫星资料分析了武汉市城市热岛效应的基本分布特征,得出城市热岛效应和下垫面属性有关(方圣辉,2005;张杨,2012);薛丹等对上海市的热岛空间分布特征及规律,以及季节变化进行研究,分析了植被覆盖指数与地表温度之间的关系(薛丹,2013);李甜甜等研究了建筑密度对城市热岛强度的影响(李甜甜等,2012)。上述学者主要集中在热岛的时空分布特征、强度和下垫面关系的研究等方面,对土地覆盖类型与植被覆盖之间定量关系的研究较少,由于城镇用地属性的土地覆盖类型对热岛效应的影响最大(徐永明等,2009),同时土地覆盖类型与热岛之间存在一定的定量关系,借助于遥感和 GIS 的空间分析功能可以探讨两者的关系。因此,本文以武汉市为例,利用 MODIS 卫星数据,以城镇用地土地覆盖类型为重点,通过提取地表温度和植被覆盖度,探讨其规律性,为决策者提供城市发展规划的科学依据。

① 基金项目:湖北省气象局科技发展基金重点项目资助。
② 作者简介:万君,女,1981 年生,硕士,工程师,主要从事 GIS,RS 应用研究;E-mail:yilinwan@163.com

2　研究区域

武汉是湖北省政治、经济、文化教育中心,共有13区(图1),分别是:江岸、江汉、硚口、汉阳、武昌、青山、洪山7个城区及蔡甸、江夏、黄陂、新洲、东西湖、汉南6个远城区;武汉属亚热带湿润气候,夏天高温闷热,是长江沿岸有名的"火炉"城市。近年来随着人口突破千万,武汉城市化程度不断加强,城市周围地理环境、下垫面因素以及人为因素的影响,热岛效应十分明显。

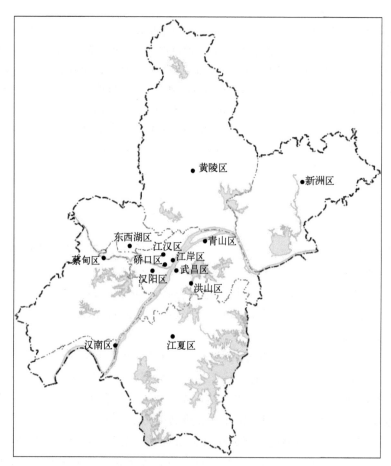

图1　研究区域行政分布

3　资料和方法

3.1　资料

武汉市夏季城市热岛效应十分明显。本文选用2006—2013年6—8月MODIS卫星数据,主要用于植被覆盖度信息提取、地表温度反演;卫星数据挑选满足两个条件:(1)云量小于5%,成像质量好;(2)过境时间尽量选择14时左右的AQUA卫星资料,如当年AQUA数据不能满足条件(1)就选择过境时间在 11 时左右的 TERRA 卫星资料。基于以上二点,8 年中共选了 15 期卫星数据。此外,湖北省 1:25 万地理信息数据,用于卫星影像的裁剪。2005 年 TM 卫星数据土地利用分类结果用于卫星影像的土地覆盖类型的分类提取。

3.2　方法

卫星数据进行投影变换、几何校正、大气校正等前期处理后,再重采样使其分辨率统一为 500 m 分辨率。根据像元二分模型计算植被覆盖度,利用劈窗算法反演地表温度。分别提取 15 个不同日期的武汉市城镇用地的植被覆盖度和地表温度数据,开展植被覆盖度和地表温度相关性分析(图 2)。

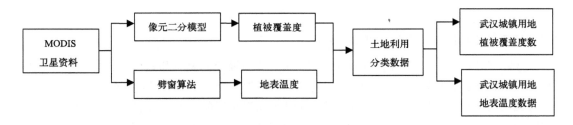

图 2　技术路线图

3.2.1　植被覆盖度的估算

植被覆盖度是衡量地表植被覆盖的一个最重要的指标(李苗苗等,2009)。像元二分模型对影像辐射订正的影响不敏感,且计算简便、结果可靠。近年来,把归一化植被指数与像元二分模型结合起来进行植被覆盖度的估算得到了普遍推广(张本昀等,2008)。像元二分模型假设一个像元的地表由有植被覆盖部分地表与无植被覆盖部分地表组成,而遥感传感器观测到的光谱信息也由这 2 个组分因子线性加权合成,各因子的权重是各自的面积在像元中所占的比率,如植被覆盖度可以看作是植被的权重。

3.2.2　地表温度反演

地表温度遥感反演中,主要采用遥感器接收到的地面热辐射强度来推算地表温度。利用 MODIS 热红外通道资料可反演整个地球陆地表面的温度,包括森林、农作物和草地、水体、积雪和冰以及无植被地区如裸土、沙地、岩石和城市等(方圣辉等,2005)。覃志豪等(2005)推导的劈窗算法只需要 2 个因素来进行地表温度的演算,即大气透过率和地表比辐射率。MODIS 卫星第 31 和第 32 通道的比辐射率相对稳定,最适合地表温度反演。采用 MODIS 可见光第 1 波段、近红外第 2 波段、中红外第 19 波段提取大气透射率和地表比辐射率,结合热红外第 31 和第 32 波段亮温,反演地表温度(毛克彪等,2004;高懋芳等,2007)。

3.2.3　地表温度反演精度验证

利用美国国家航空航天局 NASA 提供的 MYD11 级 MODIS 地表温度产品对本文 MODIS-AQUA 卫星反演结果进行相对精度验证。统计结果显示,本文算法 15 期反演结果和 MODIS 地表温度产品平均误差在 0.35～0.8 K 之间,表明反演结果与 NASA 的 MODIS 产品精度相当,说明本文选用的反演方法可行,反演结果可靠。

3.2.4　城市热岛效应比率

为克服不同时相地温差异造成的不可比性,以便于进行不同时期的比较,引入城市热岛效

应比率的概念和计算方法(Li *et al.*,2009),其公式如下:

$$N_i = \frac{T_i - T_{\min}}{T_{\max} - T_{\min}} \tag{1}$$

式中:N_i 是热岛效应比率,其实质是归一化的相对地温值;T_i 代表研究范围内第 i 个像元的地温值;$T_{\min}$ 和 $T_{\max}$ 分别代表研究范围内的最低和最高地温。利用阈值分割技术将热岛效应比率划分为 5 个等级:低温区(0~0.2)、较低温区(0.2~0.4)、中温区(0.4~0.6)、次高温区(0.6~0.8)、高温区(0.8~1.0),并将高温区和次高温区定义为城市热岛区域。

4　结果与分析

4.1　地表温度与植被覆盖度反演结果分析

　　2006—2013 年研究区城市热岛效应比率及植被覆盖度空间分布和数值变化趋势基本一致,以 2013 年反演结果为例分析(图 3)。武汉市热岛区主要集中在 7 个城区,特别是青山区的工业区、汉阳区的沌口开发区、汉口火车站一带、江汉区和江岸区的商业区、武昌区火车站一带等地方热岛最强。而 6 个远城区的热岛区主要集中在各区人口集中的中心地带。植被覆盖度较高的区域主要集中在 6 个远城区,大部地区植被覆盖度在 0.6~1.0 之间,远城区的砂石裸露、未竣工的大型建筑工地和人口集中的地方植被覆盖度相对较低,在 0.2~0.6 之间。7 个主城区大部地区植被覆盖度在 0.2~0.4 之间,而老城区、商业区和工业区等热岛最强的地区则小于0.2。对照图 3a 和 b 可以看出,植被覆盖度在空间变化上与热岛区空间分布总体上呈现相反的趋势。热岛区对应的地区植被覆盖度低,非热岛区对应的地区植被覆盖度相对较高。

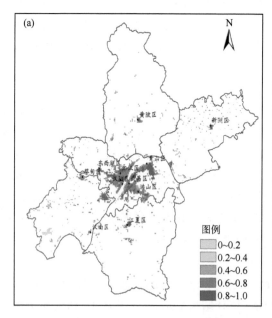
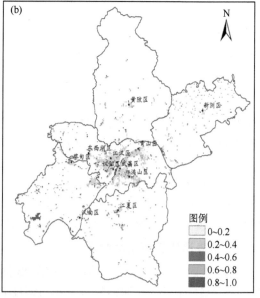

图 3　2013 年 8 月 7 日武汉市城镇用地热岛效应比率(a)与植被覆盖度(b)分布图

　　从植被覆盖度和热岛效应比率呈现反相关关系可以看出,城市绿地建设对缓解城市热岛有显著作用。由此可见,当地表属性同为城镇用地时,在不同的植被覆盖水平下,植被的降温效果有差别,即植被覆盖度较大的差异会导致地表温度出现较大差异。

4.2 武汉市城镇用地夏季地表温度与植被覆盖度关系定量分析

植被覆盖度是影响地表温度的重要因素,也是城市热岛的一个重要指示因子。在 GIS 技术支持下,提取 15 个时次资料研究区城镇用地土地覆盖类型像元点的热岛效应比率及植被覆盖度,制成散点图(图 4)。结果显示,15 个样本热岛效应比率与植被覆盖度间存在一致的对数分布规律,说明城镇用地的地表温度与植被覆盖度存在负相关关系,相关系数在 0.62~0.75 之间(表 1),相关性检验信度均达 0.001 以上显著水平。城镇用地地表温度由植被和建筑用地的混合像元温度决定,因而像元内植被越多城镇用地的地表温度就越低。以上结果表明提高城市植被覆盖度对降低热岛效应起到重要作用,这与已有的研究结论较为一致(郭红等,2007;张小飞等,2006;王艳姣等,2008;梁益同等,2010;张美玲等,2011;石涛等,2013)。

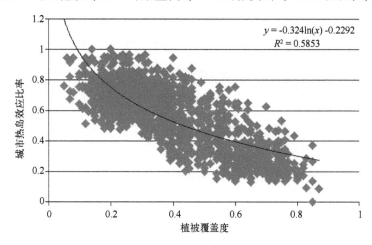

图 4 2013 年 8 月 7 日城市热岛效应比率与植被覆盖度散点图

图 4 中植被覆盖度与热岛效应比率的相关方程是对数函数,当植被覆盖度大于某一定值时,热岛效应比率递减速率趋于平缓。由于热岛效应比率递减速率是对数方程的二次导数,由于对数方程二次导数无解,将研究区植被覆盖度在最小值和最大值区间内以 0.01 为间隔单位(Fei Y,et al.,2006),根据相关方程,计算出植被覆盖度范围内逐点的热岛效应比率,然后求解出相邻点之间热岛效应比率的差值。由于随着植被覆盖度的增加,热岛效应比率差值逐渐降低,当热岛效应比率差值小于 0.006 时(图 5),可认为地表温度对植被覆盖度的变化不再敏感(苏泳娴等,2010),分别求出 15 个样本的植被覆盖度的临界值(见表 1)。由于每天 MODIS 数据受当日的天气背景及卫星参数差异等的影响,所以植被覆盖度的临界值略有差异。对这 15 个样本植被覆盖度临界值取算术平均,当植被覆盖度临界值大于 0.53 时,随着植被覆盖度的增大,热岛效应比率变化趋势变得平缓;当植被覆盖度临界值小于 0.53 时,随着植被覆盖度的变化,热岛效应比率变化速率变化加快。由此可见,武汉市城镇用地规划时,植被覆盖度不得低于 53%,才能起到植被最大的降温效果,更有效减少城市热岛效应。

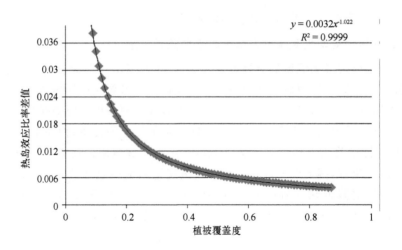

图 5　2013 年 8 月 7 日城市热岛效应比率差值与植被覆盖度散点图

表 1　武汉市城镇用地热岛效应比率与植被覆盖度分析表

序号	日期 （年—月—日）	像元个数	相关系数	临界值
1	2006—06—11	1898	0.75	0.55
2	2007—07—18	1855	0.65	0.60
3	2007—07—31	1798	0.70	0.59
4	2008—06—04	1873	0.67	0.59
5	2008—07—28	1848	0.70	0.42
6	2009—06—23	1800	0.68	0.61
7	2009—07—21	1813	0.68	0.46
8	2010—07—31	1752	0.70	0.61
9	2010—08—04	1797	0.68	0.56
10	2011—08—14	1874	0.73	0.52
11	2011—08—21	1843	0.74	0.55
12	2012—07—03	1843	0.65	0.43
13	2012—08—18	1683	0.62	0.42
14	2013—07—10	1796	0.75	0.54
15	2013—08—07	1763	0.77	0.54

5　结论与讨论

　　植被的遮挡和蒸腾作用可以有效缓解城市地表温度，对城市热岛效应有重要的影响。本文利用 MODIS 数据研究武汉市城镇用地热岛效应与植被覆盖度关系。结果表明：

　　（1）武汉市城镇用地的地表温度与植被覆盖度存在着负相关关系。在地表属性相同的情况下，随着植被覆盖度的增加，地表温度逐渐降低。

　　（2）城镇用地植被分布比例的增加会对城市热岛强度的降低产生积极的作用。初步计算表明,武汉市城区植被覆盖度不应小于53%,才能发挥植被最大的降温效果。

城市地表温度空间分布不仅与城镇用地、植被等覆盖面积有关,还与水体以及它们的空间分布、类型、聚集度、破碎度等有关。因此下一步工作可以深入地研究城市热岛的分布规律及植被、水体的降温效应,为城市合理规划和改善居民居住环境提供科学依据。

参考文献

方圣辉,刘俊怡.2005.利用 Landsat 数据对武汉城市进行热岛效应分析.测绘信息与工程,**30**(2):1-2.

高懋芳,覃志豪,徐斌.2007.用 MODIS 数据反演地表温度的基本参数估计方法.干旱区研究,**24**(1):114-119.

郭红,龚文峰,李雁,等.2007.哈尔滨市热岛效应与植被的关系——基于 RS 和 GIS 的定量研究.自然灾害学报,**16**(2):22-26.

黄利萍,苗峻峰,刘月琨.2012.天津城市热岛效应的时空变化特征.大气科学学报,**35**(5):620-632.

李苗苗,吴炳方,颜长珍,等.2004.密云水库上游植被覆盖度的遥感估算.资源科学,**26**(4):153-159.

李甜甜,俞炳丰,胡张保,等.2012.建筑密度对城市热岛影响的多孔介质数值模拟.西安交通大学学报,**46**(6):134-138.

梁益同,陈正洪,夏智宏.2010.基于 RS 和 GIS 的武汉城市热岛效应年代演变及其机理分析.长江流域资源与环境,**19**(8):914-918.

毛克彪,覃志豪.2004.用 MODIS 影像反演环渤海地区的大气水汽含量.遥感信息,**76**(4):47-49.

石涛,杨元建,马菊,等.2013.基于 MODIS 的安徽省代表城市热岛效应时空特征.应用气象学报,**24**(4):484-494.

苏泳娴,黄光庆,陈修治,等.2010.广州市城区公园对周边环境的降温效应.生态学报,**30**(18):4905-4918.

覃志豪,高懋芳,秦晓敏,等.2005.农业旱灾监测中的地表温度遥感反演方法——以 MODIS 数据为例.自然灾害学报,**14**(4):64-71.

王艳姣,张培群,董文杰,等.2008.基于 MODIS 数据的重庆市地表热环境效应研究.环境科学研究,**21**(3):98-103.

吴宜进,王万里,邱爱武,等.1996.武汉城市热岛的主要形成机制.中南民族学院学报(自然科学版),**17**(4):75-78.

肖荣波,欧阳志云,李伟峰,等.2005.城市热岛的生态环境效应.生态学报,**25**(8):2055-2060.

徐永明,覃志豪,朱焱.2009.基于遥感数据的苏州市热岛效应时空变化特征分析.地理科学,**29**(4):529-534.

薛丹,李成范,雷鸣,等.2013.基于 MODIS 数据的上海市热岛效应的遥感研究.测绘与空间地理信息,**36**(4):1-4.

张本昀,喻铮铮,刘良云,等.2008.北京山区植被覆盖动态变化遥感监测研究.地域研究与开发,**27**(1):108-112.

张美玲,殷红,辛明月,等.2011.基于 MODIS 影像的沈阳城市热岛效应及其与植被指数的关系研究.沈阳农业大学学报,**42**(5):533-538.

张小飞,王仰麟,吴建生.2006.城市地域 LST-植被覆盖定量关系分析——以深圳市为例.地理研究,**25**(3):369-377.

张杨,江平,陈奕云,等.2012.基于 Landsat TM 影像的武汉市热岛效应研究.生态环境学报,**21**(5):884-889.

Fei Y,Marvin E. Bauer. 2006. Comparison of impervious surface area and normalized difference vegetation index as indicators of surface urban heat island effects in Landsat imagery. *Remote Sensing of Environment*, **11**(5):58-65.

Li Juanjuan,Wang Xiangrong,Wang Xinjun,*et al*. 2009. Remote sensing evaluation of urban heat island and its spatial pattern of the Shanghai metropolitan area,China. *Ecological Complexity*,**6**:413-420.

北极臭氧年际变化特征及其与极涡的关系[①]

张　艳[1,2]　　王维和[1,2]　　张兴赢[1,2②]　　Lawrence Flynn[3]

(1. 中国气象局中国遥感卫星辐射测量和定标重点开放实验室，北京 100081；
2. 国家卫星气象中心，北京 100081；3. Center for Satellite Applications and Research (STAR)，
National Environmental Satellite，Data and Information Service (NESDIS)，
the National Oceanic and Atmospheric Administration (NOAA)，5200 Auth Rd.，
Camp Springs，MD 20746.)

摘　要：利用风云三号搭载的紫外臭氧总量探测仪(TOU)和国际同类卫星的臭氧总量数据对 1979－2011 年北半球春季臭氧特征进行了分析，发现北极臭氧年际变化显著，它与平流层温度变化一致(相关系数为 0.75)。北极臭氧损耗异常强弱年的月均和日变化特征有明显差异，春季北极臭氧损耗强年有明显的化学损耗过程(1997 年和 2011 年)，而弱年化学作用影响不明显(1999 年和 2010 年)。损耗弱年的日变化型在不同年份特征不同，它的臭氧变化可能更多受天气过程的影响。综合分析北极涛动、极涡和平流层温度等大气环流背景场的变化，表明春季北极臭氧强弱受大气环流变化影响。北极涛动指数正位相，极涡偏强偏冷，北极臭氧损耗异常偏高。北极涛动指数负位相，极涡偏弱偏暖，北极臭氧损耗异常偏低。

关键词：紫外臭氧总量探测仪；大气臭氧总量；风云三号卫星；极涡；环流。

1　引言

极地臭氧变化日益引起重视(Waugh *et al.*，2012)，在北极的平流层，化学引起的臭氧损耗发生在每一年的冬季(WMO，2011)，北极臭氧损耗代表了化学和气候之间的相互作用。发生在极地平流层云 PSCs (Polar Stratospheric Clouds)表面的臭氧损耗需要卤素、太阳辐射和低温(低于 195 K)的条件，引起臭氧损耗的基本机制在两极是相同的(Newman，1997)。但南北极平流层的动力不同，使得涡旋稳定度和臭氧的年际变化在北极大而南极小。这些不同导致北极臭氧总量平均值为 450DU，南极为 300DU(DU，陶普生单位)。DU 用来表示臭氧单位，1DU 相当于在标准状态下 10^{-3} cm 的臭氧层厚度。这些动力不同也导致北极极地臭氧损耗有明显的年际变化。它对人类和环境的影响更为重要，非常值得关注。

自 20 世纪 70 年代末期至 90 年代末期，北极地区春季臭氧总量呈现急剧下降的趋势，特别是 1997 年北极地区臭氧总量在当时达到了有记录以来的最低水平，卫星观测数据显示，1997 年 3 月份平均臭氧总量为 334DU，约为 20 世纪 80 年代之前同期臭氧总量的 70% 左右(Newman *et al.*，1997)。进入 20 世纪末到 2010 年之前，北极地区春季臭氧总量呈现上升趋

① 国家自然科学基金(41175024)；863 计划(2008AA121703)；公益行业专项(GYHY201106045)资助。
② 张艳，王维和，张兴赢，Lawrence Flynn，2013.北极臭氧年际变化特征及其与极涡的关系，遥感学报，**17**(3)：534-540.

势,其 3 月份臭氧总量均值接近 80 年代初水平(440 DU)。2011 年北极臭氧损耗达到前所未有的低值(336 DU),引起了广泛的关注(Manney *et al*.,2011,王维和等,2011,Zhang Yan *et al*.,2012)。2011 年北极臭氧损耗的量级甚至达到“臭氧洞”的水平,但由于持续时间短,还不能与南极臭氧洞相当。相对于“南极臭氧洞”,人们更加关心北极臭氧损耗会给之后的环境和气候产生何种影响,是什么原因导致了“前所未有”的臭氧极端损耗。

　　由于臭氧与天气气候之间的重要联系,大气环流和气候变化的重要特征(包括年际和年代际变化)在大气臭氧总量变化中都有所反映,值得深入研究。本文利用我国第二代极轨气象卫星“风云三号”搭载的紫外臭氧总量探测仪(TOU,Total Ozone Unit)遥感数据和国外卫星数据对 1979—2011 年北极春季臭氧总量的年际变化特征进行分析,并分析臭氧异常出现的大气背景条件和两者之间的可能联系。

2　资料

　　臭氧总量是利用星载紫外臭氧探测仪观测反演的卫星产品,它定义为整层的柱总量。时间从 1979—2011 年共 33 年数据,空间分辨率为 $1.25° × 1°$ 的全球等经纬度格点。包括:NIMBUS-4/BUV(1970—1980 年)、NIMBUS-7/TOMS(1978—1993 年)、Meteor-3/TOMS(1994 年)、EP/TOMS(1997—2005 年)以及搭载于 NOAA 卫星的 SBUV 系列。20 世纪 90 年代开始,高光谱紫外可见光臭氧探测仪出现,如 AURA/OMI(2005 年—至今)和 METOP/GOME2 等(王维和等,2011)。于 2008 年 5 月成功发射的风云三号气象卫星 A 星(FY-3A)是中国第二代极轨气象卫星,紫外臭氧总量探测仪(TOU)是首次搭载的利用太阳后向散射的紫外线探测臭氧总量的仪器(王咏梅 等,2009)。和地基观测相比,卫星探测具有更好的覆盖性和空间分辨能力。通过与地基观测结果对比验证,表明 FY-3A/TOU 臭氧总量误差在 4% 左右(王维和等,2010;Wang *et al*.,2011)。该仪器到目前已运行四年,成功对2008—2010 年南极臭氧洞过程进行了监测。

　　NCEP/NCAR(National Centers for Environment Prediction/National Center for Atmospheric Research 美国国家环境预报中心/美国国家大气研究中心)的再分析月平均资料,时间长度 1979 年—至今,主要分析变量为风场、位势高度场和温度场。美国国家气候预测中心 CPC(Climate Prediction center)的北极涛动月平均指数,1950 年—至今。

3　北极春季臭氧特征

3.1　气候特征

　　根据近 30 年的卫星和地面观测数据,北极地区 3 月份的臭氧含量很高。因为北极地区臭氧消耗持续的时间较短,主要发生在 3 月份前后,北极的臭氧消耗量远远低于南极。图 1 是 1979—2011 年 3 月臭氧总量的气候平均特征,它反映了整层大气臭氧的分布模态。臭氧在中高纬高,而低纬低。主要是由于臭氧一般在低纬度的平流层产生,由非绝热环流经向输送到中高纬地区,然后从平流层向对流层中高层垂直输送(Fusco,1999)。从 30 年平均的气候态来看,两个高值中心臭氧总量在 400 DU 以上,最大值可达 460DU,分别位于 $50°~60°N$ 附近的亚洲($120°~150°E$)和北美($60°~120°W$)地区,表明高浓度臭氧在该地区堆积,位置与冬季蒙古高压和北美高压相对应。同纬度 0−90°E 是相对的低值区,平均臭氧浓度为 380∼400 DU。80°N 以北的极区是臭氧低值区,平均值低于 380DU,极区的低值主要是由于平流层 PSCs 光化学作用造成的臭氧损耗,而 3 月平流层的极区受强大的极涡控制,中高纬度的高浓度臭氧很难进入到极区,所以造成了北极地区臭氧出现低值(Manney et al.,2011)。

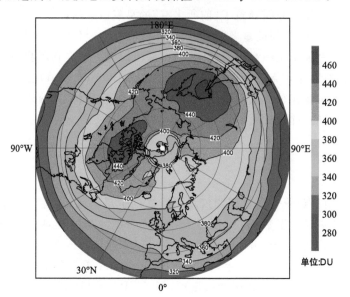

图 1　北半球 3 月臭氧总量气候平均特征

3.2　年际和年代际变化

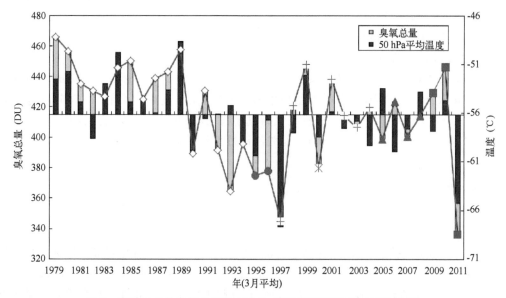

图 2　春季 3 月份臭氧总量和 50 hPa 等压面温度(63°∼90°N 平均)

图 2 是 1979—2011 年 3 月 63°∼90°N 臭氧总量平均值(其后定义为臭氧指数)和同期 50 hPa 等压面温度的分布,横坐标为臭氧资料的时间范围,左边纵坐标为臭氧总量的 3 月平均值,右边的纵坐标为 50 hPa 温度平均值,单位为摄氏度。红色折线表示臭氧总量大小,用不同的标记代

表臭氧观测仪器的数据,如图 2 所示,2009－2011 年使用的是我国 FY3A 卫星数据。由图 2 可知,北极臭氧年际变化显著,且与平流层的温度变化一致(相关系数为 0.75)。臭氧 33 年的平均值为 416 DU,50 hPa 温度的平均值为－56℃。1997 年和 2011 年的臭氧总量异常偏低,对应异常冷的平流层,且 1997 年的温度低于 2011 年,而 2011 年的臭氧损耗大于 1997 年,是历史最低值,与其他研究的结果一致(Manney *et al.*,2011;Newman *et al.*,1997)。由图 2 可知,20 世纪 80 年代北极臭氧总量偏高,平流层偏暖。20 世纪 90 年代北极臭氧总量偏低,平流层偏冷。21 世纪以来,平流层较 20 世纪 90 年代相比有增暖趋势,但低于 20 世纪 80 年代的温度,北极臭氧损耗有恢复的趋势,然而 2011 年北极臭氧出现了极端低值更值得关注。臭氧总量的变化从另一个方面反映了天气气候的变化,它不仅仅是光化学反应的结果,它的异常也体现了大尺度环流背景的变化。

4 臭氧与环流变化

4.1 臭氧变化

图 3 是臭氧损耗强弱年 3 月的日变化,其区域选择与图 2 相同,其中 2010 年和 2011 年使用我国 FY-3A/TOU 数据,1997 和 1999 年是 EP/TOMS 数据。由异常弱年 3 月日变化(图 3a)可见,异常弱年的臭氧总量均在 400 DU 以上,没有明显的损耗过程。1999 年 3 月日变化较平稳,而 2010 年其春季日变化较大,一次明显的臭氧减小和增强的变化过程发生在 2010 年 3 月 19－21,日变率可达 40DU,可能与天气过程有关。由异常强年 3 月日变化(图 3b)可见,异常强年的臭氧总量在 380 DU 以下,最低值可达 330DU,有明显的臭氧损耗过程。1997 与 2011 年 3 月的日变化特征相似,在 3 月 18 日前是臭氧减少阶段,而之后是臭氧总量恢复期,2011 年的臭氧损耗强于 1997 年,Manney 等基于化学模式分析 1997 和 2011 年臭氧变化的差异,认为 2011 年春季化学臭氧损耗对臭氧变化的影响比 1997 年更重要(Manney *et al.*,

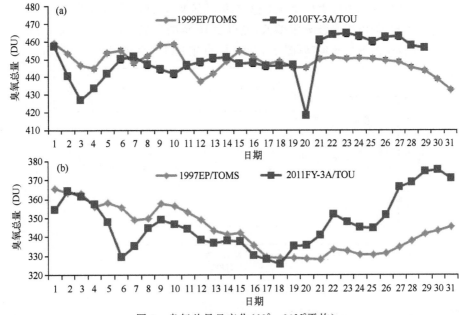

图 3 臭氧总量日变化(63°～90N°平均)

(a)北极臭氧损耗异常弱年;(b)北极臭氧损耗异常强年

2011)。综上所述,不论是从月均还是日变化特征臭氧损耗强弱年均有明显差异,春季臭氧损耗强年有明显的化学损耗过程,而在臭氧损耗弱年化学作用影响不明显,损耗弱年的日变化型在不同年份并不相同,它的臭氧变化可能更多受天气过程的影响。

4.2 北极涛动指数变化

北极涛动(AO)是北半球冬季热带外行星尺度大气环流最重要的一个模态,它的定义是北半球中纬度和高纬度两个大气环状活动带之间大气质量变化的一种全球尺度"跷跷板"结构。以35°N和65°N上的标准化纬向平均海平面气压差作为度量北极涛动变化的指数(Thompson *et al.*,1998)。Thompson等(2000)发现北半球热带外(20 °N以北)海平面气压场的变化中最突出的模态与北大西洋涛动(NAO)很相似,不过其纬向对称的特征更明显。这种模态从近地面到平流层低层都是存在的,接近正压结构。此模态被命名为环状模态(annular mode)或北极涛动AO。南、北半球的环状模态分别是两个半球中高纬度行星尺度大气环流的第一个模态。而NAO则被认为是AO在北大西洋区域的一种表现形式,尽管两者有较大的相似性但NAO只是AO的一个部分(Thompson *et al.*,2000)。AO的强弱直接导致北半球中纬度地区与北极地区之间气压和大气质量反向性质的波动,AO为正异常时,中纬度气压上升而极地下降,极地平流层风场和涡度变强,锁住了北极的冷空气。AO为负异常时,环流形势则与此相反,极地平流层的涡度变弱,使得冷空气向西南输送到北美、欧洲和亚洲。图4是臭氧损耗异常年的AO指数随不同月份的季节变化。由图4可见,1997和2011年3月份的AO指数都为正,对应强极涡。两者的不同之处在于,2011年4月的AO指数强于3月,而1997年的AO指数在2月达到最大值,并在春季递减,表明2011年的极涡持续比1997年时间长。尽管2011年平流层温度虽然没有1997年冷,但是极涡持续时间和强度都大于1997年,对应了2011年更强的臭氧损耗。相反,对应臭氧损耗弱年(1999和2010年)的冬季,两者的AO为负值,表明极涡偏弱。尤其是2010年2月AO指数达到−4.3,它从2月到3月突然增强并保持负值,说明这期间极涡变化并不稳定,但其强度一直维持较弱的状态。2010年的平流层温度不是异常偏暖,但由于AO异常偏低,使得2010年的臭氧损耗并不明显。1999年的AO在3月最低,且平流层温度异常偏高(图2),对应1999年北极的臭氧损耗异常偏弱。

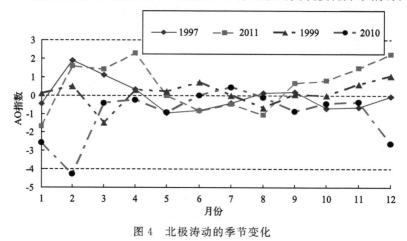

图4 北极涛动的季节变化

4.3 北极臭氧异常与大气环流的联系

北半球平流层冬季强大气旋绕极地旋转,在臭氧损耗强年(1997和2011年),50 hPa的水平环流异常偏强,对应正的 AO 指数,表明极涡偏强。而臭氧损耗弱年(1999 和 2010 年),水平环流异常偏弱,且在极区无法形成闭合的环流中心,有从中高纬度鄂霍次克海和阿留申群岛来的西南风向北进入到北极转变为东南风。从强弱年风场强度的差值(图 5a)可知,北半球 50°N 以北地区臭氧损耗强年的风场强度都强于臭氧损耗弱年,最大差异达到 25 m/s,位于冰岛附近。而东亚和北欧的中纬度地区是负值中心(−10 m/s),表明欧亚大陆中纬度在臭氧损耗强年的平流层环流偏弱。北美大陆高纬度是正的差异,它在臭氧损耗强年的平流层环流偏强。图 5b 是臭氧损耗强弱年对应的 50 hPa 温度和位势高度的差值,其中阴影代表温度,等值线代表位势高度。可见,很强的负温度和气压差值覆盖了北半球极区和中高纬地区。进一步说明在强的臭氧损耗年份,对应着强冷的极地涡旋和极夜急流。弱的臭氧损耗年份,极地涡旋偏弱偏暖,极夜急流减弱。强弱臭氧损耗年份的大气环流背景差异明显,说明北极臭氧损耗不仅仅是光化学的作用,也与大气条件和环流变化密切相关。以上的分析表明北极臭氧异常与大气环流变化相联系,尤其是与平流层的极涡强度和温度之间有对应关系。臭氧损耗异常偏高年对应强的 AO 正位相,而臭氧损耗异常偏低年份对应 AO 负位相。强冷的极地涡旋对应着强的臭氧损耗,而弱冷的极地涡旋对应弱的臭氧损耗。相关研究表明,臭氧损耗与行星波之间存在正的反馈(Randel et al.,1999),极地臭氧损耗导致极地温度降低和极夜急流加速,平流层中高纬度的行星波因而减弱,从中纬度向极圈内输送的臭氧也随之减少。于是极圈内的温度更低,臭氧损耗也更严重,极夜急流将更强,向上和向极地的行星波传播也更弱。在这样的正反馈机制下,平流层极地臭氧损耗是否可以通过改变平流层温度场和风场的分布来影响对流层和地面的温度等大气变量,进而影响天气气候,北极臭氧异常的信号是否可以作为短期预测的一个指示因子值得进一步的研究。

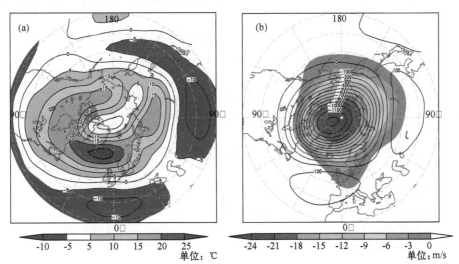

图 5　春季 3 月臭氧损耗强弱年差值 50 hPa (a)水平风场强度 (b)
温度(阴影)位势高度场(等值线,单位:gpm)

5　小结

利用我国第二代极轨气象卫星"风云三号"遥感数据和国外卫星数据对 1979—2011 年北极春季臭氧总量的年际变化特征进行了分析,并分析了臭氧损耗异常年份的大气环流差异,得到以下几点结论：

(1)北半球春季3月臭氧的气候平均态为中高纬高、低纬低,高值中心位于亚洲和北美大陆,分别对应蒙古高压和北美低压,最大值可达460DU。北极为低值中心,低于380DU。1979—2011年春季北极地区臭氧卫星观测结果显示,臭氧存在明显的年际和年代际的变化。1997和2011年是近33年来臭氧异常偏低的两年,而1999年与2010年是90年代以来臭氧总量明显偏高的年份。

(2)北极臭氧变化与欧亚大陆高纬地区的臭氧变化显著正相关,相关系数达到0.6以上。臭氧的变化与对流层上层和平流层温度存在显著正相关,相关系数为0.75。当对流层上层和平流层温度较冷时,北极臭氧损耗强,而平流层温度较暖时,北极臭氧损耗弱。1997和2011年都对应异常冷的平流层,且1997年的温度低于2011年。臭氧指数与对流层中低层的温度关系相反,显著负相关区位于包括我国北部大部分地区的亚洲大陆中高纬和欧洲地区,该地区的春季增温可能与北极臭氧损耗有关。

(3)北极臭氧异常与大气环流变化相联系。臭氧损耗异常偏高年对应强的AO正位相,而臭氧损耗异常偏低年份对应强的AO负位相。在强的臭氧损耗年份,对应着强冷的极地涡旋。弱的臭氧损耗年份,极地涡旋偏弱偏暖。

参考文献

王维和,张兴赢,安兴琴,等. 2010. 风云三号气象卫星全球臭氧总量反演和真实性检验结果分析,科学通报,**55**,1726-1733.

王维和,张艳,李晓静,张兴赢,等. 2011. 2011年春季北极臭氧异常低值监测和特征分析. 极地研究,**23**(4),310-317.

王咏梅,王英鉴,王维和,等. 2009. FY-3卫星紫外臭氧总量探测仪,科学通报,**54**(23):3778-3783.

郑明华,付尊涛,陈哲. 2010.北极臭氧损耗对东亚中高纬地区初春地面气温影响的转折点分析.高原气象,**29**(2),412-419.

Manney G L,Michelle L S, *et al*. 2011. Unprecedented Arctic ozone loss in 2011. *Nature*. **478**:469-476.

Newman P,Gleason J,McPeters R *et al*. 1997. Anomalously low ozone over the Arctic. *Geophysical Research Letters*,**20**:2689-2692.

Randel W J,F Wu. 1999. Cooling of the Arctic and Antarctic polar stratosphere due to ozone depletion. *J Climate*,**12**:1467-1479.

Thompson D W J,Wallace J M. 1998. The Arctic Oscillation signature in the wintertime geopotential height and temperature fields. *Geophysical Res. Lett.*,**25**:1297-1300.

Thompson D W J,Wallace J M. 2000. Annular modes in the extratropical circulation,Part I:Month-to-Month variability. *J. Climate*,**13**(5):1000-1016.

Wang W,Zhang Y,Wang Y, *et al*. 2011. Introduction to the FY-3A Total Ozone Unit:instrument,performance and results. *International Journal of Remote Sensing*,**32**(17):4749-4758.

Waugh D W,Eyring V, *et al*. 2012. Chapter 9 Stratospheric Ozone in the 21st Century. *Stratospheric Ozone Depletion and Climate Change*,The Royal Society of Chemistry.

World Meteorological Organization (WMO). 2011. Scientific assessment of ozone depletion:2010. Global Ozone Research and Monitoring Project,Rep. No.52,516pp.

Zhang Yan,WangWeihe,Li xiaojing, *et al*. 2012. Anomalously low ozone of 1997 and 2011 Arctic spring:Monitoring results and analysis. *Adv Polar Sci*,**23**:82-86.

利用 MODIS 卫星研究近 10 年关中盆地大气气溶胶时空变化特征

王　钊[①]

(陕西省农业遥感信息中心,西安 710015)

摘　要:利用 CE-318 太阳光度计对 MODIS C5 产品在西安地区的适用性进行验证,表明:西安地区 C5 产品与 CE-318 太阳光度计反演的气溶胶光学厚度具有较好的一致性,相关系数达到 0.97,误差在 $\Delta\tau=\pm0.05\ \pm0.15\tau$ 内的样本占总数的 68.6%,满足 NASA 设计要求,反演数值可以用于气候变化和区域大气污染研究。同时利用 NASA－MODIS 网站提供的 2000—2010 年 C5 版本 MODIS 气溶胶产品,分析了气溶胶光学厚度和小颗粒气溶胶对总光学厚度贡献两个参数的多年变化特征,得到:(1)沙尘粒子和人类活动产生的细粒子是关中盆地气溶胶的主要来源,关中地区特殊的地形和盛行风向,使得气溶胶粒子在边界层的水平扩散受到抑制,在东部出现堆积,气溶胶光学厚度分布呈现东高西低的趋势,高值中心主要分布在西安、渭南南部,为自然成因的粗粒子气溶胶和人类活动产生的细粒子气溶胶共同贡献,关中西部多年处在气溶胶光学厚度的低值区,主要为人类活动产生的细粒子气溶胶;(2)关中不同地区 AOD 时间序列变化存在差异,关中西部地AOD 近 10 年呈现波动下降趋势,关中中部和东部则呈现波动中增加的趋势;(3)关中地区自西向东 AOD 贡献中粗粒子的比重逐渐加大,近 10 年关中地区细粒子气溶胶粒子污染有逐年加重的趋势,其中东部城市尤为明显。

关键词:MODIS;AOD;气溶胶。

1　引言

大气气溶胶是悬浮在大气中的固体和液体微粒与气体载体共同组成的多相体系。气溶胶主要通过三种机制影响气候变化(IPCC,2001):气溶胶通过散射、吸收短波和长波辐射对气候产生直接影响;气溶胶还可作为云凝结核影响着云微物理特征,对气候产生间接影响;气溶胶粒子间接影响着大气化学过程,从而改变温室气体等其他的大气成分。同时气溶胶还是大气中的污染成分,可以吸附或溶解大气中某些微量气体,产生化学反应,对人体健康产生危害。区域内气溶胶粒子增加会增多云量(晏利斌等,2009),使日照时数和太阳辐射量均有所减少(Stanhill 等,2001;郑小波等,2010),同时使得雾和霾出现频率增加(史军等,2010)。20 世纪 80 年代以来,由于我国工业的突飞猛进以及城市化等,城市大气污染呈现急剧增加的趋势,长江三角洲、珠江三角洲等经济发达地区均出现气溶胶污染急剧增加的趋势(吴兑等,2006,2006,2007)。

气溶胶的分布和变化特征及其区域气候效应,引起了国内外科学家和学者的广泛关注。

[①]　王钊(1980—)高工,甘肃人,主要从事遥感应用方面的研究。

Kima 等（2007）利用 MODIS 产品分析了东亚气溶胶光学特性的月变化特征，邱金桓等（2000）通过估算宽带消光法反演了北京等 9 个地方的气溶胶光学厚度，发现在 1980 年至 1994 年均呈现增加的趋势。罗云峰等（2002，2001，2000）利用太阳辐射日总量和日照时数等资料，反演了各站 0.75 微米大气气溶胶光学厚度，发现 1980 年开始全国大部分地区光学厚度呈现增加趋势。李成才等（2003）、段婧等（2007）、关佳欣等（2010）和邓学良等（2010）对中国部分区域气溶胶光学特征进行研究，认为人类活动是这些地区气溶胶的主要来源，部分地区光学厚度近些年呈增加趋势。

　　陕西关中是十二五规划中重点发展的区域之一，对西北地区、乃至全国的发展起着举足轻重的作用，近年来随着城市化工业化进程加快，污染物加速排放，对城市和区域大气环境造成不可忽视的影响，由于南部秦岭山地形成特殊的地形，在一定程度上抑制了污染物在大气边界水平扩散，部分城市大气污染呈现增加的趋势。秦岭山地是我国南北气候分界带，有研究指出秦岭地区的气溶胶输送与区域降水减少显著相关（Daniel，2007；戴进等，2008；徐小红等，2009），因此对于关中盆地气溶胶光学特性和辐射强迫的研究非常迫切。

2　MODIS 气溶胶产品算法简述

　　气溶胶光学厚度（Aerosol Optical Depth，以下简称 AOD）定义为：

$$\tau_\lambda = \int_0^H \delta_\lambda N(z)\mathrm{d}z \tag{1}$$

公式中 τ_λ 指光学厚度，λ 是波长，H 为大气标高，δ_λ 指粒子消光截面，$N(z)$ 指消光粒子数密度垂直分布。其物理意义是沿辐射传输方向单位截面的气溶胶散射产生的总削弱，与对流层垂直方向气溶胶总浓度相关。Griggs 等（1975）给出了卫星反演气溶胶的理论基础，Kaufman 等（1998）给出了适用下垫面为浓密植被地区的 DDV（Dark Dense Vegetation）方法，考虑到更广泛的适用性 Kaufman 又将该比例扩展到 $R_{2.1} > 0.4$ 的地表，证明表明 $R_{2.1} < 0.25$ 仍然保持一定精度，$0.25 < R_{2.1} < 0.4$ 时反演精度较低（$R_{2.1}$ 为 2.1 μm 波段反射率），NASA 在 DDV 算法基础上发布了 C4 版本产品，利用 AERONET 数据对 C4 产品进行验证后发现存在一些正偏差（Chu et al. 2002）。在随后的研究中发现，卫星观测角度和研究区域的植被覆盖会对反射率估算产生较大影响，Levy 等（2007）对该算法进行了改进，利用卫星观测的可见光和近红外通道的反射率比值对地表反射率进行参数化，使其成为植被指数和散射角的函数。考虑了气溶胶的影响重新定义了植被指数：

$$NDVI_{SWIR} = (\rho_{1.24}^m - \rho_{2.12}^m)/(\rho_{1.24}^m + \rho_{2.12}^m) \tag{2}$$

$\rho_{1.24}^m$，$\rho_{2.12}^m$ 为 MODIS 第 1.24 μm 和 2.12 μm 波段的反射率。

定义散射角：$\Theta = \cos^{-1}(-\cos\theta_0\cos\theta + \sin\theta_0\sin\theta\cos\varphi)$ 　　　　　　(3)

地表反射率和表观反射率比值关系是 $NDVI_{SWIR}$ 和散射角 Θ 的函数：

$$\rho_{0.66}^s = f(\rho_{2.12}^s) = \rho_{2.12}^s \cdot slope_{0.66/2.12} + y\,\mathrm{int}_{0.66/2.12}$$

$$\rho_{0.47}^s = g(\rho_{0.66}^s) = \rho_{0.66}^s \cdot slope_{0.47/0.66} + y\,\mathrm{int}_{0.47/0.66}$$

$$slope_{0.66/2.12} = slope_{0.66/2.12}^{NDVI_{SWIR}} + 0.002\Theta - 0.27$$

$$y\,\mathrm{int}_{0.66/2.12} = 0.00025\Theta + 0.033$$

$$y\,\mathrm{int}_{0.47/0.66} = 0.005 \qquad slope_{0.66/2.12} = 0.49$$

当 $0.25 \leqslant NDVI_{SWIR} \leqslant 0.75$

$$slope^{NDVI_{SWIR}}_{0.66/2.12} = 0.48 ; NDVI_{SWIR} < 0.25$$

$$slope^{NDVI_{SWIR}}_{0.66/2.12} = 0.58 ; NDVI_{SWIR} > 0.75$$

$$slope^{NDVI_{SWIR}}_{0.66/2.12} = 0.48 + 0.2(NDVI_{SWIR} - 0.25) ; NDVI_{SWIR} < 0.25$$

在气溶胶模型的处理上,Levy 通过对 AERONET 观测数据聚类分析,依照单次散射反照率的大小将细粒子气溶胶分成三类,在反演时选择粗模式和三种细模式的一种按照比例组合,拟合出表观反射率,这个比例定义为 550 nm 处小于 1.0 μm 的小颗粒气溶胶对总光学厚度贡献比(Fine Mode Fraction,以下简称 FMF),当 FMF 值较大时表示细模式气溶胶对 AOD 贡献较大。C5 产品在 2006 年下半年进行了发布,利用 AERONET 数据对 C5 产品进行验证表明,无论是随机偏差还是系统偏差,C5 均大幅优于 C4(Li 等,2007)。Hsu 等(2006,2004)利用深蓝算法给出了植被覆盖较差的高反射率地表反演方法,以此为基础的 C6 版本预计将在 2011 年年底发布。

3　数据及处理

选用 NASA－MODIS 网站提供的 2000—2010 年 TERRA(MOD04_L2)和 AQUA(MYD04_L2)卫星 C5 版本气溶胶产品,分析其中两个数据集:(1)550 nm 的气溶胶光学厚度值(AOD);(2)细粒子对光学厚度值的贡献(FMF),处理的方法:使用 IDL 语言对两个数据集数据进行标定和等经纬度投影,然后逐像元进行判断是否有效像元,统计出有效像元个数,最后进行均值合成,得到月和年均值分布,逐像元处理的好处是可以最大程度的减少云和地表无效值对均值合成的影响。本文季节变化中所采用的划分标准为:3 月至 5 月为春季,6 月至 8 月为夏季,9 月至 11 月为秋季,12 月至来年 2 月为冬季。

4　研究区域概况

关中盆地地区位于陕西腹部,夹持于陕北高原与秦岭山脉之间,西起宝鸡,东至潼关,为三面环山向东敞开的河谷盆地,地形东宽西窄,地势西高东低,海拔 325～900 m,南部为秦岭山脉,海拔高度 1500～2000 m,其主峰太白山高 3767 m;北部为黄土高原,海拔高度 800～1300 m。

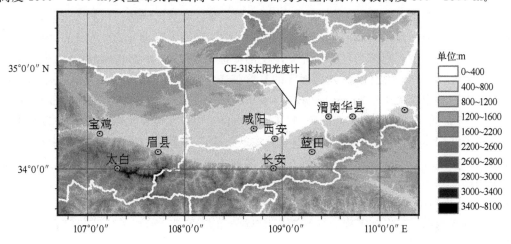

图 1　陕西关中地区数字高程图

5　C5气溶胶产品在西安地区适用性验证

　　数据验证采用建在西安市气象局泾河观测场的CE-318太阳光度计,由中国气象局大气成分中心进行标定,利用多波段光度计反演气溶胶参数是目前验证卫星反演最有效的方法(朱爱华等,2004;李晓静等,2009;Zhou, et al.,2009;黄健等,2010;郑有飞等,2011;王莉莉等,2007),AOD反演采用Bouguer-Lamber定律(Lenbole,1993),选择2008—2009年CE-318观测数据,进行严格的云滤除,样本匹配考虑的影响因子:(1)光谱匹配:由于CE-318太阳光度计缺少550 nm波段,采用Angstrom关系式利用邻近波段得到550 nm AOD等(2005)。(2)时间匹配:假设气溶胶在半个小时内不变,对光度计数据选择卫星过境前后30min数据做平均。(3)空间位置匹配:参照Remer等(2005)的方法,考虑到泾河观测场附近地植被覆盖好,地表均一,有效像元较多,选择泾河观测场上空30 km×30 km窗口像元做平均。以上措施最大化的保证卫星和地基观测二者间在时间和空间上的一致。选用2008—2009年CE-318 AOD和MODIS C5 AOD数据,共匹配到102组可供分析应用的样本,其中83个样本都在NASA预期的误差范围$\Delta\tau=\pm0.05\pm0.15\tau$内,占样本总数的68.6%,两组数据相关系数达到0.97,MODIS C005的AOD在西安地区数据精度可以满足要求(如图2)。图中斜线的截距大于0说明C5 AOD整体高于太阳光度计数据,可能来自地表反射率的估算和气溶胶模型假定带来的误差(夏祥鳌,2006)。

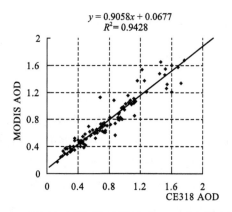

图2　CE318 AOD同MODIS C005 AOD散点图

6　结果分析

6.1　2000—2010年气溶胶光学特征均值分析

　　图3给出了关中地区AOD和FMF 2000—2010年平均变化特征。由图3可知,关中地区气溶胶光学厚度分布呈现东高西低的趋势,高值中心主要分布在西安、渭南南部,中心最大值在0.8~0.9之间;宝鸡地区为气溶胶光学厚度的低值区,除宝鸡东部扶风、眉县两个城市气溶胶光学厚度在0.4~0.6之间外,其余地区的气溶胶光学厚度值均在0.4以下。关中地区的气溶胶粒子主要集中在关中东部,AOD分布与人口密度分布相关性较小。关中东部FMF的值在0.4~0.5之间,表明,关中东部的高AOD值是自然产生的气溶胶粗粒子和人为产生的气溶胶细粒子共同作用的结果,以粗粒子贡献为主。关中西部FMF值明显大于关中东部,其量值在0.6~0.8之间,表明关中西部以细粒子气溶胶贡献为主。可能原因为:由于关中东部为整个关中城市群污染物以及陕北沙尘污染向下游输送的通道,在西风带环流和秦岭山脉的共同作用下,污染物中较小的粒子在大气环流作用下翻越秦岭向其南部传送,而大粒受重力在关中东部地区沉降,使该地区称为自然源的大粒子和人为源的细粒子的汇集区,导致该地区FMF值较关中西部明显偏小。

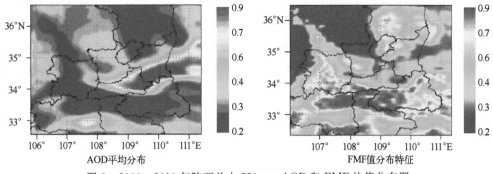

图 3   2000—2010 年陕西关中 550 nm AOD 和 FMF 均值分布图

为了进一步研究关中地区 AOD 多年分布特征形成的原因,此处分析了西安、宝鸡、和渭南的近地面风向的变化特征(图 4)。由图 4 可知,西安主要风向为东北风和西南风,其中东北风出现的频率明显高于西南风,因此西安近地面主要污染物扩散方向以东北—西南向为主,且向西南扩散的概率高于东北向;宝鸡近地面主要风向为西北—东南向,因此宝鸡的污染物也主要是沿西北—东南向扩散,渭南的盛行风向主要是偏东风,污染物主要向偏西向扩散,关中地区为东宽西窄的喇叭口地形,在南部秦岭山脉和北部黄土高原的阻挡下,关中地区气溶胶粒子在边界层的南北方向的水平扩散受到抑制,同时在盛行风向的影响下,气溶胶在东西方向的扩散也受到了一定程度的抑制,从而使关中地区城市发展所产生的气溶胶在关中中东部一带堆积,导致该区域的气溶胶光学厚度明显高于西部地区。

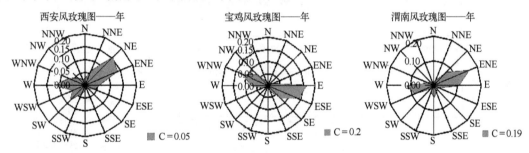

图 4   西安、宝鸡、渭南的风玫瑰图

6.2   AOD 和 FMF 的时间序列特征分析

图 5 给出了 2000 年 1 月到 2010 年 12 月关中部分县市 AOD 多年月均值变化和 FMF 值季节变化的时间序列。其中宝鸡、眉县代表关中西部,西安、蓝田代表关中中部,渭南、华县代表关中东部。由图 5 可知,有:(1)关中地区 AOD 的月变化呈现双峰趋势,第一个峰值出现在 4 月,第二个峰值出现在 8 月,其中西安和渭南 AOD 达到全年最大,达到 1.0~1.2,FMF 夏季达到最高值,冬季达到低值;(2)关中不同地区 AOD 变化存在一定差异,宝鸡 AOD 值均在 0.5 左右,眉县的 AOD 均值在 0.7 左右,且宝鸡和眉县的 AOD 近 10 年均呈现波动下降趋势,表明关中西部地区气溶胶浓度有下降的趋势;(3)西安、渭南、蓝田、华县的 AOD 值均在 1.0 左右,且均呈现出波动增加的趋势,表明近些年关中中部和东部地区气溶胶浓度均呈现增加的趋势,其中东部的污染加重趋势较中部更加明显;(4)分析关中地区近 10 年 FMF 的变化,近 10 年宝鸡、眉县、西安、蓝田、渭南、华县 FMF 均值分别为:0.83、0.61、0.50、0.50、0.49、0.49,表明关中地区由西

2014年卫星遥感应用技术交流论文集

向东,对 AOD 贡献中粗粒子的比重逐渐加大,其中关中西部的宝鸡和眉县 AOD 的主要贡献以人类活动和城市发展所产生的细粒子气溶胶为主,关中东部的渭南、华县 AOD 的贡献中自然源产生的粗粒子气溶胶较人为源产生的细粒子气溶胶比重略大;(5)关中地区所选的 6 个城市 FMF 值近 10 年均呈现出不同程度的增加趋势,表明关中地区近 10 年细粒子污染在加剧。

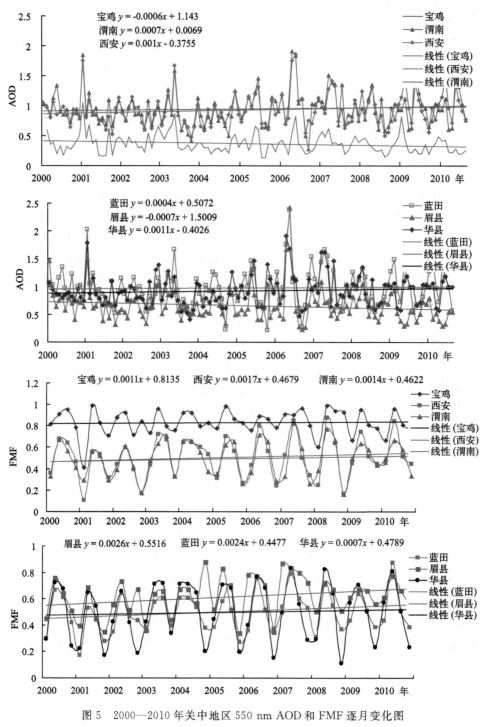

图 5　2000—2010 年关中地区 550 nm AOD 和 FMF 逐月变化图

6.3　不同季节气溶胶光学厚度的分布特征

图 6 给出了陕西关中地区 2000—2010 年不同季节 550 nm 气溶胶光学厚度的分布特征，由图 6 可知，有：(1)关中地区不同季节 AOD 与多年平均分布相似，均呈现出东高西低的趋势，高值中心均在西安东部和渭南南部；不同季节 AOD 存在较大差异，夏季 AOD 值最大，春

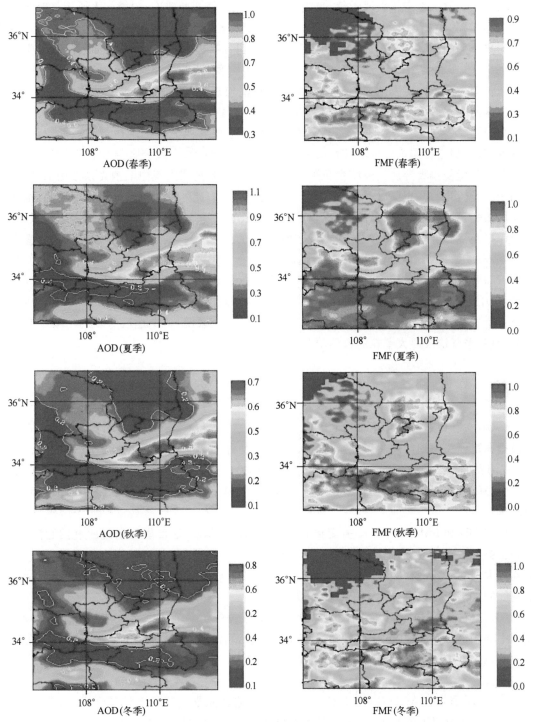

图 6　2000—2009 年陕西关中地区不同季节 550 nm AOD 均值和 FMF 分布图

季次之,秋季值最小;(2)春季关中 AOD 高值中心主要位于西安东部蓝田地区,中心最大值在 0.9~1.0 之间,春季关中地区 FMF 在 0.4~0.6 之间,表明春季的主要污染为人为气溶胶和自然气溶胶的共同作用,在污染高值中心蓝田,FMF 值在 0.3 以下,表明春季 AOD 高值中心的主要污染为沙尘气溶胶的影响。关中盆地地处黄土高原的下游区,春季受冷暖交替,其西部和北部黄土高原区易产生大风天气,且由于北方地表已经开始解冻,频繁的大风天气会产生扬沙甚至沙尘暴,被扬起的沙尘随风向下游方向输送,从而使关中东部地区沙尘气溶胶含量增加;(3)夏季关中 AOD 高值区域明显高于春季,达到一年之中最大,西安东部气溶胶光学厚度值达到 1.0~1.1,渭南南部 AOD 值也在 0.9~1.0 之间,由夏季 FMF 值的变化特征有,在关中地区污染较严重的西安东部和渭南南部,FMF 值均达到了 0.6 以上,夏季关中地区污染较严重地区的主要以人为源产生的细粒子为主,其中 6 月份为关中地区小麦收割季节,大量的焚烧秸秆,导致细粒子气溶胶剧增,同时夏季关中地区主要受西太平洋副热带高压控制,大气中的湿度较高,加之夏季主要气溶胶污染为人为产生的细粒子,多数为吸湿性较强的气溶胶,温暖潮湿的环境使得吸湿性气溶胶颗粒平均粒径增大,导致整层大气中的消光系数增加,同时也有利于气粒转化的气相反应,增强了形成气溶胶的能力。此外由于夏季太阳辐射增强,地面加热作用很强,大气垂直运动强烈,形成较强的气溶胶垂直输送,也可能使气柱气溶胶含量增加;(4)秋季气溶胶光学厚度高值中心分布区域与夏季基本相同,但量值明显低于夏季,基本在 0.6~0.7 之间,FMF 值降至 0.4~0.5 之间,表明秋季的主要污染为人为源和自然源的共同作用;(5)冬季关中地区气溶胶光学厚度的大值中心移至渭南南部,中心最大值在 0.7~0.8 之间,污染中心的 FMF 值小于 0.2,而一直处于高 AOD 中心的西安地区,其 AOD 值明显低于其余三个季节,仅在 0.6 左右,其 FMF 值也在 0.3 以下,表明,关中地区冬季的污染中心明显东移,且冬季气溶胶以大颗粒的自然源为主。

7　结论与讨论

(1)本文利用 NASA 提供的 MODIS C5 气溶胶产品和 CE-318 光度计数据,对 C5 气溶胶数据在陕西关中地区的适用性进行验证。结果表明:MODIS C5 数据计算的 AOD 和 CE-318 观测到的气溶胶光学厚度数据吻合较好,其相关性达到 0.97,精度可以满足需要,但卫星反演的 AOD 偏高,表明在反射率估算和模型假定上 C5 算法在关中地区的算法仍有改进的空间。

(2)AOD 和 FMF 多年平均值变化表明:关中地区 AOD 分布呈现东高西低的趋势,高值中心主要分布在西安、渭南南部,中心最大值在 0.8~0.9 之间,且自然产生的粗粒子对 AOD 贡献较大;宝鸡地区为气溶胶光学厚度的低值区,AOD 的主要贡献为人为产生的细粒子。关中地区的气溶胶污染主要集中在关中东部。

(3)分析 AOD 和 FMF 时间变化特征,近 10 年关中西部地区气溶胶浓度有下降的趋势,关中中部和东部则呈现波动中增加的趋势,其中东部上升较明显。关中地区表明关中地区由西向东,对 AOD 贡献中粗粒子的比重逐渐加大,近 10 年关中地区细粒子气溶胶粒子污染有逐年加重的趋势。

(4)不同季节的 AOD 和 FMF 变化表明,关中地区夏季气溶胶光学厚度最大,春季次之,秋季气溶胶光学厚度值最小,其中心最大值仍在 0.6~0.7 之间。其中夏季气溶胶主要来自人为产生的小颗粒吸湿性气溶胶,春季主要为大颗粒的沙尘气溶胶。

致谢:本文利用了 NASA GSFC 的 MODIS 卫星资料,在此表示感谢!

参考文献

戴进,余兴,Daniel ROSENFELD,徐小红.2008.秦岭地区气溶胶对地形云降水的抑制作用.大气科学,(06): 185-190.

邓学良,邓伟涛,何冬燕.2010.近年来华东地区大气气溶胶的时空特征.大气科学学报,33(3):3472-3540.

段靖,毛节泰.2007.长江三角洲大气气溶胶光学厚度分布和变化趋势研究.环境科学学报,27(4):537-543.

关佳欣,李成才.2010.我国中、东部主要地区气溶胶光学厚度的分布和变化.北京大学学报,46(2):185-190.

黄健,李菲,邓雪娇,毕雪岩,谭浩波.2010.珠江三角洲城市地区 MODIS 气溶胶光学厚度产品的检验分析.热带气象学报,(5):526-531.

李成才,毛节泰,刘启汉,等.2003.利用 MODIS 研究中国东部地区气溶胶光学厚度的分布和季节变化.科学通报,48(19):20942-2100.

李晓静,张鹏,张兴赢,等,2009.中国区域 MODIS 陆上气溶胶光学厚度产品检验,应用气象学报,20(2): 147-156.

鲁渊平,杜继稳,侯建忠,等,2006.陕西省风速风向时空变化特征,陕西气象,26(1):1-3.

罗云峰,李维亮,周秀骥.2001.20 世纪 80 年代中国大陆大气气溶胶光学厚度的平均状况分析.气象学报, 59(1):77-87.

罗云峰,吕达仁,李维亮,等.2000.近 30 年来中国大陆大气气溶胶光学厚度的变化特征.科学通报,45(5): 549-554.

罗云峰,吕达仁,周秀骥,等.2002.30 年来中国大气气溶胶光学厚度平均分布特征分析.大气科学,26(6): 721-730.

史军,崔林丽,贺千山.2010.华东雾和霾日数的变化特征及成因分析.地理学报,65(5):533-542.

王莉莉,辛金元,王跃思,等.2007.Cshnet 观测网评估 MODIS 气溶胶产品在中国区域的适用性.科学通报, (04):477-486.

吴兑,毕雪岩,邓雪娇,等.2006a.细粒子污染形成灰霾天气导致广州地区能见度下降.气象学报,64(4): 511-515.

吴兑,毕雪岩,邓雪娇,等.2006b.珠江三角洲气溶胶云造成的严重灰霾天气.自然灾害学报,6(13):649-654.

吴兑,毕雪岩,邓雪娇,等.2007.珠江三角洲大气灰霾导致能见度下降问题研究.热带气象学报,23(1):1-6.

夏祥鳌.2006.全球陆地上空 MODIS 气溶胶光学厚度显著偏高.科学通报,51(19):22972-2303.

徐小红,余兴,戴进.2009.气溶胶对秦岭山脉地形云降水的影响气象,(01):85-90.

晏利斌,刘晓东.2009.京津冀地区气溶胶季节变化及与云量的关系.环境科学研究,22(8):925-931.

郑小波,罗宇翔,段长春,等.2010.云贵高原近 45 年来日照及能见度变化及其成因初步分析.高原气象, 29(4):992-998.

郑有飞,董自鹏.2011.MODIS 气溶胶光学厚度在长江三角洲地区适用性分析.地球科学进展,2(26): 225-234.

朱爱华,李成才,刘桂青,等.2004.北京地区 MODIS 卫星遥感气溶胶资料的检验与应用.环境科学学报, 24(1):86-90.

Chu D A, Kaufman Y J, Ichoku C, et al. 2002. Validation of MODIS aerosol optical depth retrieval over land. *Geophysical Research Letters*, **29**(12):57-68.

Daniel Rosenfeld, Jin Dai, XingYu. 2007. Inverse relations between amounts of air pollution and orographic precipitation. *Science*, **315**:1396-1398.

Griggs, M. 1975. Measurement of atmospheric aerosol optical thickness over water using ERTS-1 data.. *Air Pollut. Contr. Assoc.* **25**,622-626.

Hsu N C, Tsay S C,King M D. 2004. Aerosol retrievals over bright-reflecting source regions. *IEEE Trans. Geosci. Remote Sens.* **42**, 557-569.

Hsu N C, TsayS C,King M D. 2006. Deep blue retrievals of Asian aerosol properties during ACE-Asia. *IEEE Trans. Geosci. Remote Sens.* **44**: 3180-3195.

IPCC. 2001. Climate Change 2001:Synthesis Report. IPCC,156-157.

Kaufman Y J, Tanre D. 1998. Algorithm for remote sensing of troposperic aerosol from MODIS, MODIS ATBD.

Kaufman Y J, Tanre D, Remer L. *et al.* 1999. Remote sensing of troposphere aerosols from space: past, present and future. *Bull. Amer. Meteor. Soc.* , **80**: 2229-2259.

Kaufman Y J, Wald A E, Remer L A *et al.* 1997. The MODIS 2. 1 μm channel-Correlation with visible reflectance for use in remote sensing of aerosol. *IEEE Trans. Geosci. Remote Sens.* ,**35**(5): 1286-1298.

Kim S-W *et al.* 2007. Seasonal and monthly variations of columnar aerosol optical properties over east Asia determined from multi-year MODIS, LIDAR, and AERONET Sun/sky radiometer measurements. *Atmospheric Environment* **41**:1634-1651.

Lenbole J. 1993. *Atmospheric Radiative Transfer*. USA:A Deepar Publish,450.

Levy R C, Remer L A, Dubrovik. 2007. Global aerosol optical properties and application to Moderate Resolution Imaging Spectroradiometer aerosol retrieval over land. *J. Geophys. Res.* ,**112**(D13):1-15.

Levy R C,Remer L A,Mattoo. 2007. Second-generation operational algorithm: Retrieval of aerosol properties' overland from inversion of Moderate Resolution Imaging. Spectroradiometer spectral reflectance. *J. GeoPhys. Res.* ,**112**(D13):1-21.

Li Z,Niu F,Lee K H. 2007. Validation and understanding of Moderate Resolution Imaging Speetroradiometer aerosol Products(C5) using ground-based measurements from the hand held Sun Photometer network in China. J. *GeoPhys,Res,*. **112**(D22):1-16.

Qiu Jinhuan *et al.* 2000. Variation characteristics of atmospheric aerosol optical depths and visibility in North China during 1980-1994. *Atmos. Environ.* ,**34** (4):603-609.

Remer, Kaufman, Tanre, *et al.* 2005. The MODIS Aerosol Algorithm products and validation. *Atmosphere sciences* ,**62**(4):947-973.

Stanhill G,Cohen S. Global. 2001. A review of the evidence for a wide spread and significant reduction in global radiation with discussion of its probable causes and possible agricultural consequence . *Agricultural and Forest Meteorology* ,**107**:255-278.

Zhou Chunyan,Liu Qin huo,Tang Yong *et al.* 2009. Comparison between MODIS aerosol product C004 and C005 and evaluation of their applicability in the north of China. *Journal of Remote Sensing* ,**13**(5): 854-872.

SCIAMACHY 高光谱近红外的 CO_2 反演方法研究[①]

王 炜[②]

（天津市气象科学研究所，天津 300074）

摘 要：大气 CO_2 浓度的增加导致气候变暖已成为共识。然而如何能够连续获得 CO_2 的全球时空分布和变化特性并进一步了解全球碳循环及其源和汇的空间分布，仍然是科学工作努力探索的科学问题。目前，高光谱遥感技术成为大气温室气体探测的一门新兴的研究手段，它可以得到大尺度、长时间序列的温室气体的时空分布特征和变化趋势，可以弥补地面站点测量的缺陷，作者利用 SCIAMACHY 的高光谱数据，及 WFM-DOAS 算法反演了黄渤海区域的 CO_2 浓度。反演数据与同期国外的数据相比较，CO_2 浓度数据小 3% 左右。研究结果表明高光谱数据有利于 CO_2 浓度反演。

关键词：高光谱；二氧化碳；反演。

1 引言

CO_2 是一种重要的温室气体，CO_2 引起辐射强迫值要远远大于其他温室气体。根据 IPCC 的第四次科学评估报告，在过去的 250 年里，大气中的 CO_2 浓度增加了大约 100ppm。Mauna Loa 观测站大气 CO_2 浓度资料也表明近年来大气中 CO_2 浓度上升迅速。大气 CO_2 浓度的上升会影响地气系统的辐射平衡，进而影响气候的变化，已成为科学工作者的共识。

虽然 CO_2 是主要的人类排放温室气体，但是它的自然源和汇还有很大不确定性。目前，地面站点提供的 CO_2 浓度观测数据，由于其时空分布有限，限制了人类对 CO_2 表层通量的了解。在国外，利用卫星遥感技术探测大气 CO_2 浓度研究已经取得了一定的成果。国外首先利用热红外遥感技术探测大气 CO_2 浓度，发射了 HIRS、AIRS、IASI 等探测器。由于热红外遥感对表层 CO_2 不敏感。近年来，国外在 ENVISAT、GOSAT 和 OCO 等卫星上搭载了近红外 CO_2 探测器，开展 CO_2 研究。尤其是 ENVISAT 的 SCIAMACHY 具有近红外 CO_2 通道的高光谱数据。

高光谱遥感技术成为大气温室气体探测的一门新兴的研究手段，它可以得到大尺度、长时间序列的温室气体的时空分布特征和变化趋势，对我们更深入地认识温室气体的源和汇及其分布变化情况具有非常重要的现实意义。因此，本文将介绍作者开发的近红外高光谱反演方法及其反演结果。

① 中国气象局公益性行业（气象）科研专项"多谱段多模态高光谱大气成分反演方法研究"（GYHY201106045）资助。
② 天津市气象科学研究院。邮箱：wwei356@nankai.edu.cn；电话：13820441356，022-23358783

2　反演方法

2.1　高光谱段 CO_2 吸收特性分析

在近红外波段 770～2100 nm 范围内(图1),除了 CO_2 对太阳辐射具有吸收作用外,还有 O_3,CH_4,O_2 和 H_2O 等大气成分对太阳辐射具有吸收作用。因此,在这个谱段寻找 CO_2 的强吸收谱段是 CO_2 反演的关键问题之一。解决这个问题时,利用了 MODTRAN 辐射传输软件。计算结果表明,1995～2023 nm 波段范围内大气 CO_2 的吸收能力最强,不论是峰高还是峰宽都优于其他波段。其次是 2050～2073 nm 和 1930～1967 nm 波段范围的大气 CO_2 的吸收带,其中 2050～2073 nm 波段范围内大气 CO_2 的吸收能力弱于 1950～1967 nm 波段范围内大气 CO_2 的吸收能力。除此之外大气 CO_2 在 1430～1433 nm 和 1435～1437 nm 波段范围内也有比较弱的吸收。

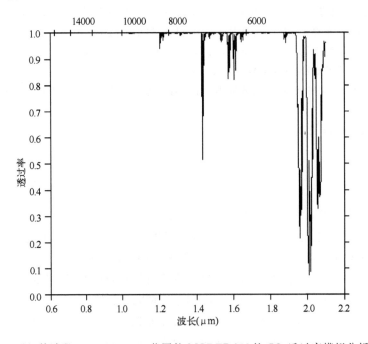

图1　近红外波段 770～2100 nm 范围的 MODTRAN 的 CO_2 透过率模拟分析图

2.2　高光谱 CO_2 反演方法讨论

因为大气中的痕量气体通常含量小并且吸收谱带窄,所以高光谱的痕量气体的遥感方法具有提高痕量气体反演精度的优势。高光谱近红外二氧化碳反演方法是利用前向模式和反演模式共同反演二氧化碳浓度。前向模式描绘了测量的物理过程,它连接了测量辐射值 y 和状态矢量 x:

$$y = F(x,b) + \varepsilon$$

上式的 ε 是测量误差,b 代表了附加的非反演参数。状态矢量 x 包含了所有的反演参数。x 可以包括二氧化碳的体积混合率、水汽、气溶胶光学厚度、温度廓线、表面气压和表面反照率等。

前向模式中的参数 b 虽然不被反演,但是这些参数是前向模式计算所需要的数据。而且这些参数 b 的误差会导致反演误差,因此需要包含在反演中来平衡反演误差。

欧洲的 ENVISAT 卫星利用上述方法实现了一种改进的 DOAS 算法 WFM-DOAS (Weighting Function Modified Differential Optical Absorption Spectroscopy)。这种方法可以反演大气中的 CH_4 , CO_2 , CO , H_2O , N_2O 和 O_2 等柱体量。

WFM－DOAS 的工作原理是用对数化的大气辐射模式的辐射值 I_i^{mod} 加上一个低阶多项式 P_i ，然后同观测的地表太阳辐射值 I_i^{obj} 进行最小二乘法处理。方法如下：

$$\| \ln I_i^{obs} - \ln I_i^{mod}(\hat{V}) \|^2 \equiv \| RES_i \|^2 \rightarrow \min$$

$$\ln I_i^{mod}(\hat{V}) = \ln I_i^{mod}(\overline{V}) + \sum_{j=1}^{J} \frac{\partial \ln I_i^{mod}}{\partial V_j} \times (\hat{V}_j - \overline{V}_j) + P_i(\alpha_m)$$

上式中，$\hat{V}$ 表示大气成分组的真值状态，$\overline{V}$ 表示大气成分组的均值状态

对上述方法的求解，采用了优化估算方法：

$$x = x_0 + (K^T S_y^{-1} K + S_a^{-1})^{-1} K^T S_y^{-1} (y - y_0)$$

在上式中，x 是反演值，x_0 是先验值，y 是卫星观测值，S_a 是先验协方差矩阵，S_y 是噪声协方差矩阵。

因为反演问题的非线性特征，即权重函数 K 是依赖于状态矢量 x ；所以在实际计算中，一般采用了 Gauss-Newton 迭代方案获得最优解 x 。

3 高光谱资料处理及反演结果分析

3.1 SCIAMACHY 高光谱数据预处理

SCIAMACHY 高光谱探测仪是由德国、荷兰以及比利时分别通过德国航空航天中心、荷兰宇宙空间方案机构以及比利时太空宇航研究院联合出资设计。

SCIAMACHY 的光谱覆盖范围为 240～2380 nm，包括了紫外－可见光－近红外。在 SCIAMACHY 的光谱范围内，囊括了多种痕量气体的吸收带，具体包括二氧化碳、二氧化硫、甲烷、氧气、臭氧、水汽、氮氧化物以及芳香烃类物质的吸收带。SCIAMACHY 总共有 8 个高分辨率的观测通道，通道的具体参数如表 1 所示。

表 1 SCIAMACHY 通道参数信息

通道	Spetral Range(nm)	Resolution （nm）	Stability （nm）	温度范围
1	214～334	0.24	0.003	204.5～210.5
2	300～412	0.26	0.003	204.0～210.0
3	383～628	0.44	0.004	221.8～227.8
4	595～812	0.48	0.005	222.9～224.3
5	773～1063	0.54	0.005	221.4～222.4
6	971～1773	1.48	0.015	197.0～203.8
7	1934～2044	0.22	0.003	145.9～155.9
8	2259～2386	0.26	0.003	143.5～150.0

本文研究工作使用的数据是国家卫星气象中心提供的 2007 年 5 月的 SCIAMACHY L1b 数据。SCIAMACHY 产品按照处理级别分为 L0、L1 和 L2 三级。L1 又分为 L1b 和 L1c 两

种,其中 L1b 是原始数据,里面包含定标所需的据,它也是 ESA 对外提供的 L1 数据形式。L1c 是用户在 L1b 数据的基础上使用专门的定标软件得到的数据。

L1b 数据是部分标定数据,共包含 4 块主要部分:头文件,对卫星和每个时次具体文件情况的总汇介绍;观测数据集,包括天底、临边和掩星的观测数据集;辅助数据集,及同该文件同步获取的定标信息;全球辅助数据集,适用于全轨的定标数据。

在存储中,根据不同的观测模式将数据划分为若干个状态,每个状态都包含整条观测光谱。每条光谱根据各种可测大气成分的光谱特性和仪器的通道设计为若干组。对于这种高光谱数据,我们采用了 EnviView 和 BEAT 软件进行了数据处理和相关元数据信息读取。

在反演二氧化碳浓度前,需要 L1b 数据进行定标。本文的定标采用了专门处理 SCIAMACHY 数据的 SciaL1C 软件。用户可使用该软件对数据的时间、经纬度、观测方式、波段组等进行设定。通过标定得到的 L1c 数据,为完全标定数据,具有物理单位。定标后数据在数据集中是组(cluster)为单元存储。

但是,在 SCIAMACHY 高光谱数据中,经过 L1c 完全标定数据的数据可能出现负值,这是定标中出现的不合理数据。在二氧化碳的反演中,要去除不合理的定标数据,选取合理的数据,以保证反演结果的可靠性。

3.2　反演结果分析

在二氧化碳反演试验中,使用了欧空局的 WFM-DOAS 算法软件,选用了 2007 年 5 月 2 日的 SCIAMACHY 的第 7 通道 1934～2044 nm 的高光谱数据。反演区域位于中国的黄渤海区(图 2)。

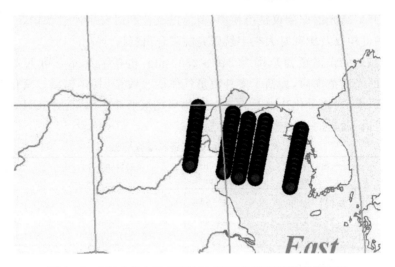

图 2　2007 年 5 月 2 日 SCIAMACHY 的高光谱数据位置图

本文在反演时,使用了 SCIATRAN 作为前向模式以及美国的标准大气廓线数据,计算了反演谱线区域卫星接收主要气体成分的理论辐射值,并以此辐射值作为反演的正演模式计算结果。

在反演算法的计算中也采用了美国的标准大气廓线数据。遥感资料的光谱资料采用了 1940 nm、1968 nm、2030 nm 三个谱点的辐射数据。由于遥感数据位于黄渤海区域,地表反射率使用 0.5 的参考值。通过 20 组高光谱遥感数据反演结果分析,反演的二氧化碳浓度在

368.10 ppm 至 369.70 ppm(表2)。

由于缺少 2007 年 5 月的黄渤海区域 CO_2 观测资料；因此在数据对比中，采用了美国 NOAA 同期的海表月均 CO_2 观测数据。2007 年 5 月海洋表面月均 CO_2 浓度值是 383.96 ppm[*]。同期，中国气象局上甸子的 CO_2 观测浓度大约为 388 ppm。

表2 SCIAMACHY 1940~2030 nm 波段的二氧化碳反演结果

序号	纬度	经度	太阳高度角	太阳方位角	1940 nm	1968 nm	2030 nm	反演浓度(ppm)
1	38.48	126.06	28.90	139.90	8.17E+11	6.70E+11	2.86E+12	369.30
2	39.015	123.40	30.41	136.65	1.19E+12	1.01E+12	4.02E+12	369.70
3	39.438	120.95	31.80	133.83	7.43E+11	1.48E+12	2.84E+12	369.20
4	39.84	118.31	33.33	130.93	3.87E+11	8.12E+11	2.84E+12	368.60
5	39.09	122.13	31.03	134.98	6.90E+11	6.74E+11	2.94E+12	369.10
6	39.19	125.95	28.72	139.40	6.51E+11	8.24E+11	2.92E+12	369.00
7	38.72	123.3	30.24	136.18	7.70E+11	8.54E+11	4.52E+12	369.20
8	39.14	120.88	31.64	133.38	1.19E+12	8.71E+11	4.90E+12	369.60
9	39.55	118.23	33.17	130.50	2.99E+11	8.46E+11	3.93E+12	368.30
10	38.80	122.03	30.86	134.52	7.08E+11	7.61E+11	3.01E+12	369.10
11	37.90	125.84	28.54	138.90	9.23E+11	7.93E+11	3.65E+12	369.40
12	38.42	123.20	30.07	135.70	6.27E+11	5.11E+11	2.12E+12	369.00
13	38.84	120.78	31.47	132.93	8.53E+11	1.07E+12	3.93E+12	369.30
14	39.25	118.14	33.01	130.07	2.50E+11	5.62E+11	2.00E+12	368.10
15	38.50	121.93	30.69	134.05	7.23E+11	6.21E+11	2.49E+12	368.10
16	37.60	125.73	28.36	138.40	1.03E+12	3.64E+09	5.47E+12	369.50
17	38.13	123.10	29.90	135.22	1.04E+12	7.30E+11	3.97E+12	369.50
18	38.55	120.70	31.31	132.47	6.80E+11	7.73E+11	4.44E+12	369.10
19	38.95	118.07	32.86	129.64	2.97E+11	8.20E+11	3.83E+12	368.30
20	38.20	121.84	30.53	133.58	8.73E+11	7.07E+11	2.61E+12	369.30

通过同期 CO_2 浓度观测数据对比分析，本文方法反演的二氧化碳浓度与地面数据相比较数值略偏低，最高误差为 4.1%。因此，这种方法反演的二氧化碳是可行的。

4 结论

本文的反演试验结果表明，基于 WMF-DOAS 算法开发的高光谱二氧化碳反演算法具有较好的二氧化碳的反演能力。但是，反演的二氧化碳结果总体上比地面观测结果略偏低。这可能由于以下几个方面的原因形成：

(1)大气辐射传输受到多种成分的影响，这给二氧化碳反演带来了不确定因数。同时在反

---

[*] 1 ppm＝10^{-6}

演方法的开发初期,反演算法对大气成分影响因素处理不够完善。

(2)大气二氧化碳反演方程一般情况下,是一个病态的矩阵。这为反演带来了解的不稳定和不确定性。

(3)反演算法中的误差矩阵对反演结果有很大影响,这方面的结果还需要进一步改进。

致谢

作者感谢公益性行业(气象)科研专项"多谱段多模态高光谱大气成分反演方法研究"项目的支持。感谢卫星气象中心张兴赢研究员在研究中的支持。

多源卫星遥感草原火灾损失
快速评估方法及应用

王　萌　郑　伟　闫　华　高　浩　陈　洁　刘　诚

（国家卫星气象中心,北京 100081）

摘　要:针对草原火灾过火面积大,常规手段难以快速获取火灾影响损失信息,如草产量损失、社会经济损失等,笔者通过研究分析多源卫星数据的特点,结合实际工作,提出了以卫星遥感为主,结合社会经济数据的基于多源卫星遥感草原火灾损失快速评估方法。该方法的主要思路是:基于 HJ-1 数据,计算过火草地植被覆盖度,建立于 FY-3 数据的统计回归关系,确定过火区草地实际覆盖面积;选择徐斌等人建立的卫星遥感草产量关系模型,利用卫星遥感过火区范围,计算草产量损失;利用社会经济统计数据,评估受灾牲畜量和受灾人口数。

利用上述方法,对发生在内蒙古自治区锡林格勒盟东乌珠穆沁旗 2012 年 10 月 5 日草原火进行了火灾影响损失评估,同时利用资源一号 02C 对 2012 年 4 月 19 日呼伦贝尔盟新巴尔虎右旗草原火进行过火面积判识精度验证。经地方核实,认为该模型估算草场火影响结果与当地草原监理部门的估算结果十分接近,FY-3 气象卫星和环境减灾星提取的过火区矢量与高分辨率的资源一号 02C 卫星提取的过火区边界基本一致。

关键词:草原火;损失评估;多源卫星遥感。

1　概述

草原火灾是世界上主要的自然灾害之一,严重威胁人民生命财产安全,破坏自然生态环境(周伟奇等,2004)。卫星遥感火灾监测是目前环境遥感监测的主要产品,已成为我国草原火灾监测工作最主要的技术手段之一。传统火灾监测人们主要关注火点位置、强度以及过火面积等信息,随着社会的发展,火灾所带来的经济损失成为人们日益关注的焦点,火灾损失快速评估被提上日程。针对草原火灾过火面积大,常规手段难以快速获取火灾影响损失信息,如草产量损失、社会经济损失等,笔者通过研究分析多源卫星数据的特点,结合实际工作,提出了以卫星遥感为主,结合社会经济数据的基于多源卫星遥感草原火灾损失快速评估方法,取得了良好的应用效果。

2　研究区和数据

2.1　研究区概况

本文以我国草原面积居首的内蒙古自治区为研究区域,东起东经 126°04′,西至东经 97°12′,南起北纬 37°24′,北至北纬 53°23′,其天然草场辽阔而宽广,土质肥沃,降水充裕,牧草种类繁多,是中国重要的畜牧业生产基地。草原总面积达 8666.7 万 hm²,其中可利用草场面积达 6800 万 hm²,占中国草场总面积的 1/4。

内蒙古自治区是我国草原火的多发地区,国家卫星气象中心积累的统计资料表明,平均每年火灾发生次数为 200~300 次,火灾严重影响了当地牧民的生产和生活,带来了巨大的生命财产损失。

2.2 数据来源与预处理

2.2.1 卫星数据的选取和预处理

中国新一代极轨气象卫星 FY-3 号的研制和开发,大大增强了中国对地表生态过程的监测能力,为草原火灾监测提供了很好的数据源。FY-3 系列在轨运行 3 颗卫星,分别为 FY-3A、FY-3B 和 FY-3C,分别于 2008 年 5 月 27 日上午、2010 年 11 月 5 日凌晨、2013 年 9 月 23 日上午成功发射。FY-3 系列上分别搭载了可见光红外扫描辐射计(VIRR)和中分辨率光谱成像仪(MERSI)(杨军等,2009);可见光红外扫描辐射计具有 10 个 1 km 分辨率的光谱通道,其中的中红外通道(3 通道)对高温热源点十分敏感;中分辨率光谱成像仪具有 5 个 250 m 分辨率的通道和 15 个 1 km 分辨率的通道,同时具有了多光谱和高分辨率的特点。其联合使用,可以实现对草原火灾的遥感监测。

HJ-1 卫星是中国自主研发的环境灾害监测小卫星星座,有 2 颗光学卫星 HJ-1A 和 HJ-1B 组成,在 HJ-1A 卫星和 HJ-1B 卫星上均装载两台 CCD 相机,设计原理完全相同,以星下点对称放置,平分视场、并行观测,可满足 2 天重访要求。CCD 多光谱数据包括蓝、绿、红 3 个可见光波段和 1 个近红外波段,光谱范围分别是蓝(B1):0.43~0.52 μm、绿(B2):0.52~0.60 μm、红(B3):0.63~0.69 μm、近红外(B4):0.76~0.9 μm,星下点空间分辨率为 30 m。

资源一号 02C 卫星(简称 ZY-1 02C)是一颗高分辨率遥感数据卫星,搭载两台 HR 相机,空间分辨率为 2.36 m,搭载的全色及多光谱相机分辨率分别为 5 m 和 10 m,其光谱设置见表 1,可广泛应用于国土资源调查与监测、防灾减灾、生态环境等领域,与常规使用的法国 SPOT-5 数据接近。

表 1　ZY-1 02C 光谱设置

参数	P/MS 相机		HR 相机
光谱范围	全色	B1:0.51~0.85 μm	0.5~0.8 μm
	多光谱	B2:0.52~0.59 μm	
		B3:0.63~0.69 μm	
		B4:0.77~0.89 μm	
空间分辨率	全色	5 m	2.36 m
	多光谱	10 m	

本文所采用的 FY-3 数据来源于国家卫星气象中心,是国家卫星气象中心经预处理后生成的 LDF 格式数据集(ENVI 可以直接读取)。采用的 HJ-1、ZY-1 02C 数据来源于中国资源卫星应用中心,是资源卫星中心经辐射校正和系统几何校正后的二级产品,采用 TIF 文件格式,通过国家卫星气象中心自主开发的图像处理软件,实现了 HJ-1 数据的多通道定标、地理定位、投影转换和裁剪等预处理,生成地面分辨率为 30 m 的 LDF 格式数据集。最后利用

ENVI 软件进行研究区操作。

2.2.2 社会经济数据的空间展布

收集了内蒙古自治区呼伦贝尔市、锡林郭勒盟、鄂尔多斯市、赤峰市、通辽市等实验区的社会经济统计年鉴(2008 年或 2009 年),对社会经济数据进行数字化,生成与地理信息对应的属性信息表,包括:土地面积,人口数,草场面积,牲畜存栏数、牧业产值、牧业从业人数等,图 1 为内蒙古自治区草场面积和部分旗县羊的数量。最后利用 ARCGIS 进行栅格化处理等操作,生成分辨率为 0.0025 度的栅格图像,与 FY-3/MERSI 相同。

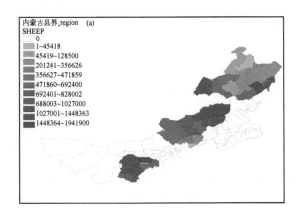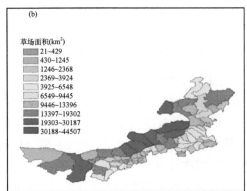

图 1　内蒙古自治区社会经济数据
a. 部分旗县羊数;b. 草场面积

3　多源卫星遥感草原火灾损失快速评估方法

草原火灾影响损失评估的内容主要包括:过火区草地实际覆盖面积、牧草损失量、受灾牲畜量、受灾人口数。本文提出两种草原火灾损失评估方法,一种是基于卫星遥感信息估算,另一种是结合社会经济统计数据的卫星遥感估算,在实际应用中,两种方法通常相互结合、取长补短。

首先是确定过火区草地实际覆盖面积。火灾发生后,过火区内的植被在近红外波段的反射率通常要比健康植被低,利用光学遥感数据的近红外波段和红光波段可以探测出植被层反射率的明显变化(覃先林等,2008)。归一化植被指数 NDVI 可用来判识出过火区域,NDVI 表达式如下:

$$NDVI = \frac{R_{Nir} - R_{Red}}{R_{Nir} + R_{Red}}$$

R_{Nir} 代表近红外通道的反射率;R_{Red} 代表红光通道的反射率。通过火灾前后 NDVI 的差值计算,获得 NDVI 减小的区域,可判断为过火区。但由于 FY-3 数据空间分辨率的限制,存在混合像元问题,计算的结果通常会比实际的过火面积大。基于混合像元分解方法,计算植被覆盖度,可以在一定程度上解决混合像元造成的过火面积提取精度低的问题。线性光谱混合模型是混合像元分解中的最常用方法,在该模型中,像元在某一光谱波段的反射率是由构成像元的基本组分的反射率及其所占像元面积的比例为权重系数的线性组合(Gong et al,1994)。对于

草原地区,根据线性光谱混合模型,假定每个像元由植被和土壤两种地物组成,则 NDVI 可表示为:

$$NDVI = NDVI_v C + NDVI_s (1-C)$$

其中 $NDVI_v$ 表示绿色植被对像元 NDVI 值的贡献,$NDVI_s$ 表示土壤对像元 NDVI 值的贡献,C 表示一个像元的植被覆盖度。得到植被覆盖度的表达式:

$$C = \frac{NDVI - NDVI_s}{NDVI_v - NDVI_s}$$

本文利用 HJ-1 数据空间分辨率高的特点,计算植被覆盖度,并建立该植被覆盖度和 FY-3 植被指数的关系,最终实现利用 FY-3 数据即可获得较高精度的快速过火区草场实际面积估算的方法。

3.1　基于卫星遥感估算草原火灾损失方法

卫星遥感牧草损失量估算利用夏季草场生长旺盛期遥感植被信息估算过火区草产量,利用实时监测的过火区信息确定评估牧草损失的空间范围。

20 世纪以来,草原部门的遥感科技人员开展了许多利用卫星遥感估算草产量的研究工作,建立了一些利用 NOAA 气象卫星、EOS/MODIS 等卫星资料估算草产量的模型,并取得良好效果(赵冰茹等,2004;毛留喜等,2004)。徐斌等(2007)在使用 MODIS 1 km 数据的基础上,结合我国农业部草原监理中心 2005 年组织的大规模野外调查所获得的大量地面调查产草量数据,针对六个不同类型草原区,建立用 MODIS 数据计算全国草原的归一化植被指数 NDVI 和地面样方的产草量之间的关系模型。其中有两个类型的草原区位于内蒙古自治区内,即Ⅰ区:东北温带半湿润草甸草原区,包括黑龙江、辽宁、吉林和内蒙古东部;Ⅱ区:蒙甘宁温带半干旱草原和荒漠草原,包括内蒙古大部、甘肃和宁夏。由于该项研究依据的实验规模大,数据权威,分析严谨,从多种评估模型中选出了优选模型,且 MODIS 数据和 FY-3 数据最为接近,因此本文采用其中Ⅰ区和Ⅱ区的模型用于草原火灾的草量损失评估。

Ⅰ区产草量估算模型为:

$$Y = 385.362 e^{3.813 NDVI}$$

Ⅱ区产草量估算模型为:

$$Y = 193.585 e^{4.9841 NDVI}$$

这里,Y 是单位面积鲜草产量(kg/hm²),$NDVI$ 是草场生长茂盛期(一般在上一年 8 月份左右)的最大 NDVI 值。考虑到夏季草原地区云量较多,因此可利用旬 NDVI 最大值合成图数据。

单个像元的产草量为:

$$Pgp = Y \cdot Psize \cdot 100;$$

其中 Pgp 为单个像元的产草量(kg),Y 为某一类型草原的单位面积产草量(kg/hm²),P_{size} 为像元面积(km²)。

根据过火区判识信息,计算所有过火区像元的年单位面积草产量的累加和,即可获得过火区的总草产量。

$$G_{loss} = \sum_{i=1}^{n} Pgp_i$$

其中,G_{loss} 为牧草损失量,P_{gpi} 为过火区像元 i 的产草量(kg)。图 2 为利用Ⅰ区产草量估算模型制作的呼伦贝尔市草产量(鲜草,kg/hm²)空间分布。

179　2000 4000 5000 7000 9000 11000 12000 kg·hm⁻²

图 2　呼伦贝尔市草产量估算(鲜草,kg/hm²)

　　基于卫星遥感估算受灾牲畜量主要依据过火区的草地载畜量,即产草总量和单位牲畜食草消耗量之比。计算公式:

$$C_a = \frac{P_{ga}C_{use}}{G_{day}D_a}$$

式中,C_a 为全年理论载畜量(羊单位);P_{ga} 为全年产草量(干草)(kg);C_{use} 为牲畜对牧草的利用率,它指保证草地生产力不致于降低,草地资源可持续利用的条件下,草地产草量中可以被牲畜所采食的部分,我国一般直接采用 60% 的数值作为牧草利用率。G_{day} 为干草日食量,它指一个标准羊单位(体重 40 kg 的母羊及其哺乳的羔羊)维持正常生长发育和一定的生产性能的情况下每天需要的饲养干草数量,单位为 kg,国内使用频率最高的数字为 2 kg。D_a 是一年的天数,非闰年为 365,闰年为 366。每个标准羊单位的年消耗量为 2(kg/d)365=730 kg。按照以上方法,过火区对受灾牲畜量的估算公式为:

$$C_a = \frac{P_{ga}C_{use}}{G_{day}D_a} = \frac{0.6 \times P_{ga}}{2 \times 365}$$

3.2　结合社会经济统计数据的卫星遥感估算

　　根据有关中国草地资源数据中的不同草地类型产草量数据及其分布,牧草损失量 G_{loss} 也

可以通过下式得到:

$$G_{loss} = \sum_{i=1}^{n} (P_{sgp} \cdot P_{rg\_i})$$

其中:P_{sgpi} 为根据统计数据获得的草地类型 i 的单位面积产草量;$i=1, 2 \cdots n$,为不同草地类型,P_{rg_i} 为过火区草地类型 i 的面积。该方法依赖统计数据的年代,同时在大范围不同覆盖密度草原的代表性较差,因此有较大的时空局限。

利用社会经济统计数据估算受灾牲畜量和受灾人口,是利用空间展布技术,对各种社会经济信息生成了栅格图像,格点分辨率为 0.0025°。根据卫星遥感过火区的空间范围,检索社会经济信息栅格数据,估算受灾牲畜量:

$$X = X_D \sum_{i=1}^{m} S_i$$

其中 X 为受灾牲畜总量,其中 X_D 为利用社会经济数据获取的草原的载畜量密度,$\sum_{i=1}^{m} S_i$ 为草原火灾影响区域面积,S_i 为第 i 个像元的面积。

受灾人口:

$$P = P_D \sum_{i=1}^{m} S_i$$

其中 P_D 为利用社会经济数据获取草原火灾区域的人口密度,$\sum_{i=1}^{m} S_i$ 为草原火灾影响区域面积,S_i 为第 i 个像元的面积。

该方法理论上可以达到快速评估的目的,但评估精度取决于收集的社会经济数据。

4　结果与分析

利用上述方法,对发生在内蒙古自治区锡林格勒盟东乌珠穆沁旗 2012 年 10 月 5 日草原火进行了火灾影响损失评估(表1),同时利用资源一号 02C 对 2012 年 4 月 19 日呼伦贝尔盟新巴尔虎右旗草原火进行过火面积判识精度验证(图3)。经地方核实,认为该模型估算结果与当地草原监理部门的估算结果十分接近,FY-3 气象卫星和环境减灾星提取的过火区矢量与高分辨率的资源一号 02C 卫星提取的过火区边界基本一致。

表1　锡林格勒盟东乌珠穆沁旗 2012 年 10 月 5 日草原火灾影响损失评估

	过火面积（km²）	实际过火面积（km²）	影响牧业人口数（人）	影响羊的数量（头）	影响草产量(t)
FY-3	53.1	16.65	12	5401	6702
HJ-1	54.3	16.58	12	5346	6505
地方草原监理部门	56		36	4407	6000~7200

草原火灾突发性强,影响范围大,给畜牧业生产、人民生活及草地生态系统带来了巨大的损失,相关部门需及时了解火灾的影响和损失情况,基于多源卫星遥感草原火灾损失快速评估方法的研究,能快速有效的计算草原火灾的损失,满足相关部门的需求。利用高分辨率 HJ-1卫星估算不同草场覆盖度,并建立该植被覆盖度和 FY-3 数据的关系,实现综合利用 HJ-1 卫

星数据空间分辨率高和 FY-3 卫星数据时间分辨率高的特点估算草原火灾实际过火面积,进一步提高卫星遥感草原实际过火面积快速估算的精度。基于已有的算法模型,卫星遥感草原火灾牧草损失量、受灾牲畜量的估算,将解决一些地区无法得到受灾地区统计数据的问题,是对一些地区社会经济统计数据精度不高、更新周期慢的很好补充。

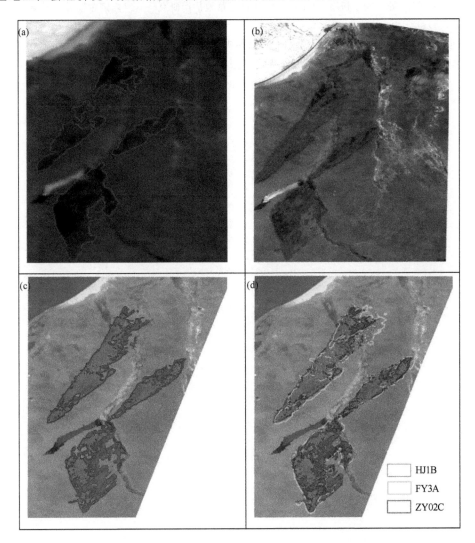

图 3　基于风云三号气象卫星、环境减灾星和资源卫星提取的过火区
(a)风云三号;(b)环境减灾星;(c)资源一号 02C;(d)草原过火区对比

目前,受灾人口是根据社会经济统计数据而得到的人口密度进行计算,不能很好的代表过火区的人口分布情况,计算精度不高。

参考文献

毛留喜,侯英雨,钱拴,等.2008.牧草产量的遥感估算与载蓄能力研究.农业工程学报.24(8):147-152.
覃先林,李增元,易浩若等.2008.基于 ENVISAT-MERIS 数据的过火区制彩色合成图方法研究.遥感技术与应用. **23**(1):1-6.

徐斌,杨秀春,陶伟国,等. 2007. 中国草原产草量遥感监测. 生态学报. **27**(2):405-413.

杨军,董超华,卢乃锰,杨忠东,施进明,张鹏,刘玉洁,蔡斌. 2009. 中国新一代极轨气象卫星——风云三号. 气象学报,**67**(4):501-509.

赵冰茹,刘闯,刘爱军,等. 2004. 利用 MODIS-NDVI 进行草地估产研究——以内蒙古锡林郭勒草地为例. 草业科学,**21**(8):12-16.

周伟奇,王世新,等. 2004. 草原火险等级预报研究. 自然灾害学报,**13**(2):75-79.

Gong P,Miller J R,Spanner M. 1994. Forest Canopy closure from classification and spectral unmixing of scene components-multisensor evaluation of an open canopy. *IEEE Transac-tions on Geoscience and Remote Sensing*. **32** (5):1067-1080.

基于遥感的蓝藻暴发气象因子探讨

荀尚培[1,2] 何彬方[1,2] 吴明业[3] 范 伟[1,2] 姚 筠[1,2]

(1. 安徽省气象科学研究所，合肥 230031；2. 安徽省大气科学与
卫星遥感重点实验室，合肥 230031；3. 铜陵市气象局，铜陵 244100)

摘　要: 利用卫星遥感监测到的 2009—2011 年期间巢湖蓝藻暴发实况,结合统计发生日的湖区周边合肥、巢湖两气象站的气象观测资料,进行巢湖蓝藻暴发气象因子分析。结果表明,合适的地表气温(日平均气温均在 14～31℃之间)、风速较小(非静风)、充足辐射以及少降水是诱发巢湖蓝藻暴发的主要气象条件。选择温度、降水、风速、日照等 4 个参数来构建巢湖蓝藻暴发的气象因子和量化指标,用于巢湖蓝藻的发生、持续、恶化、消亡趋势预测,效果良好。

关键词: 蓝藻暴发;气象因子;巢湖。

1 引言

藻类暴发是指在一定环境条件下形成的藻类过度繁殖和聚集的现象,是水体环境因子如总氮、总磷、温度、光照、pH 值、流速、溶解氧等综合作用的结果,而这些因子的变化与气象条件密不可分。因此,关于湖泊水华暴发的气象因子研究已有大量成果。多项研究指出,温度、日照、风、降雨、蒸发、气压等气象条件的变化在内陆湖泊蓝藻暴发过程中起着决定性的作用。

巢湖位于安徽省中部,面积约 760 km²,属长江下游左岸水系,副热带季风气候区。目前水质污染严重,水质总体为 V 类。西半湖处于中度富营养状态,东半湖处于轻度富营养状态,全湖平均为轻度富营养状态。水体终年含藻,优势种为蓝藻门的铜绿微囊藻和水华鱼腥藻,生长的温度范围在 10～40℃,最适温度为 28.8～30.5℃。每年 5—11 月为巢湖蓝藻增殖最旺盛的时期,巢湖地区的光强、光质及连续光照时间均能满足藻类光合作用的生理辐射要求,因此巢湖蓝藻暴发具有暴发面积大、时空变化剧烈等特点,常规的水质监测在时空上具有出很大局限性,而卫星遥感监测能直观、全面地显示出蓝藻的分布状况,具有快速、大范围等特点,可以弥补常规观测中的不足。近年来,许多学者利用遥感资料发展了多种监测方法对湖泊的蓝藻分布状况进行了监测与研究,取得了大量的成果。

将 MODIS 监测到的 2009—2011 年间的巢湖蓝藻暴发情况进行统计,得到暴发日数、强度、面积等参数,结合巢湖周边的合肥和巢湖两气象观测站的常规气象资料,统计出近 3 年蓝藻发生日的主要气象因子变化特征,进行巢湖蓝藻暴发气象因子分析。

2 资料与方法

2.1 气象要素

由于巢湖支流众多且污染河流主要集中在西半湖,导致西半湖的水生环境、水温场日变化

大,频繁出现富营养化现象,所以暴发前期水文气象条件的积累与蓝藻浓度变化存在很大的不确定性。因此,本文主要讨论蓝藻暴发当日的气象因子变化,这里选用巢湖沿岸的两个国家级基本气象站:合肥和巢湖的常规气象要素观测资料进行巢湖蓝藻暴发时的气象条件分析。

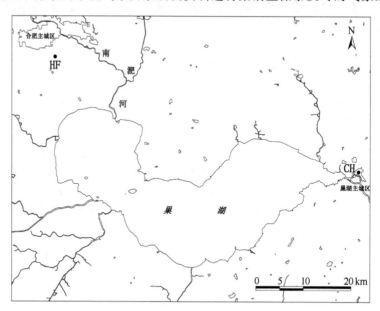

图 1　巢湖及周边水系和国家级气象站分布图,其中 HF 代表合肥国家基本气象站,
CH 代表巢湖国家基本气象站

2.2　遥感观测资料

　　TERRA 和 AQUA 卫星上都携带有中分辨率成像光谱仪 MODIS (Moderate resolution Imaging Spectroradiometer),TERRA 在地方时上午过境,AQUA 将在地方时下午过境,可以每天两次监测蓝藻水华。本研究所用为 2009—2011 年间 MODIS 卫星遥感资料,其中用到的是第 1 通道(波段范围,620~670 nm)和第 2 通道(波段范围,841~876 nm)分别为可见红光波段和近红外波段反射率,星下点分辨率 250 m。

2.3　水华的遥感信息提取方法

　　蓝藻水华在近红外波段有强的反射,其反射率明显高于水体,是反映蓝藻水华主要波段;在红光波段有较强的吸收,其反射率甚至低于水体。通过分析 EOS/MODIS 的通道特性,我们选择归一化植被指数方法进行蓝藻水华信息提取的研究。归一化植被指数 $NDVI$ 定义为:

$$NDVI = \frac{\rho_{NIR} - \rho_{RED}}{\rho_{NIR} + \rho_{RED}} \tag{1}$$

其中 ρ_{NIR},ρ_{RED} 分别是 MODIS 接收的近外波段和红光波段的卫星表观反射率。当湖区的 $NDVI > 0.05$ 时则定义为蓝藻而非水体。

3　结果分析

3.1　巢湖蓝藻暴发时空规律

　　2009 年 1 月到 2011 年 12 月间 MODIS 监测到巢湖蓝藻暴发共 83 次。其中 5 月 2 次,6

月和 7 月各 17 次,8 月 12 次,9 月和 10 月均为 15 次,11 月 5 次。暴发时间集中在 5—11 月份(见表 1),尤其是 6—10 月发生最为频繁,12 月到次年 4 月间的冬春季比较少见,但不是完全绝对没有蓝藻发生,如 2005 年 12 月 7 日,巢湖有小范围蓝藻出现。从空间分布来看,在 2009—2011 年中卫星监测到巢湖 83 次蓝藻暴发中,可以清楚地看出基本呈现"西高东低"的分布,巢湖西部出现蓝藻在 40 次以上,中部出现蓝藻的有 22 次,东部出现蓝藻次数不超过 5 次(图 2)。从蓝藻暴发面积上看,在 9 月出现累积和平均面积两个最大值,10 月则出现累积和平均面积两个次大值,7 月出现两个第三大值,单次最大面积出现在 10 月,其次在 9 月,这些都可以说明每年的 9、10 月份是蓝藻暴发的高峰期。而最小面积出现较为混乱,绝对值差异不大,指标意义不大。

表 1　蓝藻暴发面积统计表

月份	5	6	7	8	9	10
累积面积(km²)	69.375	747.406	1044.450	685.842	1375.634	1194.641
平均面积(km²)	34.688	43.965	61.438	57.154	91.709	79.643
最大面积(km²)	37.044	162.118	102.353	123.880	171.528	212.543
最小面积(km²)	32.331	7.037	6.402	11.132	6.174	15.469
暴发次数	2	17	17	12	15	15

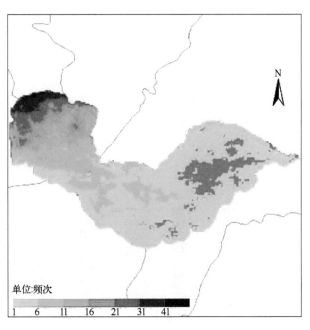

图 2　2009—2011 年间巢湖蓝藻暴发频次空间分布
(蓝色为水体颜色)

总体上,2009—2011 年卫星遥感监测到的 83 次巢湖蓝藻,时间主要集中于 5—11 月份,同时,西半湖暴发频次远高于东半湖,究其原因,是因为巢湖主要污染源入口大多集中在西半湖,加上巢湖夏季主导风向为东南风,导致巢湖蓝藻暴发频次呈现"西高东低"的分布。这里有一个需要注意的地方,卫星监测巢湖蓝藻,受过境时间及当时气象条件的限制,经常会出现湖区有蓝藻但被云遮挡,或者观测时蓝藻未上浮而随后上浮等多种情况导致的漏测和误测的发生。

3.2　巢湖水华暴发气象条件分析

湖泊藻类的暴发与气象因子息息相关,影响藻类暴发的水文气象条件在藻类暴发过程中起着决定性的作用,这些因素包括:温度、日照、风、降雨、蒸发等。选取湖泊周边气象观测资料来分析藻类暴发与气象因子之间的关系。考虑到巢湖周边气象站的代表性问题,选择了合肥与巢湖两个站的气象资料。通过分析2009—2011年间83次巢湖藻类暴发过程中卫星遥感资料和气象资料,得出以下巢湖藻类与气象因子之间的关系:

1) 气温与藻类暴发的关系:两站蓝藻暴发日的平均气温均在14～31℃之间,日最高气温也未超过36℃(图3)。也就是说,过高和过低的温度均不利于藻类的暴发。

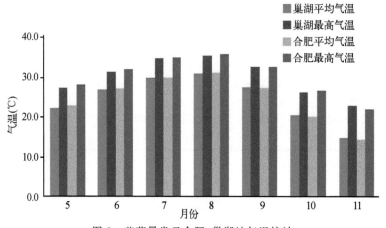

图3　蓝藻暴发日合肥、巢湖站气温统计

2) 藻类暴发当日的风场。83次过程中,当日平均风速均在3.0 m/s以下,大多数都在1～2.5 m/s之间(图4)。因此,小风速也是诱发巢湖藻类暴发的气象因素之一。

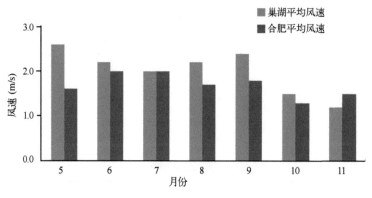

图4　蓝藻暴发日合肥、巢湖平均风速统计

3) 合肥、巢湖在蓝藻暴发当日基本无降水或者是出现弱降水,说明降水偏少也是导致藻类暴发的一个气象因素,降水能够有效缓解或抑制巢湖蓝藻的暴发。同时根据逐时降雨量数据发现蓝藻暴发日出现的降水大多是在15:00以后(图5),而MODIS卫星过境时间在10:00—16:00之间,所以午后傍晚的降水多出现在卫星过境之后,对当日遥感监测的结果影响不大。

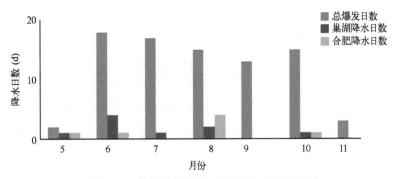

图5　蓝藻暴发时合肥、巢湖降水日数统计

4）统计83次湖泊蓝藻暴发当天的日照时数，平均日照时数在8.0 h左右，最少也不低于5 h（图6）。但值得注意的是特殊情况下（轻雾等）日照时数较小，但蓝藻仍然大面积暴发，这说明充足的日照是蓝藻水华暴发的条件之一，但并非绝对必要条件。主要原因在于日照时数的定义在特殊条件下并未真实反映大气辐射强度，薄云、轻雾、霾等天气现象影响了日照时数但实际对地辐射仍然较大，对蓝藻暴发仍然起到诱导作用。

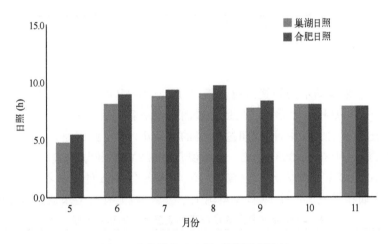

图6　蓝藻暴发日合肥、巢湖日照统计

综上分析，诱发巢湖蓝藻暴发的气象因子主要有：合适的大气温度（日平均气温均在14～31℃之间）、风速较小（非静风）、充足日照以及降水偏少。

3.3　蓝藻暴发趋势预报

巢湖蓝藻暴发决定于藻类与其他水生生物和生态环境的关系。水文、气象条件的改变会明显影响这些生态关系。因此，研究水文气象因子对藻类生长的影响和作用，找出控制藻类生长的关键因素和相关参数，预测蓝藻暴发的可能及趋势，从而达到抑制藻类生长，控制蓝藻暴发的目的。

依照3.2节的分析结果，选择四个气象因子：温度、降水、风速、日照，作为蓝藻暴发气象条件的四个参数，构造建立蓝藻暴发气象条件指数IAMC(index of alga meteorological conditions)，用于进行巢湖蓝藻暴发趋势预报。仅从巢湖蓝藻面积的变化上，定义蓝藻的发生、持续、恶化、消亡的趋势：发生（从无到有）；持续（变化不大）；恶化（明显增加）；消亡（从有到无）。

建立初步的蓝藻暴发气象条件指数,将巢湖蓝藻暴发过程分为发生、持续、恶化、消亡 4 种趋势。蓝藻暴发气象条件指数与 4 类趋势的量化关系建立如下(见表 2)。

表 2　蓝藻暴发气象条件指数表

IAMC	≤1	1< IAMP≤2	2< IAMP≤3	IAMC>3
趋势	消亡	发生	持续	恶化

选择的温度、降水、风速、日照 4 个气象因子在构造建立蓝藻暴发气象条件指数 Iamc 时的权重贡献见表 3:

表 3　气象因子对蓝藻暴发气象条件指数的贡献

温度(℃)	≤10	10~20	20~35	> 35
	消亡	0.5	1	0
降水(mm)	≤1	1~4	>4	
	1	0.5	消亡	
风速(m/s)	≤1	1~2	2~2.5	> 2.5
	1	0.6	0.3	0
日照(h)	≤1	1~6	6~9	> 9
	0	0.3	0.6	1

注 1:标注"消亡"指趋势为消亡,可以不再考虑其他参数。
注 2:对指数 Iamc 的贡献是指加上该数值。

3.4　验证

2012 年 9 月以来巢湖水面频繁出现蓝藻,利用 EOS/MODIS 卫星遥感影像图对发生在巢湖的蓝藻暴发进行监测和统计分析。从遥感监测图像来看(见图 7),2012 年 9 月 14 日到 9 月 20 日巢湖蓝藻连续暴发。其中,面积超过 10% 的有 5 d。主要原因是此期间巢湖流域以晴热天气为主,平均温度维持在 20℃ 左右,最高温度由 22℃ 不断攀升至 28℃,风速基本小于 2 m/s,风速较小,流域基本无降水。温度、日照、风速等气象条件十分有利于蓝藻发生发展,最终诱发蓝藻大面积暴发。9 月 19 日受巢湖上空云影响,无有效卫星遥感监测资料。

表 4　2011 年 9 月遥感监测巢湖蓝藻暴发面积对比统计表

日期	轻度		中度		重度		总面积	
	面积(km²)	比例(%)	面积(km²)	比例(%)	面积(km²)	比例(%)	面积(km²)	比例(%)
9 月 13 日	0	0.00	0	0.00	0	0.00	0	0.00
9 月 14 日	35.982	4.73	34.455	4.53	36.712	4.83	107.149	14.10
9 月 15 日	45.542	5.99	44.347	5.84	52.38	6.89	142.269	18.72
9 月 16 日	64.728	8.52	44.745	5.89	7.236	0.95	116.709	15.36
9 月 17 日	42.687	5.62	11.684	1.54	2.058	0.27	56.429	7.42
9 月 18 日	45.561	5.99	52.562	6.92	54.852	7.22	152.975	20.13
9 月 19 日	/	/	/	/	/	/	/	/
9 月 20 日	57.89	7.62	43.152	5.68	0	0.00	101.042	13.30
9 月 21 日	0	0.00	0	0.00	0	0.00	0	0.00

表 5 记录了 2012 年 9 月间巢湖蓝藻的区域气象要素特征,图 7 为 2012 年 9 月 14—20 日巢湖蓝藻遥感监测结果图,清晰地反映出蓝藻暴发的情况。从下表中可以看出,9 月 13 日无蓝藻是因为降水影响,其后数日计算得到的趋势均为"持续"和"恶化",与卫星图实际监测情况基本相符,到 9 月 21 日,合肥降雨量大于 4 mm,Iamc 计算得到的趋势为"消亡",实际情况是 9

月 21 当日巢湖蓝藻已消失。

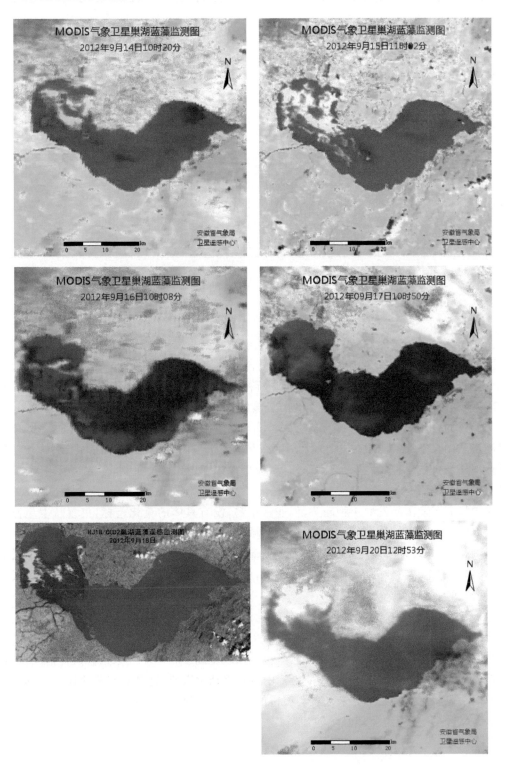

图 7 2012 年巢湖蓝藻 MODIS 遥感监测强度示意图

表 5　2012 年 9 月巢湖蓝藻暴发时的区域气象条件

日期	合肥							巢湖						
	平均气温(℃)	最高气温(℃)	降水(mm)	平均风速(m/s)	日照(h)	IAMC	趋势	平均气温(℃)	最高气温(℃)	降水(mm)	平均风速(m/s)	日照(h)	IAMC	趋势
9 月 13 日	19.5	22.5	7.1	2.3	8.6	/	消亡	19.6	22.3	1.4	2.7	6.9	1.6	发生
9 月 14 日	20.8	27	0	1.3	7.2	3.2	恶化	20.3	25.9	0	1.6	3.8	2.9	持续
9 月 15 日	20.8	26.9	0	1.3	5.9	2.9	持续	19.6	26.3	0	1.8	7.8	2.7	持续
9 月 16 日	21.6	26.9	0	2.2	0	2.3	持续	20.7	26.5	0	1.9	0.3	2.6	持续
9 月 17 日	21.9	26.9	0	1.6	0	2.6	持续	20.2	25.5	0	1.8	2.3	2.9	持续
9 月 18 日	21.5	28.1	0	1.2	0.2	2.6	持续	20.4	25.7	0	1.4	0.9	2.6	持续
9 月 19 日	21.8	28.7	0	1.6	0	2.6	持续	21.4	28.5	0	1.5	0	2.6	持续
9 月 20 日	23	28.7	0	1.8	0	2.6	持续	21.9	27.4	0	1.8	2.2	2.9	持续
9 月 21 日	21.5	23.6	4.1	1.1	9.4	/	消亡	21.3	23.2	0.5	1.6	8.0	3.2	恶化

4　结论与讨论

　　基于遥感监测的巢湖蓝藻暴发依照面积的变化被分为发生、持续、恶化、消亡四种趋势,结合蓝藻暴发日的气象条件变化特征,初步认定合适的地表气温(日平均气温均在 14～31℃之间)、风速较小(非静风)、充足日照或辐射以及降水偏少是诱发巢湖蓝藻暴发的主要气象条件。从 2012 年 9 月的例子中可以看出,降水在蓝藻的生消中的作用是至关重要的。但是在 2013 年整个 7 月间,卫星未监测到一次蓝藻暴发,这其中主要的影响因子恐怕应该是温度,7 月全月巢湖流域的日平均气温超过 30℃,日最高气温均超过 36℃,虽然风、辐射、降水的条件足够诱发蓝藻暴发,但在极端高温的抑制作用下,蓝藻发挥了自我保护机制,多数时间隐藏在水下,躲过了卫星的监测。

　　文中划分了蓝藻暴发的 4 种趋势,但非常粗糙,没有具体的量化指标,仅仅从卫星监测蓝藻面积上简单划分了趋势,事实上湖区蓝藻区域和面积的日变化非常剧烈,但受限于卫星遥感定量监测技术水平,现阶段每日少量的卫星监测根本无法准确监测。随着日后监测手段的不断提高,趋势的定义和划分应引入更多的参数,如藻类存量、藻类比增殖速率以及叶绿素的浓度等。

　　此外,巢湖水面上气象观测的空白,使得无法对蓝藻暴发及持续的区域进行预测,这也正是风向没有被纳入 IAMC 指标的原因。同样原因,对巢湖这种中等大小的湖泊(760 km²),湖区各个区域产生蓝藻的概率是不一致的,不应该出现全湖是相同的气象条件这种情况。同样,受水动力环境监测空白的影响,IAMC 指标中没有水动力因子,这是对蓝藻的迁移是具有决定意义的因子之一。这些只有等未来观测项目的完善后,将风向、水流、水量、水位等因子共同加入到 IAMC 中,用于完善蓝藻暴发的预测。

参考文献

陈宇炜,秦伯强,高锡云.2001.太湖梅梁湾藻类及相关环境因子逐步回归统计和蓝藻水华的初步预测. 湖泊科学,**13**(1):63-71.

陈云,戴锦芳.2008.基于遥感数据的太湖蓝藻水华信息识别方法.湖泊科学,**20**(2):179-183.

段洪涛,张寿选,张渊智.2008.太湖蓝藻水华遥感监测方法.湖泊科学,**20**(2):145-152.

高月香,张永春.2006.水文气象因子对藻华暴发的影响.水科学与工程技术,(2):10-13.

顾岗.1996.太湖蓝藻暴发成因及其富营养化控制.环境监测管理与技术,**12**:17-19.

韩秀珍,吴朝阳,郑伟,等,2010.基于水面实测光谱的太湖蓝藻卫星遥感研究.应用气象学报,**21**(6):724-731.

胡雯,吴文玉,孔庆欣.2002.用 FY-1C/CAVHRR 数据估算巢湖蓝藻叶绿素的含量.南京气象学院学报,**25**(1):124-128.

胡雯,杨世植,翟武全,等.2002.NOAA 卫星遥感监测巢湖蓝藻水华的试验分析.环境科学与技术,**25**(1):16-19.

胡尊英,于海燕,周斌.2009.MODIS 波段比值算法在太湖蓝藻水华预警及应急监测中的应用. 湿地科学,**7**(2):169-174.

孔繁翔,马荣华,高俊峰,等.2009,太湖蓝藻水华的预防、预测和预警的理论与实践.湖泊科学,**21**(3):314-328.

李素菊,吴倩,王学军,朴秀英,戴永宁.2002.巢湖浮游植物叶绿素含量与反射光谱特征的关系.湖泊科学,**14**(3):228-234.

鲁韦坤,谢国清,余凌翔,等.2009.MODIS 遥感监测滇池蓝藻水华分布.气象科技,**37**(5):618-620.

马荣华,孔繁翔,段洪涛,等.2008.基于卫星遥感的太湖蓝藻水华的时空分布规律认识.湖泊科学,**20**(6):687-694.

梅长青,王心源,彭鹏.2008.应用 MODIS 数据监测巢湖蓝藻水华的研究.遥感技术与应用,**23**(3):328-332.

潘德炉,马荣华.2008.湖泊水质遥感的几个关键问题.湖泊科学,**20**(2):139-144.

任健,蒋名淑,商兆堂,等.2008.太湖蓝藻暴发的气象条件研究.气象科学,**28**(2):221-226.

沙慧敏,李小恕,杨文波.2009.MODIS 卫星遥感监测太湖蓝藻的初步研究.海洋湖沼通报,(3):8-16.

吴敏,王学军.2005.应用 MODIS 遥感数据监测巢湖水质.湖泊科学,**17**(2):110-113.

武胜利,刘诚,孙军,等.2009.卫星遥感太湖蓝藻水华分布及其气象影响要素分析.气象,**35**(1):18-23.

谢国清,李蒙,鲁韦坤,等.2010.滇池蓝藻水华光谱特征、遥感识别及暴发气象条件.湖泊科学,**22**(3):327-336.

徐京萍,张柏,李方,等.2008.基于 MODIS 数据的太湖藻华水体识别模式.湖泊科学,**20**(2):191-195.

荀尚培,杨元建,何彬方,等.2011.春季巢湖水温和水体叶绿素浓度的变化关系.湖泊科学,**23**(5):767-772.

荀尚培,翟武全,范伟.2009.MODIS 巢湖水体叶绿素 a 浓度反演模型.应用气象学报,**20**(1):95-101.

殷福才,张之源.2003.巢湖富营养化研究进展.湖泊科学,**14**(4):377-384.

张红,黄勇.2009.基于 NOAA/AVHRR 卫星资料的巢湖水华规律分析.中国环境科学,**29**(7):555-560.

张红,黄勇,姚筠,等.2009.巢湖藻类遥感监测和气象因子分析.环境科学与技术,**32**(1):118-121.

中华人民共和国环境保护部.2010 年中国环境状况公报(http://jcs.mep.gov.cn/hjzl/zkgb/2010zkgb/201106/t20110602_211577.htm),2011.06.03.

周立国,冯学智,王春红,等.2008.太湖蓝藻水华的 MODIS 卫星监测.湖泊科学,**20**(2):203-207.

星地协同监测地面 $PM_{2.5}$ 的
敏感因子分析——以广州为例[①]

刘显通[②]　李　菲　谭浩波　邓雪娇

麦博儒　邓　涛　李婷苑　邹　宇

（中国气象局广州热带海洋气象研究所,广州,510080）

摘　要:研究分析了垂直分布、粒径分布和吸湿增长三个影响因子及其组合对星地协同监测地面细颗粒物($PM_{2.5}$)的敏感性。以广州为例,使用影响因子及其组合对 2010 年全年的 MODIS 气溶胶光学厚度(AOD)资料进行订正,与时空匹配的地基实测 $PM_{2.5}$ 质量浓度数据对比和分析。研究表明,两者的直接相关性很低,相关系数(R)仅有 0.147。单个因子订正的效果有限,其中粒径因子的敏感性最高。组合因子中,垂直及粒径订正的效果最好,敏感性最高,R 达 0.516,效果最佳。

关键词:细颗粒物($PM_{2.5}$);气溶胶光学厚度(AOD);敏感因子分析;MODIS。

1　引言

随着我国经济和社会的快速发展,大气污染问题面临严峻挑战(郝吉明等,2012)。这其中,气溶胶污染问题尤为突出(吴兑,2012),而大部分城市的首要污染物都是细颗粒物($PM_{2.5}$)(Wu *et al.*,2005;程兴宏等,2007;Chan *et al.*,2008;严刚等,2011)。当前大气污染防治,尤其是细颗粒物污染的防治,已是迫在眉睫。在细颗粒物污染防治中,全面掌握区域大气细颗粒物分布特征至关重要。

目前,监测细颗粒物主要有地面观测和卫星遥感两种方法。地面观测可以得到 $PM_{2.5}$ 质量浓度全天候及其随时间变化较为准确的信息,但这种方法只能在有限的地面站点进行,难以获取细颗粒物全面的空间分布特征。而卫星遥感具有面观测、覆盖面积广、空间分辨率高、成本低等特点,能获取大面积分布信息,很好地弥补了地面观测站点的不足。由此可见,卫星遥感—地面观测协同监测 $PM_{2.5}$ 是获取 $PM_{2.5}$ 全面分布特征的最佳途径。

卫星遥感资料获取的是从地面到卫星高度的路径积分总含量信息,需要站点实测资料进行对比校验,并经过多个影响因子的订正,才能获取可信度较高的地面分布信息。由此可见,对影响因子敏感性的研究显得尤为重要。从理论分析可得,气溶胶垂直分布(垂直影响因子)、气溶胶吸湿增长(湿度影响因子)、气溶胶粒径分布(粒径影响因子)等因素对监测结果有直接影响。然而,现有研究大多是使用经验气溶胶标高和经验吸湿增长因子对卫星遥感气溶胶光学厚度(AOD)进行垂直和湿度订正(李成才等,2005;Koelemeijer *et al.*,2006;何秀等,

---

① 基金项目:公益性行业(气象)科研专项(GYHY201306042),广东省自然科学基金资助项目(S2013010013265),广州市科学研究专项(2014J4100021),广东省气象局科技创新团队计划 201103

② 通信作者:刘显通,助理研究员,Email:xtliu@grmc.gov.cn

2010；Tian *et al.*，2010；郑卓云等，2011；高大伟等，2012），较少考虑气溶胶粒径信息对监测结果的影响，该影响因子的敏感性亟待进行深入研究。

本研究以广州大气成分观测主站为例，对 2010 年的 MODIS 遥感 AOD 资料和地基 PM$_{2.5}$ 观测资料进行时空匹配，研究垂直、湿度和粒径三个影响因子及其组合的敏感性，对比分析不同因子及其组合对数据的订正效果。

2 数据和方法

2.1 数据资料

本研究中使用的是美国国家航空航天局（NASA）发布的 MODIS Level 2 气溶胶轨道级产品（Collection 051），0.55 μm 波段的 AOD 反演资料，星下点分辨率约为 10 km×10 km。使用地基的 PM$_{2.5}$ 质量浓度、粒子数浓度谱分布和 AOD 等资料均来源于珠三角大气成分观测站网主站：中国气象局广州番禺大气成分观测站（站号：59481）。其中颗粒物监测仪（GRIMM 180）观测得到干情形下的 PM$_{10}$、PM$_{2.5}$ 和 PM$_1$ 质量浓度，同时可测得干情形下直径在 0.25～32 μm 之间 31 个通道的颗粒物数浓度谱。

本研究选取了 2010 年 MODIS 遥感 AOD 资料和大气成分站网主站的地基观测资料进行研究。其中，时间匹配方法：卫星过境前后 1 h 主站点观测的 PM$_{2.5}$ 小时平均值。空间匹配方法：以主站为圆心，对半径 15 km 圆形区域内的 MODIS AOD 资料，以距离为权重进行加权平均。

2.2 思路和方法

卫星遥感数据直接反演得到的是气溶胶光学厚度（AOD）信息。假设气溶胶在垂直方向上按指数递减分布，AOD 与地面气溶胶消光系数（k_a）正相关（Liou，2002）。以气溶胶标高（即假定气溶胶浓度随高度分布保持不变时的等效高度，H）来代表气溶胶层等效厚度，则 AOD 与地面 k_a 的关系（李成才等，2003；郑卓云等，2011；高大伟等，2012）如下：

$$k_a = AOD/H \tag{1}$$

根据理论推导（van Donkelaar *et al.*，2006；Wang *et al.*，2010），地面站点观测的总颗粒物质量浓度（即所有粒径颗粒物的总质量浓度，P$_{M_x}$）与地面 k_a 的关系可描述为：

$$k_a = \frac{3\,\overline{Q}_{ext}f(RH)}{4R_e\rho} \cdot PM_x \tag{2}$$

式中，$\overline{Q}_{ext}$ 为颗粒物平均消光效率，$f(RH)$ 为吸湿增长因子，R_e 为干情形下颗粒物的有效半径（R_e），ρ 为粒子平均质量密度。

PM$_{2.5}$ 质量浓度占 P$_{M_x}$ 的比例为 P，则由（1）、（2）两式，可得卫星遥感 AOD 与地面 PM$_{2.5}$ 的理论关系（Koelemeijer *et al.*，2006；Hu *et al.*，2009）如下：

$$PM_{2.5} = \frac{4PR_e\rho}{3\,\overline{Q}_{ext}Hf(RH)} \times AOD \tag{3}$$

从上述理论推导可知，卫星遥感 AOD 与地面 PM$_{2.5}$ 成线性正相关关系，即 AOD 值越大，相应地面 PM$_{2.5}$ 浓度值越大。

从（3）式中可以看到，基于卫星遥感 AOD 资料反演地面 PM$_{2.5}$ 质量浓度受到质量浓度比

例 P，气溶胶标高 H，粒子平均质量密度 ρ，颗粒物有效半径 R_e，细颗粒物平均消光效率 $\overline{Q_{ext}}$，吸湿增长因子 $f(RH)$ 六个因子影响。对于同一地区的 P 值变化较小，ρ 信息难以获取，$\overline{Q_{ext}}$ 可视为常量，本研究主要针对 H、R_e 和 $f(RH)$ 三个因子对卫星遥感 AOD 信息监测地面 PM$_{2.5}$ 质量浓度的敏感性进行研究分析，即本文主要研究垂直、粒径和湿度三个订正因子及三个因子的不同组合方式对卫星遥感资料监测地面细颗粒物浓度的敏感性。

气溶胶标高和边界层高度（H_{PBL}）值接近（Wang et al., 2010），本研究中使用 H_{PBL} 代替气溶胶标高，H_{PBL} 值由 MM5 模式模拟（0～24 h 模拟值）得到。

干情形下颗粒物的有效半径 R_e 信息由 GRIMM 180 观测的不同粒径段粒子数浓度谱计算得到，方法如下：

$$R_e = \frac{\int_{0.125}^{16} n(r)r^3\,\mathrm{d}r}{\int_{0.125}^{16} n(r)r^2\,\mathrm{d}r} \tag{4}$$

吸收增长因子 $f(RH)$ 的经验公式（李成才等，2005；郑卓云等，2011；高大伟等，2012）一般可表示为相对湿度（RH）的函数：

$$f(RH) = \frac{1}{1-RH/100} \tag{5}$$

为方便计算，本研究中 H_{PBL} 单位为 km，R_e 单位为 μm。

为探寻垂直因子（H_{PBL}）、湿度因子（$f(RH)$）和粒径因子（R_e）对 MODIS AOD 资料监测地面 PM$_{2.5}$ 值的敏感性，本研究将分别对 MODIS AOD 资料进行单因子订正（垂直订正、湿度订正、粒径订正）和组合因子订正（垂直及湿度订正、垂直及粒径订正、湿度及粒径订正、垂直湿度及粒径订正），并比较分析不同订正方法对两种资料相关性的影响。经上述七种影响因子订正后，两种资料的相关系数提高越多，则表明该因子的敏感性越高。

3　结果与分析

2010 全年，MODIS AOD 资料与番禺大气成分站 PM$_{2.5}$ 质量浓度资料时空匹配的样本共 105 组，两种观测资料的关系如图 1a 所示。可以看到，在没有进行任何校正的情形下，两者的直接相关性极低，只有 0.147。与此同时，两者为负相关关系，即随着 AOD 值增大，PM$_{2.5}$ 质量浓度值有降低的趋势，这似乎与公式（3）的推导结果相反。可见，由 MODIS AOD 资料难以直接获得地面 PM$_{2.5}$ 质量浓度值。而要获取两者较好的相关关系，就必须考虑垂直分布、吸湿增长和粒径分布等因素的影响。

2010 年全年，MODIS AOD 资料经三个影响因子订正后，与地面 PM$_{2.5}$ 质量浓度值的比较结果如图 1b—d 所示。单因子的订正结果显示，经垂直订正和湿度订正后，两种资料的相关性变化不大，分别为 0.145 和 0.168。其中经垂直订正后，两种资料由负相关变为正相关，而湿度订正后仍是负相关。粒径订正后，两中资料的相关性由负变为正，相关系数有较为明显的提升，达到 0.298，订正效果要优于垂直订正和湿度订正。

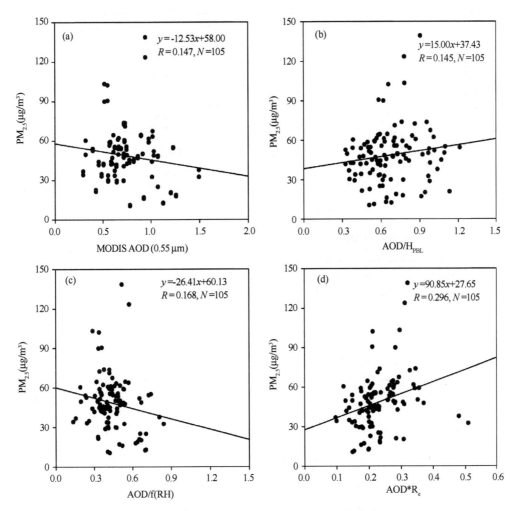

图 1　2010 年 MODIS AOD 资料未订正(a)、经垂直订正(b)、湿度订正(c)、粒径订正(d)后，
与广州番禺地面 PM$_{2.5}$ 质量浓度值的比较

　　图 2 给出了 MODIS AOD 资料经四个组合因子订正后，与地面 PM$_{2.5}$ 质量浓度值的比较结果。经四种组合因子订正后，两种资料的相关性都由负变为正。其中，垂直及湿度订正后相关性几乎不变，相关系数仅为 0.145，与单垂直订正和单湿度订正的结果接近。而经湿度及粒径订正，两者的相关性有所提高，为 0.256，高于单湿度订正，但低于单粒径订正。经垂直及粒径订正后，两者的相关性显著提升，高达 0.516，要明显高于单垂直订正和单粒径订正。但垂直及粒径订正再加上湿度订正后，相关性有所降低，降为 0.487。

　　2010 年全年，MODIS AOD 资料未经订正以及经单因子和组合因子订正后，与地面 PM$_{2.5}$ 质量浓度值比较的统计结果如表 1 所示。统计结果可以发现，三个订正因子中，粒径订正效果最好，敏感性最高，湿度因子的敏感性次之，而垂直因子的敏感性最低。组合订正因子中，垂直及粒径订正的效果最好，敏感性最高，再加入湿度因子后，敏感性降低。湿度及粒径订正的敏感性较低，而垂直及湿度订正的敏感性最低。

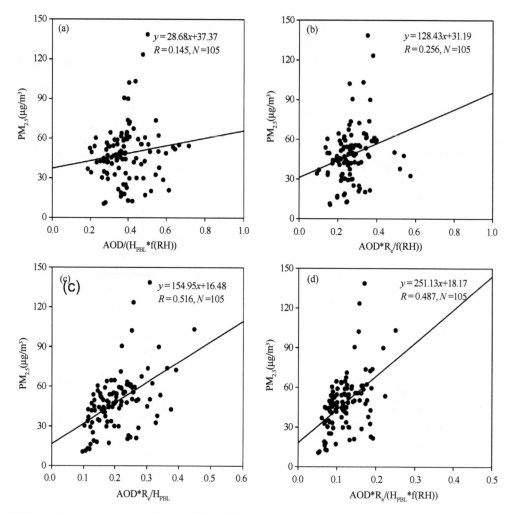

图 2 2010 年 MODIS AOD 资料经垂直及湿度订正(a)、粒径及湿度订正(b)、垂直及粒径订正(c)、垂直湿度及粒径订正再加湿度订正(d)后,与广州番禺地面 $PM_{2.5}$ 质量浓度值的比较

表 1 2010 年广州番禺地面 $PM_{2.5}$ 浓度值与 MODIS AOD 值的相关关系

	Method	R	斜率	截距	N
Method—0	$AOD - PM_{2.5}$	0.147	−12.53	58.00	105
Method—1	$AOD/H_{PBL} - PM_{2.5}$	0.145	15.00	38.43	105
Method—2	$AOD/f(RH) - PM_{2.5}$	0.168	−26.41	60.13	105
Method—3	$AOD * R_e - PM_{2.5}$	0.296	90.85	27.65	105
Method—4	$AOD/(H_{PBL} * f(RH)) - PM_{2.5}$	0.145	28.68	37.37	105
Method—5	$AOD * R_e/f(RH) - PM_{2.5}$	0.256	128.43	31.19	105
Method—6	$AOD * R_e/H_{PBL} - PM_{2.5}$	0.516	154.95	16.48	105
Method—7	$AOD * R_e/(H_{PBL} * f(RH)) - PM_{2.5}$	0.487	251.13	18.17	105

4 结论

本研究以广州地区为例,对 2010 年的 MODIS AOD 资料和地基 PM$_{2.5}$ 观测资料进行时空匹配,研究垂直、湿度和粒径三个影响因子及其组合的敏感性,对比分析不同因子及其组合对数据的订正效果。

研究结果表明,三个影响因子中,粒径因子的敏感性最高,垂直因子次之,而湿度因子效果较为一般。其中,经粒径因子订正后,相关系数为 0.296。经垂直因子订正后,相关系数仅为 0.145。而湿度因子订正后的相关系数最低,相关系数仅为 0.168。组合因子中,垂直及粒径订正和垂直粒径及湿度订正的相关性要高于单个因子,而垂直及湿度订正和湿度及粒径订正的相关性要低于粒径订正。其中,垂直及粒径订正的效果最好,敏感性最高,相关系数能达到 0.516。垂直及粒径因子再加上湿度因子后,敏感性有所降低,降为 0.487。湿度及粒径订正的敏感性较低,相关系数为 0.256。垂直及湿度订正的敏感性最低,相关系数仅为 0.145。

总体而言,垂直及粒径因子的敏感性最高,效果最佳,可应用于星地协同监测地面细颗粒物中。其中使用粒径因子订正后提升效果显著,今后研究中需要更多考虑颗粒物粒径的影响。PM 监测仪器在测量 PM 质量浓度的同时,若增加测量粒径谱功能,将会为卫星遥感资料监测地面细颗粒物提供更丰富的数据支撑。垂直因子的加入,对订正结果也有较好的正效果。由于气溶胶标高难以直接测量得到,本研究结果显示,模式模拟的边界层高度在一定程度上可以替代气溶胶标高。若增加激光雷达探测的气溶胶消光系数垂直廓线信息,将起到重要的改进作用。而本研究中经验吸湿增长因子的订正效果一般,这表明该因子的时空代表性比较单一,需要对本地区实际大气气溶胶进行观测,获取实测吸湿增长因子,以提高其代表性。本研究仅以广州地区 2010 年资料进行研究,今后需要对更多地区更长时间的资料进行研究,以提高结论的准确性和代表性。

参考文献

程兴宏,徐祥德,陈尊裕,等. 2007. 北京地区 PM10 浓度空间分布特征的综合变分分析. 应用气象学报,**18**(2):165-172.

高大伟,徐宏辉,郁珍艳,等. 2012. MODIS 气溶胶光学厚度在临安大气颗粒物监测中的应用. 环境科学研究,**25**(7):739-744.

郝吉明,程真,王书肖. 2012. 我国大气环境污染现状及防治措施研究. 环境保护. **9**:17-20.

何秀,邓兆泽,李成才,等. 2010. MODIS 气溶胶光学厚度产品在地面 PM$_{10}$ 监测方面的应用研究. 北京大学学报(自然科学版),**46**(2):178-184.

李成才,毛节泰,刘启汉,等. 2005. MODIS 卫星遥感气溶胶产品在北京市大气污染研究中的应用. 中国科学 D 辑,**35**(S1):177-186.

李成才,毛节泰,刘启汉,等. 2003. 利用 MODIS 光学厚度遥感产品研究北京及周边地区的大气污染. 大气科学,**27**(5):869-880.

吴兑. 2012. 近十年中国灰霾天气研究综述. 环境科学学报,**32**(2):257-269.

严刚,燕丽. 2011. "十二五"我国大气颗粒物污染防治对策. 环境与可持续发展,**5**:20-23.

郑卓云,陈良富,郑君瑜,等. 2011. 高分辨率气溶胶光学厚度在珠三角及香港地区区域颗粒物监测中的应用研. 环境科学学报,**31**(6):1154-1161.

Chan C K, Yao X. 2008. Air pollution in mega cities in China. *Atmospheric Environment*, **42**(1): 1-42.

Hu R M, Sokhi R S, Fisher B E A. 2009. New algorithms and their application for satellite remote sensing of surface PM2. 5 and aerosol absorption. *Journal of Aerosol Science*, **40**(5): 394-402.

Koelemeijer R B A, Homan C D, Matthijsen J. 2006. Comparison of spatial and temporal variations of aerosol optical thickness and particulate matter over Europe. *Atmospheric Environment*, **40**(27): 5304-5315.

Liou K N. 2002. *An Introduction to Atmospheric Radiation*, Second Edition. 95-96.

Tian J, Chen D 2010. A semi-empirical model for predicting hourly ground-level fine particulate matter (PM$_{2.5}$) concentration in southern Ontario from satellite remote sensing and ground-based meteorological measurements. *Remote Sensing of Environment*, **114**(2): 221-229.

Van Donkelaar A, Martin R V, Park R J 2006. Estimating ground-level PM$_{2.5}$ using aerosol optical depth determined from satellite remote sensing. *J. Geophys. Res.*, **111**(D21): D21201.

Wang Z F, Chen L F, Tao J H, *et al*. 2010. Satellite-based estimation of regional particulate matter (PM) in Beijing using vertical-and-RH correcting method. *Remote Sensing of Environment*, **114**(1): 50-63.

Wu D, Tie X X, Li C C, *et al*. 2005. An extremely low visibility event over the Guangzhou region: A case study. *Atmospheric Environment*, **39**(35): 6568-6577.

基于多源数据的阿勒泰地区雪深反演研究①

侯小刚[1]　张　璞[1]　郑照军[2]　李　帅[1]

(1. 乌鲁木齐气象卫星地面站,乌鲁木齐 830011;2. 国家卫星气象中心,北京 100081)

摘　要:利用阿勒泰地区 2010—2012 年冬季(11 月—次年 2 月)三类积雪数据:风云三号微波成像仪(FY-3/MWRI)反演的雪深数据、美国人机交互式多仪器冰雪制图系统(IMS)积雪面积数据、阿勒泰及周边地区实测雪深数据,进行积雪深度的反演研究。通过结合三类积雪数据的各自优势,建立修正模型,最终得到较准确的研究区雪深数据。同时通过编程实现了相应模型的操作平台,为今后研究区积雪业务化监测做好了准备。结果表明,模型提高了 FY-3/MWRI 数据反演阿勒泰地区积雪深度的准确性,改善了 FY-3/MWRI 数据在阿勒泰地区雪深反演偏低的缺点,使微波与实测平均雪深误差由修正前的 21.7～12.1 cm 缩小为修正后的 3.7～1.5 cm。

关键词:积雪深度;被动微波;遥感;风云 3 号微波成像仪;人机交互式冰雪制图系统。

1 引言

积雪作为冰冻圈最主要的元素之一,对积雪研究有十分重要的意义。阿勒泰地区地处中国西北边,在新疆最北边,是全国积雪资源最丰富的地区之一,也是雪灾多发区之一,积雪融水成为当地社会赖以生存的资源之一,农业灌溉和畜牧业发展主要依赖于积雪融水,冬牧场的水源也依赖于积雪融水。

随着遥感技术的快速发展,积雪深度定量监测有了新的技术保障,应用遥感技术较准确的监测某地区的积雪深度,已越来越受到国内外学者的重视。然而,目前的积雪资料有多种,各有优势和不足。一般来说,台站资料真实准确,可以很好地代表当地一定时空范围内的积雪情况,但其最大问题在于时空不连续性。相比之下,卫星遥感资料的时空连续性要好很多。遥感资料包括光学遥感和微波遥感等。对于光学遥感反演雪深,可用卫星仪器众多且空间分辨率高,一些学者做了有益的研究,但光学遥感受云层和夜晚的影响较大,云下或太阳光照不足的地表信息难以被被光学遥感仪器接收,所以也存在时空不连续问题,而且其反演方法只适用于浅雪区;对于微波遥感反演雪深,尽管空间分辨率低,但微波的突出优点是穿透能力强,不受太阳光照条件限制,且具备全天候工作能力,能够获取时空连续的地表观测信息。因而,卫星遥感可以大大弥补台站资料时空不连续的缺点,可与台站观测互为补充。不难看出,如果能将微波遥感的时空连续性优势与台站资料的真实性优势有效结合,将有助于开发新的反演技术。虽然被动微波遥感数据反演雪深取得了令人满意的成果,但这些雪深反演方法也有缺点,除了

① 已投稿"遥感技术与应用"期刊审稿中。

基金项目:中国气象局关键技术集成与应用项目"新疆长序列积雪遥感数据集建设与应用"(编号:CMAGJ2014M62)资助。

作者简介:侯小刚,乌鲁木齐气象卫星地面站。邮箱:xhou05@qq.com;电话:15099341049,0991-3660451。

空间分辨率粗糙以外,很多算法都需要根据不同理论假定或不同时空区域来确定不同的反演系数。一方面,积雪的微波亮温不仅与雪深有关,而且与积雪的颗粒大小、温度、密度、液态水含量和地表热状态等有关;另一方面,即使对于同一个反演公式,其反演系数也可能要随空间和时间改变,如同一个时间不同地点(如青海和新疆)的反演系数可能不同,或者同一地点不同时间(如初冬和深冬,降雪时和消雪时)的反演系数也可能不同。这两方面因素导致了要得到较好的反演公式和系数非常困难,也使得在不同时空可能需要不同的雪深反演方法。

　　最近几年,中国 FY-3/MWRI 数据反演的积雪深度引起了大家的关注,国家卫星气象中心利用 FY-3/MWRI 数据反演出了全国的积雪深度数据,但具体应用在阿勒泰地区时,反演雪深比当地实测值普遍偏低。为此,本文以提高阿勒泰地区雪深监测精度为出发点,利用 FY-3/MWRI 数据反演的雪深数据、美国人机交互式多仪器冰雪制图系统 (Interactive Multisensor Snow and Ice Mapping System, IMS) 积雪面积数据和研究区周边气象观测站实测雪深数据,通过建立 FY-3 微波成像仪雪深反演结果的地面观测修正模型,同时引入更高分辨率和更为准确的积雪面积判识结果加以调整,从而得到时空分辨率更高、反演精度更好的阿勒泰地区积雪深度监测结果。

2　研究区和数据背景

2.1　研究区概况

　　本文以阿勒泰及周边地区为研究区域,介于 $84.8° \sim 91°E, 43.6° \sim 49.1°N$ 之间,该区域位于新疆维吾尔自治区最北部,由于其特殊的地形地貌和受西伯利亚气流影响,使该地区气温年、日差距较大,冬季漫长多积雪,通常在 10 月至次年 4 月都会发生降雪天气,甚至出现雪灾天气,1 月份气温降到最低,极端最低气温达 $-40℃$,积雪期长达 120 d 左右,积雪厚度高达 60 cm,山区可达 1.2 m,导致人畜伤亡和交通通信破坏。因此,研究阿勒泰地区的雪深,具有特殊的自然要素和重要的现实意义。

2.2　资料概况

　　本文采用表 1 中三类数据进行研究区雪深监测研究。(1)FY-3/MWRI 雪深数据:风云三号气象卫星(FY-3)作为中国第二代极轨气象卫星,是中国第一个具有多种气象传感器的大型综合探测卫星。对于本研究区,FY-3B 星每天两次经过研究区,升轨过境时间为 13:50 时(地方时),降轨过境时间为 21:50 时(地方时),且阿勒泰处于高纬度地区,冬季气温寒冷,积雪白天不易融化,昼夜雪表性质差异不大,所以 FY-3B 升轨、降轨或当天升/降轨合成数据每天都可以覆盖研究区,这为研究提供了方便,简化了数据处理。本文采用中国气象局国家卫星气象中心风云卫星遥感数据服务网(http://www.nsm c.cma.gov.cn/NewSite/NSMC/Home/Index.html)下载 2010—2012 年冬季逐日 FY-3/MWRI 数据进行雪深反演研究。(2)IMS 积雪面积数据:美国国家海洋和大气管理局国家环境卫星、数据和信息服务局(NOAA NESDIS)制作了长期监测全球冰雪覆盖的数据库——人机交互式冰雪制图系统(Interactive Snow and Ice Mapping System, IMS)简称"IMS 雪盖图"。此数据对于准确监测全球冰雪覆盖、研究全球气候变化和提高天气预报准确性起了决定性作用。本文在美国国家冰雪中心网(http://www.natice.noaa.gov/ims/)下载分辨率为 4 km 的 IMS 数据作为最准确积雪面积参照数据源,进行修正模型建立,监测阿勒泰地区积雪深度。(3)实测站雪深数据:本文选取了阿勒泰地区 8 个(哈巴河,黑山头,吉木乃,布尔津,福海,阿勒泰,富蕴,青河)气象观测站和阿勒泰周边地区 20 个气象观测站的观察数据,数据包括气压、温度、湿度、积雪深度以及其他重要气象数据。为了减小由于山区缺少实测站点对插值结果造成的影响,本文提出增加 3 个阿尔泰山区虚拟实测站,共计 31 地面气象观测站。虚拟站点的增加方案为:通过对阿尔泰山区雪深进行调研分析,依阿尔泰山走向自西北向东南选取距离阿勒泰、富蕴和清河较近的三个虚拟山区站点分别命名为 1 号、2 号和 3 号,积雪深度取对应站点雪深的 2 倍。提取以上 31 个站点中 2010—2012 年冬季实测雪深数据作为本文的实测雪深数据进行研究区雪深反演研究。本文选取中国科学院寒区旱区环境与工程研究所提供的 2013 年 1 月 7—15 日阿勒泰地区实地测量雪深数据进行反演结果验证。

表 1　实验数据一览表

数据名称	数据来源	数据特点	分辨率	日期
FY-3/MWRI 雪深数据	http://satellite.cma.gov.cn/	实时性、连续性	10 km	
IMS 积雪面积数据	http://www.natice.noaa.gov/ims/	精度性、连续性	4 km	2010—2012 年冬季
实测雪深数据	乌鲁木齐气象卫星地面站、野外实测	准确性、实时性	——	

本文选取上述三类数据进行阿勒泰地区积雪深度反演研究:首先考虑到这三类数据可从常规业务化获取,为本文算法将来实现业务化雪深监测提供了数据保障;其次三类数据优势互补,对建立修正模型、提高研究区雪深监测提供了可能;本研究选择 FY-3/MWRI 数据进行雪深研究,对我国自行研制 FY-3 卫星数据的推广应用起到一定作用。

3　基于多源数据修正模型的建立

3.1　雪深修正模型的提出

中国气象局关键技术推广项目《被动微波遥感积雪监测技术的集成应用》利用 FY-3/MWRI 数据建立反演模型,反演出了全国的积雪深度数据,图 1 为该模型所反演的 2013 年 2

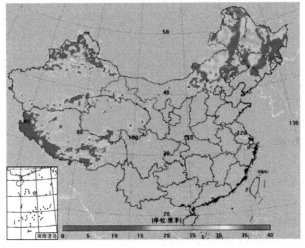

图 1　FY-3/MWRI 数据反演中国雪深图

月26日全国积雪深度分布图。该模型对监测大范围中国区域的积雪深度是可信的,但具体到阿勒泰地区时,反演雪深比当地实测值普遍偏低,这与阿勒泰特殊的地理环境有极大的关系。

从1图上可以看到,这一天全国东北、内蒙古东北部和北疆部分地区积雪深度超过30 cm。图2是2013年2月26日的阿勒泰地区及周边31个实测站雪深数据和实测站对应点提取的微波反演积雪深度数据对比图,对比两种数据发现,微波反演雪深与实测站雪深数据具有一定的误差,2013年2月26日在阿勒泰地区北边阿尔泰山周边,微波反演的雪深远低于实测雪深数据,而在阿勒泰地区南边准格尔盆地,微波反演雪深数据接近实测站测量雪深数据。图3为阿勒泰地区近三年(2010年、2011年和2012年,其中2010年FY-3/MWRI数据从11月15日开始)冬季8个实测站平均雪深曲线和实测值对应微波点平均雪深曲线。对比图2、图3发现,微波数据反演雪深与当地实测雪深数据之间有一定的误差,微波数据反演雪深普遍低于实际雪深,但微波数据反演雪深总体伴随着实测雪深数据的变化,也就是微波与实测雪深有相同的趋势。

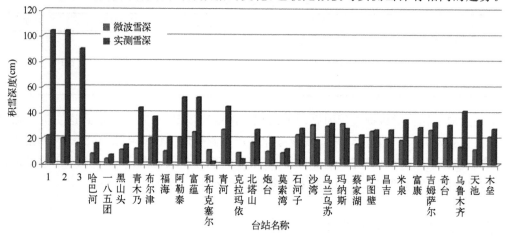

图2　研究区实测雪深与微波反演雪深对比图

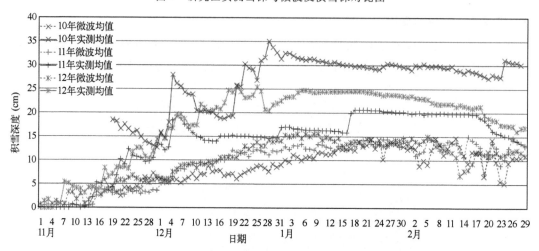

图3　2010—2012年年冬季阿勒泰地区实测雪深与微波反演雪深对比图

3.2　基于修正模型的阿勒泰地区雪深反演

通过对阿勒泰地区实测站与微波雪深数据进行空间数据探索分析,本文采用普通克里格方法进行积雪深度插值运算。假定采样点不存在潜在的全局趋势只用局部因素就可很好地估算未知值，其表达式为：

$$Z^*(u) = \sum_{\alpha=1}^{n} \lambda_\alpha(u) Z(u_\alpha) \tag{1}$$

$$\begin{cases} \sum_{\beta=1}^{n} \lambda_\beta(u) C(u_\beta - u_\alpha) - \mu(u) = C(u - u_\alpha) (\alpha = 1, \cdots, n) \\ \sum_{\beta=1}^{n} \lambda_\beta(u) = 1 \end{cases} \tag{2}$$

式中 $Z^*(u)$ 为待估计雪深栅格值，n 为用于雪深插值的站点数，$Z(u_\alpha)$ 为已知站点雪深值，$\lambda_\alpha(u)$ 一组权重系数，式(2)是求取权系数的克里金方程组的非平稳形式。

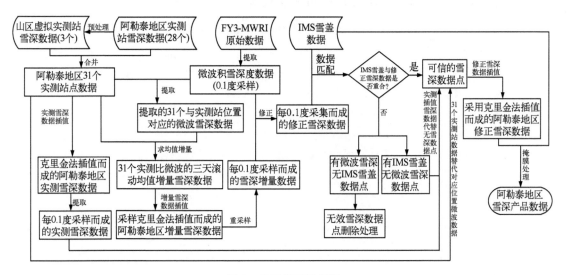

图 4　修正模型原理图

基于 Kriging 插值法修正模型反演阿勒泰地区雪深的原理如图 4，具体方法如下：

（1）基于普通 Kriging 法的站点实测雪深插值。提取研究区 31 个实测站有效的雪深数据，首先进行数据预处理，然后进行（0.1°×0.1°）的 Kriging 插值运算，使得每个栅格点具有实测雪深插值而成的雪深数据值，得到空间连续性的实测雪深数据。

（2）实测站对应的 FY-3/MWRI 雪深数据的提取。以当天有效的、且观测雪深大于 0 cm 的气象观测站为依据，从经过等经纬度投影后的微波雪深数据中通过坐标匹配法提取实测站对应的微波雪深数据。

（3）实测雪深与对应微波雪深 3 天滚动平均雪深增量计算。为了使求得的增量具有较好的平滑性与代表性，本文采用 3 天滚动平均法求取雪深增量。具体方法为：采用研究区 31 个实测站点雪深与第 2 步得到的对应微波雪深求出 31 个增量值，然后求取 3 天平均增量作为第 3 天修正增量，依次滚动求出每一天的实测雪深对微波雪深的增量值，以此增量来修正第 3 天的微波雪深数据。

（4）基于普通 Kriging 法的增量插值运算。采用普通 Kriging 对求得的增量进行（0.1°×0.1°）插值运算，使得研究区域每个栅格点具有插值而成的雪深增量值，得到具有空间连续性的实测对微波的增量雪深数据。

　　(5)微波雪深数据的修正。图5a为2011年1月20日阿勒泰地区IMS积雪面积示意图，5(b)为同一天演阿勒泰地区微波反演积雪深度叠加IMS雪面积后示意图(雪深数据在上层，雪面积在下层)，下面以图5为例阐述本文模型研究区雪深反演原理。采用所得的空间连续性增量对微波雪深进行修正，修正过程遵循以下原则：(1)微波站点有积雪深度且IMS有积雪覆盖的区域，采用插值增量值对微波反演雪深进行修正，如图5bA区。(2)微波站点有雪深，IMS数据无积雪面积，就认为微波反演雪深为无效值，此点用IMS积雪面积进行掩膜处理，如图5aB区。(3)微波无雪深，IMS有积雪面积，根据增量雪深的不同分别处理：如果该点周围3个栅格点半径内修正后雪深超过5 cm，且该点对应的实测站插值雪深也超过5 cm，此点的修正雪深采用实测站插值雪深代替，如图5bC区；如果该点周围3个栅格点半径内修正后雪深低于5 cm或者无雪深，则改点雪深赋予1 cm雪深数据，如图5bD区。

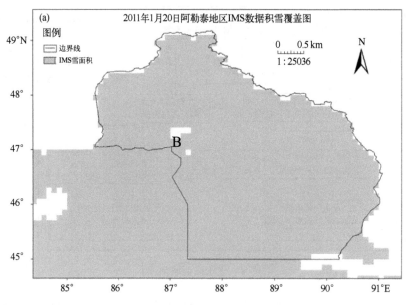

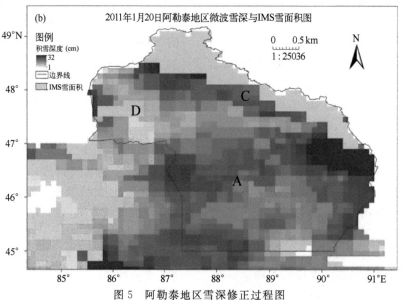

图5　阿勒泰地区雪深修正过程图

（6）研究区雪深产品图的生成与软件开发。完成以上步骤后，再用实测站雪深数据替代修正后对应点雪深数据，使结果更加接近实际雪深，得到最终的研究区雪深产品数据。最后通过软件开发，制作阿勒泰地区积雪深度产品图。图6为通过编程，实现的本文算法相应的研究平

图6　研究平台界面

台界面，该平台现正在运行处理研究区雪深监测数据。图7为通过本文算法修正后所反演的阿勒泰地区积雪深度示意图，图中的数据为阿勒泰地区实测站点附近本文算法反演的雪深数据，对比发现本文算法反演的阿勒泰地区积雪深度更加接近当地实测雪深。

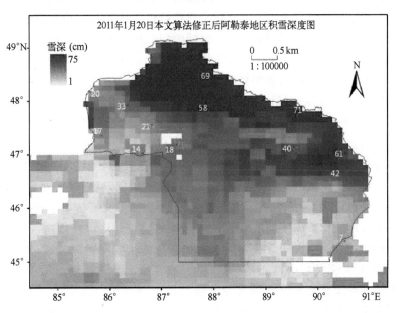

图7　修正结果对比图

4　结果验证

本文选取 2013 年 1 月 8—11 日野外考察测量数据中 21 个观测点（对应于微波雪深数据的 21 个微波像元），累计 132 条积雪深度记录信息进行结果对比验证，其中清河县 3 个观测点、25 条记录，富蕴县 5 个观测点、21 条记录，阿勒泰市 8 个观测点、53 条记录，布尔津县 5 个观测点、33 条记录作为本文的结果验证数据。首先把以上验证数据分为三类：通过野外观测点测量的雪深数据，简称测量；对应于观察点提取的微波反演雪深像元点雪深数据，简称微波；对应于测量点提取的本文算法修正后像元点雪深数据，简称修正。表 2 给出了三类数据的采集地点、时间、像元数、样本数和各类数据均值。

表 2　结果验证数据表

观测地点	观测日期	像元数	样本数	测量均值 cm	微波均值 cm	修正均值 cm
青河县	2013 年 1 月 08 日	3	25	34.5	20.4	32.1
富蕴县	2013 年 1 月 09 日	5	21	37.9	16.2	34.2
阿勒泰市	2013 年 1 月 10 日	5	31	35.1	17	31.8
阿勒泰市	2013 年 1 月 11 日	3	22	34	18.8	30.3
布尔津县	2013 年 1 月 11 日	5	33	15.6	3.5	14.1

本文选取的验证方法是统计分析中的成对样本检验，其原理是利用来自两个总体的配对样本，推断两个总体的均值是否存在显著差异。本文把以上三类数据进行配对分组，分别为测量数据组对微波数据组和测量数据组对修正数据组，然后进行成对样本检验。表 3 为 Spss 统计分析软件在置信区间的值设为 95% 时，对配对数据进行成对样本检验后所得结果表。该表呈现的是对两独立样本进行 T 检验的结果，包括两配对样本差分的均值、标准差、均值的标准误、95% 的置信区间，还有 T 检验的 t 值、自由度（df）和显著性概率（Sig.）。其中均值标准误用来衡量抽样误差，标准误越小，表明样本统计量与总体参数的值越接近，用样本统计量推断总体参数的可靠度越大。Sig 值用来衡量差异显著性概率，如果 Sig 大于 0.05 则说明两组之间没有显著差异，如果 Sig 小于 0.05，则说明有显著的差异，然后根据差分均值可以知道哪一组显著高于哪一组。从表 3 可以看出实测组对微波组的 Sig 值远小于 0.05，说明在 95% 的置信水平上差异显著，即修正前微波雪深与实测雪深有显著差异，微波反演雪深与实测雪深误差明显。从表 3 可以看出实测组对修正组的 Sig 值都大于 0.05，所以接受原假设，即实测雪深与修正雪深差异不大，修正后雪深与实测雪深误差较小，说明本文算法明显提高了 FY-3/MWRI数据在反演阿勒泰地区积雪深度的准确性。从修正前后差分均值发现，微波与实际测量雪深误差较大，差分均值为正值，说明微波雪深与修正雪深低于实测雪深。通过本文方法修正后，使微波与实测平均雪深误差由修正前的 12.1～21.7 cm 缩小为修正后的 1.5～3.7 cm 使FY-3/MWRI 反演雪深更加接近实际雪深。通过以上分析说明本文修正模型提高了 FY-3/MWRI 数据反演阿勒泰地区积雪深度的准确性，改善了 FY-3/MWRI 数据在阿勒泰地区雪深反演偏低的缺点。

表 3　成对样本检验表　　　　　　　　　　　　　　　　单位(cm)

| | | 成对差分 | | | | | t | df | Sig.（双侧） |
| | | 差分均值 | 标准差 | 均值的标准误 | 差分的 95％置信区间 | | | | |
					下限	上限			
青河县	实测－微波	14.1	4.2	1.09	11.75	16.46	12.85	14	0.000
	实测－修正	2.4	3.6	0.94	0.42	4.46	2.59	14	0.021
布尔津县	实测－微波	12.1	6.0	1.69	2.66	10.02	3.75	12	0.003
	实测－修正	1.5	3.1	0.87	−.24	3.55	1.89	12	0.082
阿勒泰市	实测－微波	15.6	5.4	1.45	16.93	23.21	13.80	13	0.000
	实测－修正	3.5	4.0	1.07	0.96	5.61	3.05	13	0.011
富蕴县	实测－微波	21.7	11.1	2.79	13.53	25.43	6.97	15	0.000
	实测－修正	3.7	5.5	1.38	1.59	7.50	3.27	15	0.006

5　结论与讨论

　　本文结合 2010—2012 年冬季阿勒泰及周边地区 31 个气象观测站测得的实测雪深数据、FY-3 微波雪深数据和 IMS 积雪面积数据,通过建立 FY-3 微波成像仪雪深反演结果的地面观测修正模型,同时引入更高分辨率和更为准确的 IMS 积雪面积数据判识结果加以调整,从而得到时空分辨率更高、反演精度更好的阿勒泰地区积雪深度监测结果。结果验证表明,该模型提高了 FY-3 微波数据反演阿勒泰地区积雪深度的准确性,纠正了 FY-3 数据在阿勒泰地区雪深反演偏低的缺点,使微波与实测平均雪深误差由修正前的 12.1～21.7 cm 缩小为修正后的 1.5～3.7 cm。最后通过程序开发相应的功能平台,为本文算法进行业务化应用做好了准备。

　　但微波反演算法采用的遥感资料分辨率普遍较低,一个微波点代表的大面积的区域雪深较大变化,用一个值代表该地区的雪深会与该地区的实测雪深有一定误差,因此微波遥感对小区域雪深监测并不是十分理想,只能对大尺度观测具有可行性。如何利用高分辨率的遥感影像资料对积雪深度进行监测是将来发展的趋势。

参考文献

车涛. 2013. 积雪属性非均匀性对被动微波遥感积雪的影响. 遥感技术与应用, **28**(1)28-33.

郭城,李博渊,杨森. 2012. 新疆阿勒泰地区大到暴雪天气气候特征. 干旱气象, **30**(4):604-608.

郝晓华,张璞,王建,等. 2009. MODIS 和 VEGETATION 雪盖产品在北疆的验证及比较. 遥感技术与应用, **24**(5): 603-610.

黄新宇,冯筠. 2004. 冰雪微波遥感研究进展. 遥感技术与应用, **19**(6): 533-536.

李新,车涛. 2007. 积雪被动微波遥感研究进展. 冰川冻土, **29**(3): 487-496.

李新,车涛. 2004. 利用被动微波遥感数据反演我国积雪深度及其精度评价. 遥感技术与应用, **19**(5):301-306.

刘兴元,陈全功,梁天刚,等. 2006. 新疆阿勒泰牧区雪灾遥感监测体系构建与灾害评价系统研究. 应用生态学报, **17**(2):215-220.

刘玉洁,郑照军,王丽波. 2005. 我国西部地区冬季雪盖遥感和变化分析. 气候与环境研究, **8**(1):114-123.

孙少波,车涛,王树果,等. 2013. C 波段 SAR 山区积雪面积提取研究. 遥感技术与应用, **28**(3) 444-452.

孙知文,施建成,杨虎,等.2007.风云三号微波成像仪积雪参数反演算法初步研究.遥感技术与应用,**22**(2)：264-267.

唐志光,王建,李弘毅,等.2013.青藏高原MODIS积雪面积比例产品的精度验证与去云研究.遥感技术与应用,**28**(3)：423-430.

王国亚,毛炜峄,贺斌,等.2012.新疆阿勒泰地区积雪变化特征及其对冻土的影响.冰川冻土,V**34**(6)：1293-1300.

武胜利,杨虎.2007.AMSR-E亮温数据与MODIS陆表分类产品结合反演全球陆表温度.遥感技术与应用,**22**(2)：324-327.

赵亮,朱玉祥,程亮,等.2010.遥感—测站相结合的动态雪深反演方法初探.应用气象学报,**21**(6)：685-697.

Chang A T C,Foster J L,Hall D K.1987.Nimbus-7 SMMR Derived Global Snow Cover Parameters. *Ann Glaciol*,**9**：39-44.

Foster J L,Chang A T C,Hall D K.1997.Comparison Snow Mass Estimates from a Prototype Passive Microwave Snow Algorithm,a Revised Algorithm and Snow Depth Climatology. *Remote Sens Envirom.*,**62**：132-142.

Jin Y Q.1997.Simulation of multi-layer Model of Dense Seaterers for Anomalous Scattering Signatures from SSM/I Snow Data. *International Journal of Remote Sensig*,**18**(12)：2531-2538.

Shi J,Dozier J.2000.Estimation of Snow Water Equivalence Using SIR-C/X-SAR. II. Inferring Snow Depth and Particle Size. *IEEE Transaction on Geoscience and Remote Sensig*,**38**(6)：2475-2488.

基于 HJ-1CCD 遥感影像的西双版纳橡胶种植区提取[①]

余凌翔[1]　朱　勇[1]　鲁韦坤[1]　程晋昕[1]　黎小清[2]　李春丽[2]

(1. 云南省气候中心,昆明 650034；2. 云南省热带作物科学研究所,景洪 666100)

摘　要:利用橡胶林第一蓬叶变色－稳定期环境遥感影像作为遥感信息源,根据橡胶林这一时期特有的影像特征,通过监督分类方法实现对西双版纳橡胶种植分布区信息的提取,解决了监督分类时树龄、品种和耕作制度造成的光谱差异问题；监督分类前利用 NDVI 阈值对非提取目标进行剔除,有效减少了分类数和工作量。分析表明,本次提取精度达到 97.6%,较好地反映了西双版纳橡胶种植分布情况,同时对国产卫星的推广应用具有良好的示范作用。

关键词:西双版纳；橡胶；种植区；第一蓬叶变色－稳定期。

1　引言

西双版纳傣族自治州(以下简称西双版纳)是云南省主要天然橡胶种植区域,全区所辖景洪市、勐海县和勐腊县,传统的橡胶种植区域调查方法存在如人力物力耗费大、工作周期长、调查成本高等问题。卫星遥感影像识别解译技术是现代先进的探测研究手段,在地球资源调查、区域环境变化监测乃至全球变化研究中正发挥着越来越重要的作用。对比传统的勘测调查方式方法,它具有宏观、综合、快速、动态、准确和成本低廉等优势(乔卫芳,2011；杨杰等,2008；李霞等,2002；刘旭升等,2004)。卫星遥感提取作物面积相关研究报道较多,王福民等(2008)利用 TM 卫星进行了水稻面积提取的研究,韩素琴等(2004)利用 MODIS 卫星资料进行了冬小麦面积提取的研究,张明伟等(2008)利用 MODIS 时序数据分析了不同作物的识别方法。从研究对象看,前人研究多以常规作物为主,数据源主要为 MODIS 和 TM 影像。利用卫星遥感技术进行橡胶种植区提取研究则相对较少,有关卫星遥感技术对西双版纳橡胶种植区研究则未见报道。陈汇林等(2010)利用多时相 INDVI 值变化曲线,以及橡胶树冬季集中落叶特性和蓬叶生长等的周年生长变化规律,采用监督分类方法提取非样本训练区橡胶种植信息,实现海南橡胶种植空间分布遥感信息的提取；张京红等(2010)利用 2008 年 Landsat-TM 卫星数据作为遥感信息源,通过监督分类方法和实际调查,提取海南岛天然橡胶种植面积信息；刘少军等(2010)以高分辨率 QuickBird 卫星影像为基础,采用面向对象的信息提取方法,用光谱、形状、纹理等构建特征空间,进行橡胶林的分类试验,获取海南橡胶的种植面积信息。

由于 MODIS 空间分辨率较低(最高为 250 m),无法实现面积较小的橡胶种植区提取；

---

①　基金项目:公益性行业(气象)科研专项(GYHY20110624)；云南省科技创新强省计划(2009AB001)。

②　作者简介:余凌翔(1973—),云南晋宁人,学士,高级工程师,主要从事生态环境遥感应用研究。E-mail:yulx@163.com,本文发表于中国农业气象 2013 年第 4 期。

TM 和 QuickBird 影像为付费数据,使用成本较高;而近年来中国自主研制的环境卫星 HJ-1 CCD 分辨率很高,可达 30 m,且重访周期短、使用成本低,可为作物种植区提取以及面积、产量估算等提供基础数据。因此,本文拟以 HJ-1 CCD 卫星数据为遥感影像数据源,探讨橡胶种植区域提取的方法,为西双版纳橡胶种植产业区划、灾害预警等提供依据。

2 资料和方法

2.1 地理信息数据

西双版纳 1:25 万数字高程图(DEM)和西双版纳 1:25 万基础地理信息数据库(包括边界、水系、居民地、道路等层)来自中国气象局下发的云南省 1:25 万基础地理信息数据集;西双版纳东风农场 1:5 万橡胶种植区分布图(2005 年)来自云南省农垦设计院。

2.2 遥感数据

以三个晴日即 2011 年 2 月 8 日、2011 年 4 月 4 日和 2012 年 4 月 14 日过境西双版纳的环境卫星 1A/B(HJ-1 CCD)作为卫星遥感影像源,其中 2011 年 2 月 8 日为落叶期遥感影像,后两日为橡胶林第一蓬叶变色一稳定期遥感影像,在进行橡胶种植区提取前,首先对遥感影像进行辐射校正,然后利用云南 1:25 万基础地理数据作为几何校正参照,以河流交叉点、道路交叉点等明显地物为影像参考点,应用多项式校正模型和最近邻距离重采样模型对原始图像进行几何精校正,并对各个时段的遥感影像进行拼接处理。

3 结果与分析

3.1 橡胶种植区提取时的时相选择

西双版纳地处北热带,自然植被为常绿阔叶林,种植在西双版纳的橡胶树每年会随着季节的变化经历萌芽、分枝、开花、结果、落叶等生命活动,每年有两个明显的时期即生长期和相对休眠期。生长期为春季萌芽一冬季落叶,相对休眠期为冬季落叶一翌年春季萌芽。生长期可生成 5—6 蓬叶片,每蓬叶的生长从萌芽至叶片完全老化依次经过顶芽萌动期、伸长期、展叶期(古铜色)、变色期(淡绿)和稳定期五个阶段,一年中成龄橡胶树第一蓬叶的抽叶量占全年抽叶量的 60%~70%。因此,本文采用西双版纳橡胶树所特有的落叶期和第一蓬叶生长期的影像作为遥感影像提取西双版纳橡胶种植区。

利用 GPS 橡胶林定位点和高分辨率影像中的橡胶林信息,对比 2011 年 2 月 8 日(落叶期)、2011 年 4 月 4 日和 2012 年 4 月 14 日(均为蓬叶生长期中的第一蓬叶变色一稳定期)橡胶林不同时相和不同波段的假彩色合成影像发现,当 RGB 波段组合为 3—4—2 时,落叶期影像图中橡胶林虽然具有一定的可识别性(图 1a),但与第一蓬叶变色一稳定期的影像比较(图 1b、c),后者具有更好的橡胶林边界特征,在影像上与其他地物相比颜色更加亮绿。

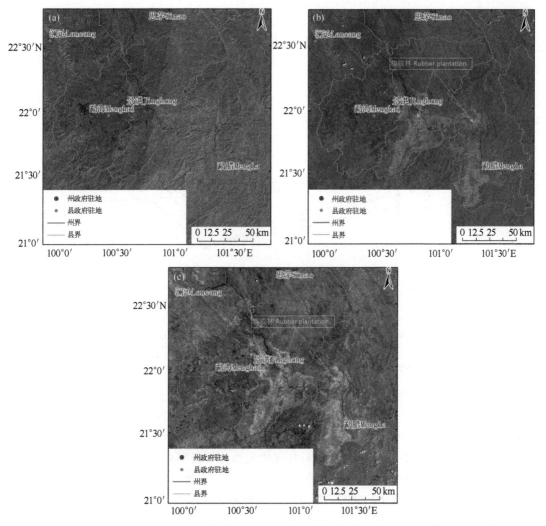

图 1 (a)2011 年 2 年 8 日;(b)2011 年 4 月 4 日;(c)2012 年 4 月 14 日
西双版纳橡胶林落叶期(a)和第一蓬叶变色-稳定期(b、c)遥感影像处理结果

分析野外 GPS 定位点对应的西双版纳橡胶林第一蓬叶变色-稳定期不同地物的反射率光谱特征(图 2)可见,在第 1、2、3 波段水域、橡胶林和天然林的反射率值较其他地物类型明显偏低,但三者间无法区分;而在第 4 波段,橡胶林的反射率则明显高于天然林和水域。因此,橡胶林光谱值在第 4 波段明显抬升是形成橡胶林边界特征明显(呈两亮绿色)的主要原因。

因此决定,选用第一蓬叶变色-稳定期的遥感影像作为橡胶解译数据源。

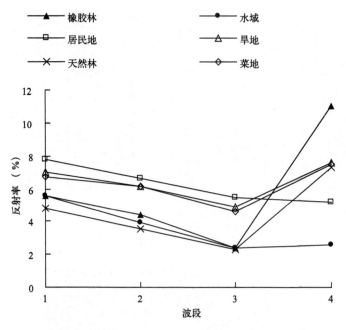

图2　西双版纳橡胶林第一蓬叶变色—稳定期不同地物的光谱特征对比

3.2　橡胶种植区提取的方法

　　监督分类可根据已知训练区提供的样本,通过计算选择特征参数,建立判别函数以对各待分类影像进行目标提取。监督分类有最大似然、最小距离和马氏距离等多种方法,最大似然法是遥感影像分类最常用的方法之一,其分类规则基于概率,即先计算某个像元属于一个预先设置好的 m 类数据集中每一类的概率,然后将该像元划分到概率最大的那一类。与其他方法相比,该方法具有易于与先验知识融合和算法简单等优点。只要训练样本服从近似正态分布,最大似然法就能获得较高的分类精度。图 3 是橡胶林和天然林样本在 CCD 影像上不同波段的统计直方图,经检验均服从近似正态分布,因此将最大似然法作为本研究的分类方法(刘少军等,2010;党安荣等,2003;朱述龙等,2000;梁益同等,2012)。

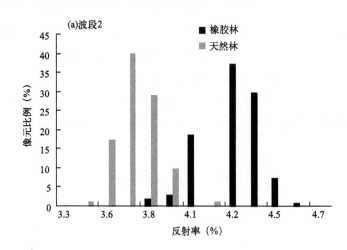

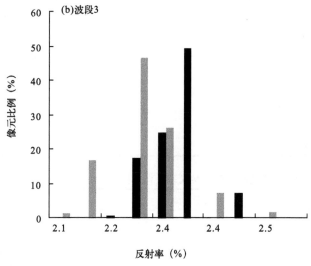

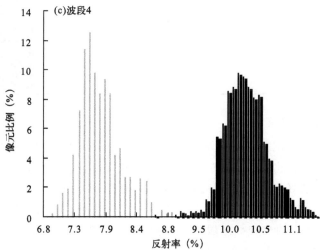

图 3　橡胶林和天然林样本像元在 CCD 影像不同波段的比例

由于本研究仅针对橡胶林,在进行监督分类前,首先计算研究区的归一化植被指数(NDVI),即

$$NDVI = (B_{NIR} - B_{RED})/(B_{NIR} + B_{RED}) \tag{1}$$

式中,B_{NIR} 和 B_{RED} 分别为 CCD 相机第 4(红光)和第 3(近红外)波段的反射率。

从所计算的研究区主要地物类型的 NDVI 值域来看(表 1),居民地、水域、旱地、菜地等植被指数值均在 0.35 以下,天然林和橡胶林的 NDVI 值值域范围分别为 0.40~0.64 和 0.56~0.69,两者存在部分重叠,但是与居民地、水域、旱地、菜地等差异较大,因此利用 NDVI 阈值(0.40)可剔除居民地、水域、旱地、菜地等区域,以减少监督分类的训练样本数;再将待监督分类的影像进行掩膜处理,最终得到仅包含天然林区和橡胶林植被指数较高区域影像后再进行监督分类。根据实地调查样本区提取的天然林和橡胶林代表性图斑,如表 2 所示,在掩膜处理后遥感影像中选择具有代表性的橡胶种植区域作为训练区,采用"最大似然法"对影像进行监督分类。

表 1　研究区主要地物类型 *NDVI* 值域范围

类型	*NDVI* 值域范围
橡胶林	0.56～0.69
水域	−0.10～0.04
居民地	−0.09～0.05
旱地	0.02～0.25
天然林	0.40～0.64
菜地	0.23～0.35

表 2　橡胶林和天然林代表性样本区在 CCD 影像上的特征

	色彩描述	样本区展示
橡胶林	亮绿色	
天然林	暗绿色	

3.3　橡胶种植区提取的精度

精度评价通常是通过试验区样本像素的分类结果与参照数据的比较而实现的。将分类结果中的橡胶林分类单独输出,并将其转化为 SHP 格式文件,在 ArcGIS 平台下,利用 2010 年 1—3 月西双版纳东风农场实地调查的 816 个橡胶种植区 GPS 定位点数据与橡胶林解译结果进行空间叠加分析,如表 3 所示,占 97.6％(797 个)的定位点位于所解译的橡胶林区域里,仅 2.4％(19 个)未在所解译的橡胶林区域里,出现漏判的主要原因为漏判点位于橡胶林更新区(橡胶树已被砍伐)或橡胶树比较稀疏的区域,不具备橡胶林特征光谱或橡胶林光谱特征不明显所致。

表 3　橡胶种植区提取精度评价表

	点数		
	GPS	正确	漏判
橡胶林	816	797	19

3.4　橡胶种植区面积估算及分布

在 ArcGIS 平台下,将橡胶林分类结果与市(县)级行政辖区专题图进行叠加处理,再利用 ArcGIS 面积统计功能最终得到西双版纳州各县橡胶种植面积(表 4),结果显示,西双版纳州共有橡胶林 3550.73 km²,该数据明显大于 2011 年西双版纳州官网(http://xxgk.yn.gov.cn 上的统计数据(2873.73 km²)。这是因为,近年来随着橡胶价格不断攀升,许多偏远山区的农户将原来的耕地和林地垦殖为橡胶林,而这一部分可能未及时纳入官方的统计结果。

表 4　西双版纳州各县(市)橡胶种植区遥感解译面积估算(km²)

县	面积
景洪	1743.91
勐海	223.14
勐腊	1583.68
合计	3550.73

西双版纳橡胶种植区解译空间分布见图 4。从图可以看出,西双版纳橡胶种植主要分布在景洪市和勐腊县西南部海拔较低的地区,勐海县橡胶种植较少,主要分布在勐海县西南部边缘地区。

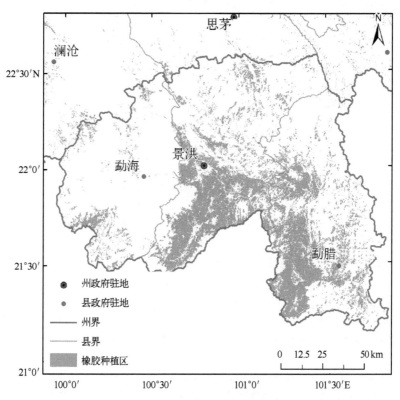

图 4　西双版纳橡胶种植区遥感解译空间分布图

4　结论与讨论

(1)遥感影像提取橡胶种植区具有省时省力、节省支出、信息更新快等优点。本研究利用西双版纳橡胶林第一蓬叶变色-稳定期环境卫星 1-CCD 遥感影像作为遥感信息源,根据橡胶林这一时期特有的影像特征,通过监督分类方法对西双版纳橡胶种植分布区信息进行提取,解译精度达到 97.6%,较好地反映了西双版纳橡胶的种植分布情况,为今后橡胶林分布区域相关工作打下了基础。同时将环境卫星应用于该研究对于国产卫星的推广应用具有很好的示范作用。

（2）针对提取目标为橡胶林，在监督分类前，先通过研究区 NDVI 阈值剔除居民地、水域、旱地等 NDVI 值较低区域，再用剩余区域对待分类影像进行掩膜处理，最终得到仅剩天然林和橡胶林等植被指数较高的区域的影像，通过此步骤处理有效减少了监督分类的分类数和工作量。

（3）采用橡胶林第一蓬叶变色—稳定期的环境卫星遥感影像提取橡胶种植区是本文的创新点。利用作物时间系列植被指数提取作物种植区是目前普遍采用的方法（张明伟等，2008；杨小唤等，2004；陈汇林等，2010；孔令寅等，2012；丁美花等，2012），其优点是基于不同作物的不同生育期的植被指数差异，能有效去除其他作物对种植区提取的影响，本文与之相比省去了繁杂的时间系列植被指数计算的工作；同时由于西双版纳进入雨季后（5—10月）晴空资料较少，橡胶林时间系列植被指数难以构建；此外时间系列植被指数的构建大多基于分辨低、幅宽较大的 EOS/MODIS（最高分辨率250m）或 AVHRR（1.1 km）遥感影像，对于面积较小的作物很难提取，环境卫星 CCD 影像30m 空间分辨率对于小面积作物较为有效。本文与张京红等（2010）仅从监督分类的角度进行海南橡胶种植区的提取的研究相比，解决了监督分类时树龄、品种和耕作制度所造成的光谱差异问题。对于本文中提到的少数橡胶林更新区和橡胶林较稀疏区域漏判问题，可通过野外调查的方式进行有效补充。

参考文献

陈汇林，陈小敏，陈珍丽，等. 2010. 基于 MODIS 遥感数据提取海南橡胶信息初步研究. 热带作物学报，**31**(7)：1181-1185.

党安荣，王晓东，陈晓锋，等. 2003. ERDAS IMAGINE 遥感图像处理方法. 北京：清华大学出版社，74-86，195-216.

丁美花，谭宗琨，李辉，等. 2012. 基于 HJ-1 卫星数据的甘蔗种植面积调查方法探讨. 中国农业气象，**33**(2)：265-270.

韩素琴，刘淑梅. 2004. MODIS 卫星资料在监测冬小麦面积中的应用. 天津农学院学报，**11**(2)：298-300.

孔令寅，延昊，鲍艳松，等. 2012. 基于关键发育期的冬小麦长势遥感监测方法. 中国农业气象，**33**(3)：424-430.

李霞，盛钰，王建新. 2002. 新疆荒漠化土地 TM 影像解译标志的建立. 新疆农业大学学报，**25**(2)：18-21.

梁益同，万君. 2012. 基于 HJ-1AB-CCD 影像的湖北省冬小麦和油菜分布信息的提取方法. 中国农业气象，**33**(4)：573-578.

刘少军，张京红，何政伟，等. 2010. 基于面向对象的橡胶分布面积估算研究. 广东农业科学，**37**(1)：168-170.

刘旭升，张晓丽. 2004. 森林植被遥感分类研究进展与对策. 林业资源管理，(1)：61-64.

乔卫芳. 2011. 基于遥感影像的土地利用分类研. 测绘与空间地理信息，**34**(6)：14-17.

王福民，黄敬峰，王秀珍. 2008. 基于穗帽变换的 TM 影像水稻面积提取. 中国水稻科学，**22**(3)：297-301.

杨杰，秦凯. 2008. 基于遥感影像的土地利用信息的自动提取与制图. 河南理工大学学报（自然科学版），**27**(6)：666-671.

杨小唤，张香平，江东. 2004. 基于 MODIS 时序 NDVI 特征值提取多作物播种面积的方法. 资源科学，**26**(6)：17-22.

张京红，陶忠良，刘少军，等. 2010. 基于 TM 影像的海南岛橡胶种植面积信息提取. 热带作物学报，**31**(4)：661-665.

张明伟，周清波，陈仲新，等. 2008. 基于 MODIS 时序数据分析的作物识别方法. 农业工程学报，**29**(1)：31-35.

朱述龙，张占睦. 2000. 遥感图像获取与分析. 北京：科学出版社，119-135.

基于改进的 SEBS 模型的作物需水量研究

武永利　　田国珍　　王云峰

(山西省气候中心,太原 030008)

摘　要:为了探讨以蒸散发为基础的作物需水量情况,便于为农业生产提供数据支持,利用风云三号、风云二号气象卫星数据,结合自动站气象数据,基于改进的 SEBS 模型对山西省进行作物需水量研究。结果表明:监测结果总的分布较符合实际旱情状况,山西省 2012 年 3—9 月日均作物需水量最大值出现在春季的 5 月份。将山西分为晋东南、中西部、晋东北 3 个区后发现:晋东北和中西部的日均作物需水量变化趋势相近,均表现为单峰型,最大作物需水月均出现在 5 月,晋东南则表现为双峰型,最大作物需水月出现在 5 月和 7 月。春季中西部的作物需水量远高于晋东北和晋东南地区,可见山西省作物需水量普遍以春季最大,其中尤以中西部突出,晋东北相对最低,通过作物需水量研究对山西省农业生产具有一定的指示意义。

关键词:蒸散发;作物需水量;SEBS 模型。

1　引言

降水的时空分布不均,是导致季节性干旱的根本原因,而气象干旱不一定对农业致害。当农作物体内水分发生亏缺,影响正常生长发育时才形成一种农业气象灾害,即所谓的农业干旱。因此评判作物的水分亏缺需考虑作物所处的发育期及作物本身对水分的需求。作物的需水量主要是植物的蒸腾和土壤蒸发所消耗的水分(张丽等,2003)。一般作物的基础生理需水量只是很小的一部分,作物的需水量可以直接通过计算作物的蒸散发耗水量来确定(丰华丽等,2002),因此通常将农田蒸散量称为作物需水量。

常规的作物需水量计算采用 Penman-Monteith 参照作物腾发量参考作物系数法计算,农田作物需水量的一般公式为:$ETc = Kc \cdot ET0$。其中,$ET0$ 为农田潜在蒸散量,Kc 为作物系数,ETc 为作物需水量。P-M 模型综合了辐射和感热的能量平衡和空气动力学传输方程,有着坚实的物理基础,但是这种方法监测到的结果只有点上的数据,随着遥感数据的广泛应用,这种方法一般只是作为遥感技术估算干旱区蒸散发结果的地面检验方法。基于遥感的蒸散发模型目前发展了 SEBAL、SEBS、TSEB 等,其中 SEBS 被认为是当前精度较高的蒸散计算模型之一,已经在欧洲和亚洲等许多地方得到了应用。

山西省地形复杂,乔、灌、草、耕地交错分布,已有的生态需水量研究笼统地将所有植被看作一个整体进行,很少有人单独计算耕地内的作物需水及其规律,由于山西省纬度跨度大,作物类型多样且耕地较为破碎,作物系数 Kc 的准确定义有较大的难度,所以本研究对 SEBS 模型的地表净辐射通量中太阳辐射的计算进行修正,由原来的参数化计算方法改为利用 FY-2E 卫星数据反演的逐小时太阳辐射量累加得到,避免了天气发生变化或有云造成的误差,使得到的各分量为实际通量,进而得到实际蒸散量;同时本研究针对研究区域的特征,对模型在本地化应用中做了适当参数调整。

2　研究方法

2.1　模型原理

　　SEBS模型的结构分为输入、计算核心和输出三个部分(图1),其中输入所需要的参数又分为气象数据和遥感数据,气象数据包括大气边界层(ABL)或行星边界层(PBL)处的温度、湿度、风速、气压、参考高度和辐射数据;遥感数据包括地表温度、地表反照率、地表发射率、植被指数和植被高度、地表粗糙度等地表参数。计算核心主要包括三方面,首先是基于相似性理论进行稳定性修正,确定摩擦速度、显热通量和奥布霍夫稳定度。第二点建立了部分植被覆盖条件下的KB^{-1}的参数化方案,提高热量传输粗糙长度的精度。第三点是基于能量平衡原理和干湿限条件计算蒸发比,将感热通量限制在边界条件内。输出的参数首先是感热通量、潜热通量,进而得到实际蒸散量(李想,2012)。

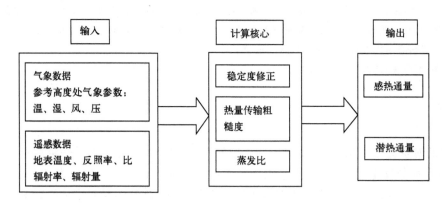

图1　SEBS模型结构

2.2　模型优化

　　遥感获取的是地表瞬时信息,由此反演的参数以及估算的辐射和相关热通量也只是代表那个瞬时的状况,从瞬时值推算日值是关键的一步。目前地表蒸散发的时间扩展常用的方法主要有蒸发比不变法和积分关系法,这两种方法的前提是:在能量平衡中,能量通量组分的相对比例在白天稳定不变,其前提是一天内气象条件均一,太阳辐射正常变化,不包括发生天气变化时的情况,而事实上,整个区域全部为晴天的情况较少,且一天内的天气往往会变化无常的,为此本研究对SEBS模型的时间扩展部分修改为逐小时累加,相应的气象数据也是选用逐小时更新的数据,提高了模型监测的时效性。

　　SEBS模型中,地表净辐射通量是地面能量、物质输送与交换过程的基础,而太阳净辐射是地表净辐射通量中最主要的组成要素,模型通过瞬时值积分扩展到日值,忽略了云的发展变化对太阳净辐射的影响,而这部分的量实际是一个很大的数据,从而对模型的最终结果产生较大的误差,因此,本文利用FY2E卫星数据反演逐小时地表净辐射数据,辐射计算模型(武永利等,2013)利用晴空指数来表征云和雪对太阳辐射的影响,分别以5天和10天设置动态的时间窗口计算上下限值以响应有云或雪信息。该模型综合考虑了天空因素(大气气溶胶、水汽含量、云量)和地形因素(DEM、积雪覆盖)对太阳辐射的影响,并对模型中各种大气参数和地表参数进行订正,具有较高的时空分辨率。

SEBS 模型由荷兰人 Su(2002)提出,其采用的动量粗糙度模型比较适合于地势较低的平原地区,而山西省地势高,山地、高原、丘陵交错分布,植被类型具有较大的差异,为了避免不同植被类型参数反演带来的较大的不确定性,在 SEBS 模型中根据不同土地覆被类型,建立了适用于山西省的逐月植被参数数据库,使 SEBS 模型直接调用植被参数数据库中的月均粗糙度(zom)、植被高度(h)、SEBI 等参数,以减小模型模拟的误差。同时对气温、地温等参数依据海拔和纬度进行相应的订正,另外模型还考虑了用植被指数作为参数的热量粗糙度计算公式使其在各种地表都能得到应用。

3　研究数据

模型的算法采用 ENVI/IDL 编程语言实现的,需要三种类型的输入数据:

(1)风云三号卫星数据反演地表反照率、地表温度、地表比辐射率、叶面积指数、植被高度等地表参数。2012 年 3 月到 9 月风云三号卫星 MERSI 数据(空间分辨率 250 m),由于存在有云天气影响、设备故障等因素造成的遥感数据缺失,且遥感反演的地表特征数据在短时期内变化较小,所以采取逐旬最大值合成。

(2)风云二号卫星数据反演的逐小时太阳净辐射数据,2012 年 3 月到 9 月 FY-2 卫星数据(空间分辨率 5 km)和 SRTM3 全球 90 m DEM 高程数据,通过空间重采样统一到 250 m。反演方法采用武永利等提出的山西高原太阳潜在总辐射计算模型(武永利等,2013)。

(3)自动气象站提供的逐小时气温、地温、风速、湿度等大气参数。

4　结果与分析

4.1　分区作物面积提取

对于农业来说,最关心的是农作物的需水量,因此,有必要单独对作物需水量进行分析和研究,据此需要提取农作物的分布范围,农作物分布主要受气象因素的影响,包括气温、空气温度、太阳辐射、日照和风速等,作物类型因地区和时间而有明显差异。由于山西南北跨度大,气候差异较大,及土壤类型和种植结果不同,导致山西省作物类型在空间分布上南北差异较大,通过分区可以使这些要素尽可能统一。王振华等根据多年山西降水等气象因子的分布特征(王振华等,2008),在全省范围内分三个区。谢爱红等利用 SPSS 软件统计分析了山西的气候要素,然后按照气候要素对山西进行了气候分区,分为晋北、晋中晋东南和晋西南三个类型区(谢爱红等,2004)。综合降水分区图与气候要素分区图,在高程订正基础上,本文将山西分为晋东南、中西部、晋东北 3 个区(图 2)。

作物面积提取根据 NDVI 值进行,将坡度低于 25°的像元按照分月、分区制定不同的 NDVI 分级标准。分析全年的 NDVI 分布,可以发现 11—次年 2 月全省植被指数较低,从 3 月开始大部分生长,但是 3,4 月南部的小麦和林地易混淆,7—10 月也存在作物和林地不易区分的问题,只有 5,6 月全省的林地和耕地区别最明显,且此时,由于人为犁地、耕作,林地、灌木、草地自然生长 NDVI 值较耕地高,所以选取 5 月底 6 月初多天 MERSI 数据最大值合成

NDVI 进行提取得到耕地、居民用地和水体的综合,各区分类标准见表1,再从中剔除居民用地和水体,选用8月份图像进行,因为此时,水体面积达到最大,无论农作物,以及乔、灌、草也长势非常旺盛,与居民用地和水体的区别最明显,所以选取8月份图像,由于此时全省植被均处于长势最好的阶段,所以选用统一的指标,*NDVI* 以0.4为界,*NDVI* 低于0.4为居民用地和水体,从前面得到的图上去掉这一部分,即为山西省耕地分布图(图3)。以山西省土地利用图(顾鹤松,2000)为精度评价的参照图,将提取耕地的范围图与山西省土地利用图对比可以看出,分布范围基本吻合。

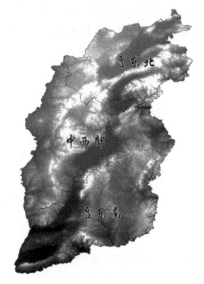

图2　山西省地形分区图

■ 耕地

图3　山西省耕地分布图

表1　分区分类标准

	晋东北	晋东南	中西部
耕地	<0.3	<0.5	<0.4
非耕地	>0.3	>0.5	>0.4
区域外	0	0	0

4.2　作物需水量空间变化

利用FY3A/MERSI数据,采用修正的SEBS模型计算作物需水量。计算山西省2012年3—9月(3—9月为山西省大部分作物的生长季,所以选取这7个月)逐日的作物需水量,并以月为单位合成日平均作物需水量分布图,如图4。

图4为山西省2012年3—9月各月日均作物需水分布图。图中显示:3月份全省范围内日均作物需水量大部分地区小于1 mm;4月份与3月份相比全省日均作物需水量明显有所增多,大部分地区大于1 mm,在我省的中部地区出现日均作物需水量在1.5 mm以上的多个区域;5月份全省作物需水量继续增多,达到峰值,作物需水量较大的区域主要分布在我省中南部地区的晋中盆地和上党盆地;相较与5月份,6月份作物需水量有所下降,但仍然保持较高的水平;7月份作物需水量继续下降,西北部地区耕地的作物需水量变少,而在南部盆地的耕地区出现小范围的作物需水量增加,尤其是临汾运城盆地最为显著;从8月份开始作物需水量大幅下降,到9月末,我省大部分地区的日均作物需水量降至1 mm以下。

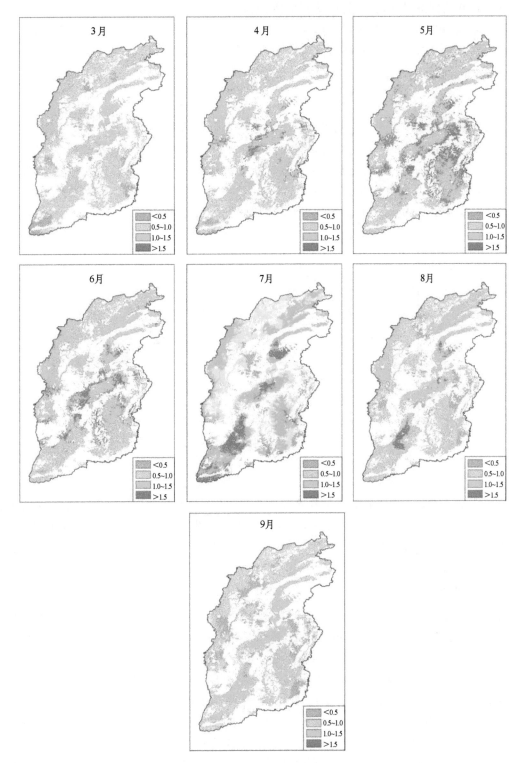

图 4　山西省 2012 年 3—9 月日均作物需水量(单位:mm)空间分布图

分析 7 个月的日均作物需水量分布图可以发现,山西省 2012 年 3 月—9 月作物需水量表现为从 3 月开始逐渐增加,到 5 月份达到极值,随后到 9 月一直表现为下降趋势,其中有两个变化较为剧烈的时期,一个是 3—4 月,为急速增长期,一个是 7—8 月,为急速减少期,另外就是 7 月份临汾、运城盆地出现作物需水量极大值。

4.3 作物需水量时空变化

4.3.1 年内变化

作物不同发育期的需水量差别很大。一般在整个生育期中,前期小,中期达最高峰,后期又减少。从山西省分月的日均作物需水量看(图5),3 月植被进入生长期,植被消耗水分最少,随着气温逐渐升高,万物复苏,植被的需水量逐渐增加,4 月开始植被生长进入旺盛期,需水量迅速增大,3 月到 5 月为增长期,增幅为 0.43 mm,5 月达到峰值,作物需水量达到 1.29 mm,占整个生长季需水量的 17.66%。然后开始下降,到 9 月份降至最低。

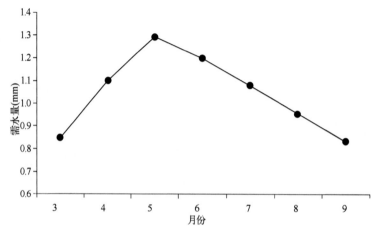

图5　山西省 2012 年 3—9 月作物需水量(mm)

从图5中可以看出山西省春季的作物需水量最大,4—6 月作物需水量约占整个生育期需水量的 50%,而春季往往是降雨量较少,这就导致春旱的发生,在作物的生殖生长时期,往往是需水临界期。如禾谷类作物的孕穗期,对缺水最为敏感,此期缺水,对生长发育极为不利,所以春旱常造成大幅度减产。

4.3.2 分区变化

将山西分为晋东南、中西部、晋东北 3 个区分别提取各区各月的全省日作物需水量平均值,绘制成折线(图6)。从图6中可以看出:晋东北和中西部变化趋势相近,均表现为单峰型,最大作物需水月均出现在 5 月;晋东南则表现为双峰型,最大作物需水月出现在 5 月和 7 月,且以 5 月为极值,这与当地的作物类型相关,晋东南是以冬小麦为主的一年两作,5 月正值冬小麦抽穗、灌浆期,7 月则是夏玉米拔节、抽雄期,作物需水量大,所以晋东南地区作物需水量表现为双峰型,而我省中北部是以春玉米等大秋作物为主的一年一作,5 月大部分作物处于苗期迅速生长阶段,而此时降雨量较少,所以作物需水量最大。从日均作物需水量的绝对量上来看,各区 4—6 月作物需水量均为相对高时期,其中,尤以中西部最为突出,远高于晋东南和晋东北,晋东北由于气温对其生长发育的影响,作物需水量最小。

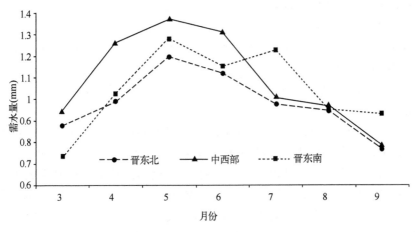

图 6　分区作物需水量月变化图

表 2　分区作物需水量(mm)月极值表

	最大值	最小值	平均值
晋东北	1.199194(5 月)	0.765932(9 月)	0.981739
中西部	1.374019(5 月)	0.78651(9 月)	1.094972
晋东南	1.285121(5 月)	0.734114(3 月)	1.043821
全省	1.293416(5 月)	0.832615(9 月)	1.045081

从分区作物需水量月极值表(表 2)可以看出:晋东北和中西部最大作物需水月均为 5 月,分别为 1.199194 mm 和 1.374019 mm,其中,中西部的最大作物需水量相对最大,晋东北和中西部最小作物需水月均为 9 月,可见气温较低导致生长季变短,晋东北的作物最早凋萎,因而作物需水量降至最低;晋东南由于耕作类型为一年两作,所以作物需水量曲线表现为双峰型,峰值分别出现在 5 月和 7 月,作物需水量分别为 1.285121 mm 和 1.230688 mm,最小作物需水月为 3 月;整个区域来看,最大作物需水月为 5 月,为 1.293416 mm,最小作物需水月为 9 月,为 0.832615 mm。全省来看,中西部的日均需水量最大,晋东北的日均需水量最小。

4.4　结果验证与分析

遥感估算区域地表蒸散量的真实性检验一直是个难题。遥感估算的是每个像元的蒸散均值,而地面观测是基于点上进行的,二者在空间尺度上存在明显的不一致,尤其在空间分辨率较低且下垫面覆盖复杂的情况下,混合像元效应显著,其估算结果更难与地面观测一一对应。由于缺乏实测资料,本文仅利用研究区内距离运城盐湖较近的四个气象站的 20 cm 口径蒸发皿同期实测数据对估算的地表蒸散量进行验证,提取气象站所在点的遥感估算的日蒸散量(基于 3×3 窗口采样、取均值),结合蒸发皿折算后的陆面蒸散量进行对比分析发现,四站的实测值与反演值吻合较好,相关系数为 0.86,四站的平均日估算结果比实测蒸散发量高 0.05 mm/d,估算结果精度较高,基于蒸散发模型的作物需水量估算模型在研究区的适应性和稳定性较好。

4.5　结论和讨论

常规的蒸散模型将潜在蒸散通过不同的作物系数转换成实际蒸散,系数的确定过程中由于不同区域,不同气候条件导致了不确定性和误差的产生,本研究通过修正模型中各分量的计算方法,直接得到实际蒸散发量,结果表明,基于修正的SEBS模型得到的山西省作物需水量极大值出现在5月份,山西省春季的气候特点是风大,少雨,地面蒸发旺盛,因而本研究结果较符合实际旱情状况。分析7个月的作物需水量分布图(图4)可以发现,山西省2012年3—9月作物需水量表现为从3月开始逐渐增加,到5月份达到极值,然后开始下降,到9月一直表现为下降趋势,其中有两个变化较为剧烈的时期,一个是3—4月,为急速增长期,一个是7—8月,为急速减少期。

　　将山西分为晋东南、中西部、晋东北三个区分别提取各区各月的作物需水量平均值,可以发现:晋东北和中西部变化趋势相近,均表现为单峰型,最大作物需水月均出现在5月,晋东南则表现为双峰型,最大作物需水月出现在5月和7月,这与当地的耕作制度相关,晋东南是以冬小麦为主的一年两作,5月正值冬小麦抽穗、灌浆期,7月则是夏玉米拔节、抽雄期,作物需水量大,所以晋东南地区作物需水量表现为双峰型,而我省中北部是以春玉米等大秋作物为主的一年一作,5月大部分作物处于苗期迅速生长阶段,而此时降雨量较少,土壤蒸发量大,所以作物需水量最大。从图6中我们可以看出,春季中西部的作物需水量为全区最大,远高于晋东北和晋东南地区,中西部是以黄土丘陵为主的广大山区、丘陵区,水和热量资源较差、水土流失严重,春季大部分地区处于背风坡,降水少,导致该区域的作物需水量在春季高于晋东北和晋东南地区。

　　由于图像分辨率的限制,本研究只是粗浅地将山西分为晋东南、中西部、晋东北3个区进行作物需水量研究,得到的只是区域作物需水量平均值,或者也可以说是各区主导农作物需水量,不涉及某种具体的作物类型,所以这方面的研究在今后还需要针对各不同作物类型进行更深入研究,便于更好地对农业进行因地制宜的指导。

参考文献

顾鹤松.2000.山西省国土资源地图集.北京:测绘出版社.

丰华丽,王超,李剑超.2002.干旱区流域生态需水量估算原则分析.环境科学与技术,**25**(1):31-33.

李想.2012.基于SEBS模型的感热计算及其在干旱监测中的应用.南京信息工程大学.

王振华,韩普.2008.山西省降水异常气候特征.科技情报开发与经济,**18**(25):8-9.

武永利,相栋.2013.FY-2号气象卫星估算地面太阳辐射研究.自然资源学报,**28**(12):2117-2126.

谢爱红,王士猛,卫华,等.2004.利用SPSS进行山西省气候区划.山西师范大学学报(自然科学版),**18**(3):108-110.

张丽,董增川,赵斌.2003.干旱区天然植被生态需水量计算方法.水科学进展,**14**(6):745-748.

Su Z. 2002. The surface energy balance system (SEBS) for estimation of turbulent heat fluexes. *Hydrology and Earth System Sciences*, **6** (1):85-99.

卫星遥感反演下垫面反射率误差分析

尹　球[①]　徐菲菲[2]　李　莉[3]

(1. 上海市气象局遥感中心,上海 201199;2. 中国科学院上海技术物理研究所,
上海 200083;3. 中国科学院遥感与数字地球研究所,北京 100094)

摘　要:地物特性参数遥感的定量化水平与下垫面反射率反演的准确性密切相关。本文针对卫星遥感反演下垫面反射率问题,建立了下垫面反射率反演误差与卫星遥感测量误差、大气校正误差的定量关系模型。分析了各误差因子在下垫面反射率上的响应特性(尤其是低反射率下垫面),提出从误差放大角度,首先需要控制卫星遥感测量误差和大气向上反射率校正误差,其次是大气向下和向上透过率校正误差,而大气向下反射率校正误差影响不大。针对多种典型下垫面,详细分析了下垫面反射率反演误差随各种误差因子、大气状况和下垫面条件的变化。就中国气象卫星、海洋卫星和环境减灾小卫星装载的多种光学成像遥感器的辐射定标精度对下垫面反射率反演精度影响进行了评估。论文建立的误差分析模型和分析结论可以为卫星光学成像遥感器定标精度和大气校正方案的确定以及各自的应用性能评价等提供支持。

关键词:卫星遥感;大气校正;定标精度;下垫面反射率;反演误差。

1　引言

利用地气系统对太阳光的反射信号探测下垫面的物理、化学及生物特性是发展较早、应用广泛的卫星遥感手段。在卫星工程中,通常根据所需要探测的下垫面信号动态范围和精度要求,采用典型模式大气,进行正演计算,确定卫星遥感器入瞳处信号的动态范围及遥感器定标精度(不确定度)等技术指标应用需求,结合工程实现的技术可能性,进而提出兼顾应用需求与技术能力的卫星遥感器设计指标。另一方面,大气校正是下垫面遥感反演的一个关键环节,和卫星遥感器测量精度一样,大气校正精度也会影响下垫面反射率反演精度。目前已提出了各种大气校正方法。业务化卫星遥感反射率产品生产需要直接、绝对的大气校正,通常采用"大气辐射传输模型+大气状态参数值"实现大气校正,例如:MODIS 地表反射率产品。

值得注意的问题是:1)一定的遥感器,在各种实际大气和下垫面状态下,相应的下垫面反射率反演精度会有什么变化;2)当遥感器实际指标与设计值有出入时,对下垫面反射率反演精度会有什么影响;3)大气校正所用各种大气状态参数误差对反射率产品有什么影响;4)什么样的间接大气校正方法能更有效减小大气影响(例如:对植被指数的改进)。

针对上述问题,已经开展了许多试验研究,主要包括:1)数学模拟。通过模拟计算,分析各种下垫面特性和大气状态参数变化、卫星遥感器定标精度以及采用不同的大气辐射传输模型

①　尹球,研究员。邮箱:yinqiu@cma.gov.cn;电话:1891820600

等对反射率反演结果的影响;2)真实性检验。检验下垫面反射率产品精度、反射率延伸产品(例如:植被指数)精度或用于大气校正的大气气溶胶光学厚度精度。采用的方法有:通过与实地测量反射率(例如:用 ASD 地物光谱仪测量)的对比、不同卫星反演产品的相互对比、以及大气校正用气溶胶光学厚度与 AERONET 实测气溶胶光学厚度的对比。

但总的来看,试验所考虑的各因子如何构成综合影响有待进一步研究,试验结果在其他卫星遥感器、大气和下垫面条件的适用性也存在疑问。事实上,下垫面反射率反演精度不仅取决于卫星遥感器测量精度和大气校正精度,还与大气和下垫面状态(大气反射率和透过率大小,下垫面反射率大小)本身密切相关。因此,有必要进行更为系统的理论分析和定量建模。

本文拟就卫星遥感器测量精度和大气校正精度对下垫面反射率反演精度影响进行研究,建立定量的误差关系模型,分析传递特点以及各种具体情况下的误差状况,为遥感器性能指标设计、大气校正方案确定以及下垫面特性参数遥感精度评估等提供支撑。

2 下垫面反射率反演误差分析模型的建立

卫星接收到的反射率 R 与下垫面(陆地、水体等)反射率 r_s 关系为

$$R = R_a + T_a r_s (1 - R_a^* r_s)^{-1} T_a^* \tag{1}$$

其中 R_a,T_a 是大气层对上界入射太阳光的反射率和透过率,T_a^*,R_a^* 为大气层对下界入射短波辐射的透过率和反射率。

假定下垫面为朗伯体(r_s 与方向无关),则由卫星测得的反射率 R 反演下垫面反射率 r_s 模型为:

$$r_s = \frac{R - R_a}{T_a T_a^* + (R - R_a) \cdot R_a^*} \tag{2}$$

如果忽略大气层与下垫面间的多次反射,则公式(2)可近似为

$$r_s \approx \frac{R - R_a}{T_a T_a^*} \tag{3}$$

用相对误差表示误差严重程度,分析卫星遥感器测量误差、大气校正误差对下垫面反射率反演误差的影响。记:F_R、F_{R_a}、F_{T_a}、$F_{T_a^*}$、$F_{R_a^*}$ 分别为卫星遥感器测量误差、大气层向上反射率校正误差、大气层向下透过率校正误差、大气层向上透过率校正误差及大气层向下反射率校正误差在下垫面反射率误差上的反映(误差放大率)。那么,由公式(2)可以证明下垫面反射率反演误差与卫星遥感器测量误差及大气校正误差的关系为

$$\mathrm{d}\ln r_s = F_R \mathrm{d}\ln R + F_{R_a} \mathrm{d}\ln R_a + F_{R_a^*} \mathrm{d}\ln R_a^* + F_{T_a} \mathrm{d}\ln T_a + F_{T_a^*} \mathrm{d}\ln T_a^* \tag{4}$$

其中,

$$F_R = (1 - r_s R_a^*) \frac{R}{R - R_a}, \quad F_{R_a} = -(1 - r_s R_a^*) \frac{R_a}{R - R_a},$$

$$F_{T_a} = F_{T_a^*} = -(1 - r_s R_a^*), \quad F_{R_a^*} = -r_s R_a^* \tag{5}$$

若大气层与下垫面之间多次反射作用可以忽略 $(1 - r_s R_a^*) \approx 1$,典型的情况是水面,其反射率 r_s 很小,则误差关系模型近似为:

$$\mathrm{d}\ln r_s \approx \frac{R}{R - R_a} \mathrm{d}\ln R - \frac{R_a}{R - R_a} \mathrm{d}\ln R_a - \mathrm{d}\ln T_a - \mathrm{d}\ln T_a^* \tag{6}$$

即,

$$F_R \approx \frac{R}{R - R_a}, \quad F_{R_a} \approx -\frac{R_a}{R - R_a}, \quad F_{T_a} = F_{T_a^*} \approx -1, \quad F_{R_a^*} \approx 0 \tag{7}$$

(注：由公式(5)、(7)可见，大气向上透过率误差放大率和向下透过率误差放大率相同，下面统一用 F_t 表示。)

对于给定的季节、地理区域及观测几何，由 6S 等大气辐射传输算法，可以算出不同大气气溶胶模型和光学厚度对应的大气透过率和大气反射率参数，从而根据给出的误差放大率与卫星测量反射率、下垫面反射率及大气反射率和透过率参数关系模型，公式(5)、(7)，可以算出卫星遥感测量误差和大气校正误差在不同下垫面上的响应情况。

如果将误差放大率公式经过模拟计算，用统计回归的办法，直接给出误差放大率与大气气溶胶模型、光学厚度及下垫面反射率的关系。那么，用户不再需要借助 6S 等大气辐射传输算法，便可估计误差放大情况。此从略。

3　下垫面反射率反演误差传递特性分析

由公式(4)～(7)可见：卫星遥感器测量误差、大气向上和向下反射率误差、大气向下和向上透过率误差按照以下规律传递给下垫面反射率：

(1)下垫面反射率反演误差与卫星遥感测量误差符号相同，与大气反射率(向上或向下)校正误差、大气透过率(向上或向下)校正误差符号相反。

(2)大气层与下垫面之间多次反射 $(1-r_s R^*)$ 对卫星遥感测量误差 $\mathrm{dln}R$ 、大气向上反射率校正误差 $\mathrm{dln}R_a$ 、大气向下透过率校正误差 $\mathrm{dln}T_a$ 和大气向上透过率校正误差 $\mathrm{dln}T_a^*$ 影响均起抑制作用，多次反射越强，抑制作用越大。可以用误差放大率 $(1-r_s R^*)$ 表示，$0 \leqslant (1-r_s R^*) \leqslant 1$。

(3)大气层向上反射 R_a 将使卫星遥感测量误差 $\mathrm{dln}R$ 影响放大。误差放大率为 $R/(R-R_a)$ ，大气层向上反射越强，对测量误差影响放大越严重。

(4)大气层向上反射率校正误差 $\mathrm{dln}R_a$ 的传递与向上反射率 R_a 自身大小有关，可以用误差放大率 $R_a/(R-R_a)$ 表示。

以大气层向上反射率 R_a 占卫星测得总反射率 R 比例 50% 为界，如果大气层向上反射强，下垫面反射弱，使得 $R_a/R > 50\%$ ，则大气反射率误差影响将放大，大气反射强，下垫面反射越弱，误差放大作用越强。反之，如果大气层反射弱，下垫面反射强，使得 $R_a/R < 50\%$ ，则大气反射率误差影响将抑制，大气反射越弱，下垫面反射越强，误差抑制作用越强。

(5)大气层向下反射率校正误差 $\mathrm{dln}R_a^*$ 的影响始终被抑制，其误差放大率为 $r_s R_a^* < 1$ ，大气层与下垫面之间多次反射越弱，误差抑制越强。

(6)从误差放大角度，影响下垫面反射率反演精度的各误差因子重要程度从大到小顺次为：①卫星遥感测量误差，②大气向上反射率校正误差，③大气向下和向上反射率校正误差，④大气向下反射率校正误差。

进一步，如果大气层与下垫面之间多次散射可以忽略，典型的情形是水面反射率反演(水面反射率 r_s 很小)，那么

(1)下垫面反射率反演误差与卫星遥感测量误差符号相同，与各大气反射率和透过率参数校正误差符号相反。

(2)卫星遥感测量误差及大气层向上反射率校正误差将放大传递给下垫面反射率。大气散射越强，卫星遥感测量误差及大气层向上反射率校正误差的放大越严重。

(3)大气透过率(向上及向下)校正误差等值传递给下垫面反射率。

（4）大气层向下反射率校正误差对下垫面反射率反演精度影响可以忽略。

（5）必须控制卫星遥感测量误差。大气校正中，首先应控制大气向上反射率校正误差，其次是控制大气透过率校正误差，大气向下反射率误差影响最小。

4　应用试验

在以下的试验中，我们不再说明符号，所有结果均指绝对值（相对误差的绝对值、误差放大率的绝对值）。

4.1　卫星遥感测量误差和大气校正误差在不同类型下垫面反射率上的响应

下垫面可见光—近红外波段反射率变化复杂。本文选取四种下垫面反射率（5％、15％、30％、50％）进行分析计算，反映清澈水体、湿润土壤、城市建材、植被沙漠及雪地的反射率大小特征。

假定太阳天顶角＝30°，卫星观测天顶角＝0°，不同条件下大气反射率和透过率由6S计算，具体参数为：1）大气模式：中纬度夏季；2）大气气溶胶类型：大陆型、海洋型；3）大气气溶胶光学厚度：0、0.5、1、2。气溶胶光学厚度为0指只考虑分子散射和吸收作用。

遥感器测量误差及大气反射率和透过率参数校正误差取5％、10％、20％、30％。由下垫面反射率反演误差与卫星遥感测量误差及大气校正误差关系模型进行计算分析，结果如下：

1）卫星遥感器测量误差的响应

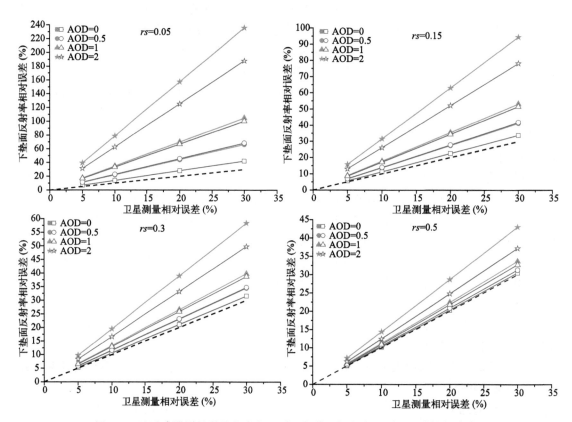

图1　卫星遥感器测量误差的响应（蓝色：海洋型气溶胶、红色：大陆性气溶胶）

由图1可见:大气使得卫星遥感器测量误差响应放大,具体有以下特点:

◇大气气溶胶光学厚度越大,误差放大作用越明显。其原因是,随着气溶胶光学厚度的增加,大气对太阳光的反射率增加。

◇下垫面反射率越小,误差放大越明显。其原因是,下垫面反射率越小,大气对太阳光的反射能量占卫星接收能量的比例越大。

◇同样的气溶胶光学厚度,大陆型气溶胶引起的卫星遥感测量误差放大作用比海洋型气溶胶要大些,这种特征在光学厚度大于1时较为明显。

2)大气层向上反射率校正误差的响应

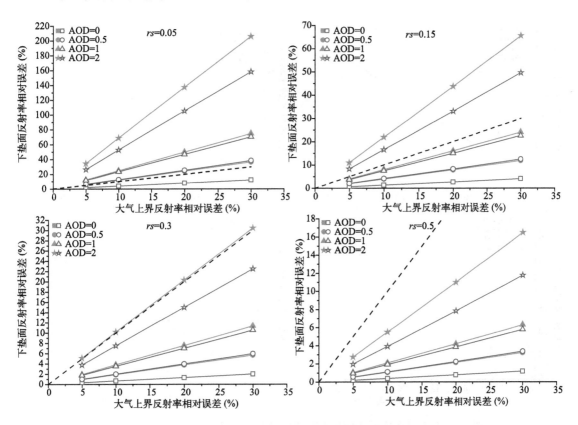

图2 大气层向上反射率校正误差的响应(蓝色:海洋型气溶胶、红色:大陆性气溶胶)

由图2可见:大气层向上反射率校正误差响应是否放大,与大气层反射率和下垫面反射率相对大小有关。

◇对于低反射率下垫面(反射率为百分之几,例如水体),一般而言,大气向上反射率误差响应总是被放大,随着气溶胶光学厚度的增加,误差放大作用增强。只有当大气非常干净时,大气向上反射率误差响应才会被抑制。

◇对于高反射率下垫面(反射率为百分之几十,例如:城市建材、沙漠),一般而言,大气向上反射率校正误差响应总是被抑制,只是随着气溶胶光学厚度的增加,抑制作用逐步减弱。

◇对于中等反射率下垫面(反射率为百分之十几,例如:农田),随着气溶胶光学厚度增大,大气向上反射率校正误差响应经历抑制向放大转变过程。

◇随着气溶胶光学厚度的增大,大气向上反射率校正误差响应增强。

◇随着下垫面反射率的增大,大气向上反射率校正误差响应减弱。

◇同样的气溶胶光学厚度,大陆型气溶胶引起的大气向上反射率校正误差放大作用比海洋型气溶胶要大些。其原因是与卫星遥感测量误差响应相同,即是由于大陆型气溶胶吸收大于海洋型气溶胶,导致大陆型气溶胶反射率占卫星测量反射率的比例大于海洋型气溶胶。

3)大气层透过率校正误差的响应

大气层向上透过率和向下透过率校正误差放大特性相同。因此,下面仅针对大气上行透过率校正误差的响应进行分析。

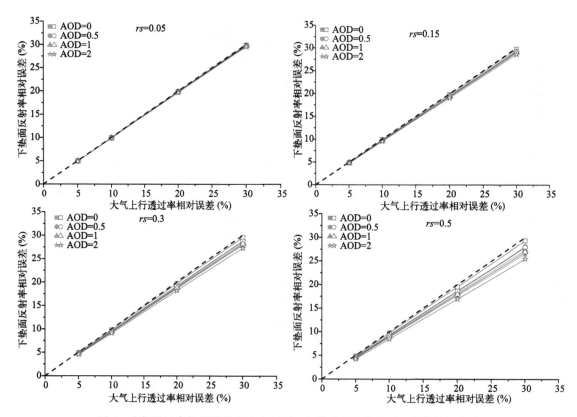

图3　大气透过率校正误差的响应(蓝色:海洋型气溶胶、红色:大陆性气溶胶)

图3显示了各种大气条件下大气透过率校正误差在不同反射率下垫面上的响应特性。由图可见:大气透过率校正误差基本上以1:1传递给下垫面反射率。随着气溶胶光学厚度和下垫面反射率的增大,下垫面与大气之间多次散射导致误差响应略为受到抑制。

4)大气层向下反射率校正误差的响应

大气层向下反射率校正误差在下垫面反射率上的响应极其微弱,即使大气光学厚度达到2,下垫面反射率达到50%,误差放大率也小于0.15.

4.2　中国典型卫星遥感器定标精度对下垫面反射率反演精度影响评估

我国发展了气象卫星(FY)、海洋卫星(HY)和环境减灾小卫星(HJ)及资源卫星等多种对地遥感卫星。其中,光学成像类卫星遥感器定标精度在5%～10%(表1)。

表 1　中国典型卫星遥感器定标精度

卫星	发射日期	运行状态	遥感器	通道数	反射通道定标精度(%)
FY-1D		停止	VIRR	10	10
FY-3A	2008.11		VIRR	10	7(CH1－2,7－9) 10(CH6,10)
			MERSI	20	7(CH1－4,6－14) 10(CH15－20)
FY-3B	2010.11		VIRR	10	5
			MERSI	20	7
HY-1A HY-1B		停止	海洋水色扫描仪	10	10
			海岸带成像仪	4	/
HJ-1A HJ-1B	2008.9		宽覆盖 CCD 相机	4	10
			超光谱成像仪	110～128	10
			红外相机	4	/

图 4 给出了定标精度(5%、7% 和 10%)对各类下垫面(反射率＝5%、15%、30%、50%)反射率反演误差影响评估结果，计算假设条件与第 3 部分相同。

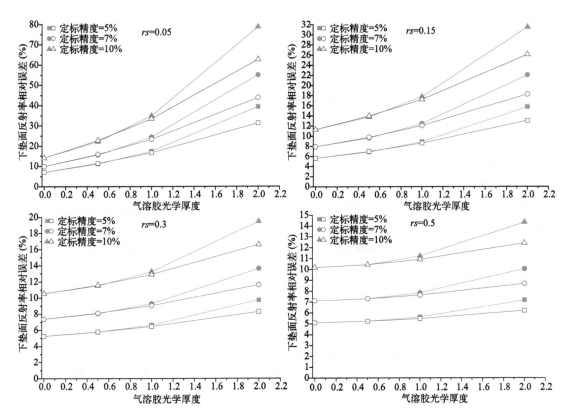

图 4　卫星遥感器定标精度对下垫面反射率反演精度的影响
(蓝色:海洋型气溶胶、红色:大陆性气溶胶)

图 4 反映的规律与第 3 部分相同，不再详述。只特别指:当气溶胶光学厚度超过 1,分析

卫星遥感器定标精度对下垫面反射率反演误差的影响,不仅需要考虑气溶胶光学厚度,还需进一步考虑气溶胶类型,大陆型气溶胶的影响比海洋型气溶胶大,且卫星测量误差放大率随气溶胶光学厚度的变化非线性也更明显。如:卫星测量误差水面(反射率＝5%)反射率上的误差放大率分别为 $1.48154\exp(0.84223\tau_a)$(大陆型气溶胶)、$1.62429\exp(0.68767\tau_a)$(海洋型气溶胶)。

需要注意:对于一定的大气条件,同一卫星遥感器不同通道对应的大气光学厚度不同,一般来说,随着通道中心波长增大,大气光学厚度会有所减小。

5 总结

本论文从卫星遥感下垫面反射率方程出发,建立了下垫面反射率反演误差与卫星遥感测量误差、大气校正误差(包括四个大气校正参量:大气向上反射率、大气向下反射率,大气向上透过率、大气向下透过率)的关系模型。

模型显示:下垫面反射率反演误差与卫星遥感测量误差符号相同,与各大气反射率和透过率参量校正误差符号相反;大气向上反射的存在使得卫星遥感测量误差在下垫面反射率上的响应放大;随着大气向上反射率占卫星测量反射率份额的增加,大气向上反射率校正误差在下垫面反射率上的响应将从抑制逐步转为放大;因大气与下垫面之间多次散射,大气向上和向下透过率校正误差在下垫面反射率上的响应略为受到抑制,使误差放大倍数略小于1;大气向下反射率作用只是因大气和下垫面之间多次散射而存在,其校正误差在下垫面反射率上的响应总是处于抑制状态。

特别地,对于水环境遥感这类强背景下弱信号提取问题,相比于陆地遥感,卫星遥感器测量精度和大气校正精度要求大大提高。卫星遥感测量误差及大气层向上反射率校正误差将放大传递给水体反射率。大气散射越强,卫星遥感测量误差及大气层向上反射率校正误差的放大越严重,大气透过率(向上及向下)校正误差等值传递给水体反射率;而大气层向下反射率校正误差对水体反射率反演精度影响可以忽略。

从误差放大角度,首先需要控制卫星遥感测量误差和大气向上反射率校正误差,其次是大气向下和向上透过率校正误差,而大气向下反射率校正误差影响不大。

针对中纬度夏季大气、大陆型和海洋型大气气溶胶,就水体、农田、城市及沙漠等各类典型下垫面反演误差随卫星遥感测量误差、大气校正误差、大气气溶胶光学厚度、大气气溶胶类型以及下垫面反射率大小的变化情况,进行了详细的分析计算。同时,就各种大气气溶胶光学厚度、大气气溶胶类型以及下垫面类型条件下,中国气象卫星、海洋卫星及环境减灾小卫星有关光学成像遥感器辐射定标精度对下垫面反射率反演精度影响进行了评估。结果表明:在气溶胶光学厚度大于1时,卫星遥感测量误差和大气校正误差在下垫面反射率上放大情况的分析评估,不仅需要考虑下垫面反射率类型、大气气溶胶光学厚度,大气气溶胶类型也将产生一定影响。

本论文建立的误差分析模型和分析结论可以为卫星光学成像遥感器的辐射定标精度指标分析和验证、大气校正方案设计和校正性能评价等技术研发和应用研究工作提供支持。

参考文献

梅安新,彭望禄,秦其明,刘慧平. 2001. 遥感导论. 北京:高等教育出版社,36-41.

许卫东,尹球,匡定波. 2005. 地物光谱匹配模型比较研究. 红外与毫米波学报,**24**(4):296-300.

尹球,疏小舟,许兆安,匡定波. 2004. 湖泊水环境指标的超光谱响应模型分析. 红外与毫米波学报,**23**(6): 427-430.

Abdulali Sadiq,Fares Howari. 2009. Remote Sensing and Spectral Characteristics of Desert Sand from Qatar Peninsula,Arabian/Persian Gulf,*Remote Sensing*,(1):915-933.

Bartolucci L A,Robinson B F,Sliva L F. 1977. Field measurements of the spectral response of natural waters. *Photogrammertic Engineering and Remote Sensing*,**43**(5):585-598.

Juan C *et al*. 2010. Atmospheric correction of optical imagery from MODIS and reanalysis atmospheric products. *Remote Sensing of Environment*,**114**:2195-2210.

Ju J *et al*. 2012. Continental-scale validation of MODIS-based and LEDAPS Landsat ETM+ atmospheric correction methods. *Remote Sensing of Environment*,**122**,175-184.

Kaufman Y J and Tanre D. 1996. Strategy for Direct and Indirect Method for Correcting the Aerosol Effect on Remote Sensing:from AVHRR to EOS MODIS. *Remote Sensing of Environment*,**55**,65-79.

Liang S. *et al*. 2001. Atmospheric correction of Landsat ETM+ Land Surface Imagery—Part I:Methods. *IEEE Transaction on Geoscience and Remote Sensing*,**39**:2490-2498.

Liang S. 2004. *Quantitative remote sensing of land surfaces*. John Wiley & Sons, Inc. p196-230.

Liou K N. 2002. *An Introduction to Atmospheric Radiation*(Second Edition),Academic Press.

Maiersperger T K *et al*. 2013. Characterizing LEDAPS surface reflectance products by comparisons with AERONET,field spectrometer,and MODIS data. *Remote Sensing of Environment*,**136**:1-13.

O'Brien H W,Munis R H. 1975. Red and Near Infrared Spectral Reflectance of Snow. In Rango A ed. , "*Operational Applications of Satellite Snowcover Operations*,"Workshop proceedings NASA Spectral Publication SP-391,Washington D. C.

Vermote E. F. and Vermeulen A. 1999. Atmospheric correction algorithm:spectral reflectances(MOD09) Version 4. 0 NAS5-96062.

Vermote E. F. *et al*. 2002. Atmospheric correction of MODIS data in the visible to middle infrared: first results,*Remote Sensing of Environment*,**83**:97-111.

卫星数字产品在天津地区云分类中的应用

刘一玮[①]   孙建元   王　颖   何群英

（天津市气象台，天津 300074）

摘　要：利用 2012 年 4 月 1 日—2013 年 7 月 31 日地面观测资料及 FY-2 静止气象卫星 1 小时间隔的 1°×1°云分类、相当黑体亮温 TBB 资料，按照不同天气类型进行背景统计和个例分析，探求卫星数字云分类、TBB 产品与天气现象、云状之间的对应关系。结果表明：人工观测云状具有一定的局限性，不同天气现象观测数据与产品一致率不同。不同天气过程、不同阶段云分类产品与实况差别较大。云状自动识别工作中，可以以卫星中心提供的云分类产品为主，结合 TBB 资料和天气现象做订正；当 TBB<240 K 时，且变率从负极大值向正值转变时，或者由负极大值向 0 转变时，有雷暴活动，云状为积雨云；TBB 在 240～260 K 之间，为稳定性降水时考虑为层积云或高积云；降雪时可限定为高层云或雨层云。

关键词：天津地区；云分类；TBB。

1　引　言

FY-2 是中国自行研究开发的第一代静止气象卫星（陈渭民，2003），随着大气遥感技术的提高，从卫星、雷达反演出来的大气信息越来越多，目前运行的 FY-2C、FY-2E 卫星所提供的大量高时空分辨率的卫星云图及其反演产品，已被广泛应用于天气预报、气候预测、环境和自然灾害监测、农业等多个国民经济领域（许健民，2010）。随着气象现代化的发展，风云二号静止气象卫星提供的云分类、黑体相当亮温等产品在地面气象观测气象业务调整中发挥了重要的作用。

云分类产品是指利用卫星遥感技术，采用多通道卫星探测数据进行聚类分析，归纳出各种云的类别，分别代表地面、中低云、高层云、卷层云、密卷云、积雨云。相当黑体亮度温度（Black Body Temperature，缩写为 TBB）是云系的数字化处理产品之一，表示气象卫星红外探测通道获取的云顶和无云或少云区的地球表面的向外辐射，它可以揭示出云的存在和云所处演变阶段中的一些显著特征。在无云或少云区，TBB 是地表黑体辐射温度，在云区，TBB 是云顶黑体辐射温度，并且 TBB 温度越低，表明云顶越高，对流越旺盛（江吉喜，1998；何金海，1996）。在以往的研究（林巧燕，2009；杨金锡，1996；江吉喜，2002）中大部分是对强对流天气中暴雨或者台风降水估计的分析。傅昺珊（傅昺珊，2006）等分析 TBB 资料发现，强对流天气发展，云顶亮温一般在−60℃，且 87.3% 以上的暴雨发生在−80～−60℃云顶亮温区，强对流区面积和层次变化对暴雨也有很好的指示作用。TBB 特征与对流的发展、雨带的分布和降水多寡有密切关系，不同地区、随着云系的发生发展、成熟、消亡等不同阶段，不同的天气类型所对应的 TBB

①　刘一玮，工程师，liuyiwei1983@aliyun.com

有一定差异。因此,如果能统计出 TBB 和云状之间的对应关系,有助于在实际工作中为云分类数字产品进行订正,推断天气系统的强度、移动以及可能伴随的天气现象,可以为更多的天气类型的预报提供参考。本文的研究目的就是期望通过分析 FY-2 卫星数字化资料,评估分析云产品和云状观测的对应情况,寻找可以替代人工观测的卫星产品,为适应新的地面观测要求及天气预报服务提供参考。

2　资料与分析方法

2.1　资料

卫星资料为 2012 年 4 月 1 日 00:00—2013 年 7 月 31 日 23:00FY-2E 静止卫星云图 1 h 间隔,1 h 一次的云分类及相当黑体亮度温度产品数据。

地面观测资料为 2012 年 4 月 1 日 02:00—2013 年 7 月 31 日 23:00Micaps 提供的逐 3 h 地面观测数据。

2.2　人工云状观测历史数据的提取

利用 Micaps 地面观测资料,提取西青站、宝坻站、塘沽站 2012 年 4 月 1 日—2013 年 7 月 31 日逐三小时的总云量、低云状、低云量、低云高、中云状、高云状、现在天气,生成数据文件,为对照方便,在下文中用气象编码表示。其中"10"、"20"、"30"分别代表没有高云、没有中云和没有低云;"9999"表示天空不明;"11—19"、"21—29"、"31—39"则分别代表不同的高云状、中云状和低云状。

2.3　人工观测云状与卫星云分类产品的对照方法

将 27 种观测云状按云分类产品的种类,划分到 8 种卫星产品云分类中(表 1),统计两者之间的差异。其中统计标准为:以西青站为代表站,一次观测记为一次云状,剔除缺报的时次,对比 02、08、11、14、17、20、23 时的观测云状与产品云状;当高、中、低云的分类有不一致时,以云高低的云状为主。

表 1　27 种人工观测云状与卫星云分类产品对照表

云分类卫星产品及编码	人工观测云状及编码
高层云或雨层云 12	透光高层云 21、蔽光高层云 22、层云或碎层云 36、雨层云或碎雨云 37
卷层云 13	辐轴状卷云和卷层云,或只有卷层云,云幕前缘的高度角小于 45 度 15 辐轴状卷云和卷层云,或只有卷层云,云幕前缘的高度角大于 45 度 16 卷层云布满天 17 卷层云,非系统移入天空或量不增加,也未布满全天 18 卷积云,可伴有卷云或卷层云,但以卷积云为主 19
密卷云 14	毛卷云 11、密卷云 12、伪卷云 13、钩卷云 14
积雨云 15	秃积雨云 33、鬃积雨云 39
层积云或高积云 21	透光高积云 23 变化不定的透光高积云并出现在一个或几个高度上 24 有系统地移入天空的透光高积云,且常常全部增厚,甚至有一部分变成蔽光高积云或双层高积云 25 积云性高积云 26 非系统性移入天空的双层高积云或蔽光高积云 27 絮状和堡状高积云和层积云 28

云分类卫星产品及编码	人工观测云状及编码
	混乱天空的高积云,常在不同高度上 29
	淡积云和(或)碎积云 31
	浓积云,可伴有淡积云或层积云,云底在同一高度上 32
	积云性层积云 34
	透光、蔽光层积云 35
	积云和透光、蔽光层积云同时存在,此两种云的底部高度不同 38

3　云分类产品评估分析

3.1　云状人工观测数据统计分析

经过统计 2012 年 4 月 1 日—2013 年 7 月 31 日西青站、宝坻站、塘沽站共计 34263 次云状人工观测,各种云状的观测数见下表 2。从表 2 可以看出有 5 种高云(伪卷云(13)、钩卷云(14)、辐轴状卷云和卷层云,或只有卷层云,云幕前缘的高度角小于 45 度(15)、辐轴状卷云和卷层云,或只有卷层云,云幕前缘的高度角大于 45 度(16)),2 种中云(絮状和堡状高积云和层积云(28)、混乱天空的高积云,常在不同高度上(29)),2 种低云(浓积云,可伴有淡积云或层积云,云底在同一高度上(32)、秃积雨云(33))在人工观测中从未出现,其余还有 1 种中云(系统发展的辐轴状高积云(25))和 1 种低云(不同高度的积云和层积云(38))只出现过 1 次,这说明人工观测云状具有一定的局限性。

表 2　2012 年 4 月 1 日—2013 年 7 月 31 日西青站、宝坻站、塘沽站各云状人工观测次数表

高云状观测编码	观测数	中云状观测编码	观测数	低云状观测编码	观测数
10	4039	20	5122	30	9183
11	69	21	86	31	395
12	4217	22	807	32	
13		23	89	33	
14		24	589	34	676
15		25	1	35	622
16		26	33	36	158
17	100	27	146	37	138
18	25	28		38	1
19		29		39	140
9999	2971	9999	4548	9999	108

3.2　不同天气现象下根据人工观测云状与卫星云分类产品的对照分析

经统计共有 3079 次观测结果。将对比结果按天气现象分类(根据天气现象的气象编码,将天气分为雷阵雨、雨(观测时无雷)、雪、雾、轻雾、烟、霾和无天气),分析不同天气现象下的云状对比情况(表 3)。

表 3　不同天气现象下的云状对照情况

天气类型	一致数	总数	百分比（%）
雷阵雨	2	20	10.00
雨	21	116	18.10
雪	3	30	10.00
雾	243	849	28.62
轻雾、烟、霾	6	48	12.50
无天气	886	2016	43.95
总数	1161	3079	37.71

　　在 3079 次观测中,有 1161 次云分类产品与观测数据一致,占总数的 37.71%。不同天气现象观测数据与产品一致率不同。其中无天气现象情况下最高为 44.53%,其次是在有轻雾、烟、霾的情况下,一致率为 28.62%。在雷阵雨、雪和雾的时候,一致率较低,只在 10% 左右。考虑不一致性的主要原因为卫星与人工观测的方向不同,人工观测为自下向上观测,而卫星资料为自上向下探测;其次两者的探测范围不同,人工观测的云状表示一定范围内的云的情况,而此次对比所用的卫星产品为单一格点上的数据;并且人工观测带有一定的主观性,由于受周围环境的影响,尤其当有降水及有雾等低能见度情况发生时,观测员在判断云状时会参考以往的经验,可能会造成误差。

　　在实际业务应用中,预报员更关心的是降水天气前后的云状,表 4 分别为雷暴天气、无雷降雨天气及降雪天气下的观测云状和云分类产品的对照情况。从表 4 可以看出,当测站出现雷暴天气时,观测员观测到的云状均为鬃积雨云,云分类产品有 2 次给定的胃积雨云,与观测云状一致,而其他 18 次不一致的云状中出现最多的为密卷云。表 5 是降水中无雷的情况,观测的云状有 6 种,蔽光高层云、积云性层积云和雨层云或碎雨云出现的次数最多。云分类产品卷层云出现的频率最高,为 37 次,与观测云状的不一致数较大。在出现降雪的时候,观测到的云状也比较一致,多数为蔽光高层云。与云分类一致为层积云或高积云和高层云或雨层云。

表 4　雷暴天气观测云状与云分类产品对照情况

	名称	次数	一致数
天气现象	雷暴	20	
观测云状	鬃积雨云	20	
云分类产品	积雨云	2	2
	密卷云	10	
	卷层云	4	
	高层云或雨层云	3	
	混合像元	1	

表 5　降雨天气观测云状与云分类产品对照情况

	名称	次数	一致数
天气现象	雨	116	
观测云状	密卷云	1	
	蔽光高层云	46	
	积云性层积云	34	

续表

名称		次数	一致数
云分类产品	透光、蔽光层积云	6	
	雨层云或碎雨云	28	
	鬃积雨云	1	
	层积云或高积云	26	11
	密卷云	27	
	卷层云	37	
	高层云或雨层云	25	10
	混合像元	1	

表6 降雪天气观测云状与云分类产品对照情况

名称		次数	
天气现象	雪	30	
观测云状	蔽光高层云	28	
	雨层云或碎雨云	2	
云分类产品	层积云或高积云	17	2
	积雨云	3	
	密卷云	4	
	卷层云	1	
	高层云或雨层云	1	1
	晴空陆地	4	

3.3 典型天气个例人工观测云状与卫星云分类产品的对照分析

考虑到在平时的工作中主要对降水天气中云状的变化有需求,因此下面将针对不同类型的降水天气过程中的云状对比情况做详细的分析,以便找出不一致的原因,为下一步的自动识别工作打下基础。

共选取几个个例进行分析,其中雷阵雨天气过程3个,分别为2012年6月9日、2012年8月20日及2013年6月24日;暴雨过程3个,分别为2012年7月21日、2012年7月25日及2013年7月1日;雪的天气过程3个,分别为2012年12月13日、2013年1月19日及2013年2月3日。

3.3.1 雷阵雨天气过程云状对比结果分析

三个雷雨个例天气发生时对应的观测云状为鬃积雨云。云分类产品与其完全不一致。

以2012年6月9日飑线过程为例,通过将卫星红外云图与卫星云分类产品及地面填图叠加查找原因(图略)。从看到在云图上主体云系上云分类产品为积雨云(编码15),边界上为密卷云(编码14)。在地面填图在20时观测到天津西南部及东部地区出现雷阵雨天气,观测云状为鬃积云。对比发现观测与云分类产品在主体云系正确,边缘并不一致。由于天津西青观测站处在云团的边缘,在雷雨发生时,观测云状和云分类产品不一致。这有可能是卫星探测到的是主体云系的云砧部分。雷阵雨发生时具有一定的局地性,由于探测方向及定位的问题,在主体云系的边缘会出现误差。

3.3.2 暴雨天气过程云状对比结果分析

暴雨天气过程与雷阵雨天气过程在云状的分布上有类似的情况。表7为三次暴雨过程所有天气现象记为雷阵雨的时候,观测到的云状均为鬃积雨云,而当无雷的时候,则为积云性层积云。

表 7   三次暴雨天气过程人工观测云状表

日期 (日月时分)	低云状	中云状	高云状	天气现象
2012072202	鬃积雨云	不明	不明	小—中雷暴伴有雨
2012072205	鬃积雨云	不明	不明	小—中雷暴伴有雨
2012072523	积云性层积云	不明	不明	小阵雨
2012072602	积云性层积云	不明	不明	阵雨
2012072605	鬃积雨云	不明	不明	小—中雷暴伴有雨
2012072608	鬃积雨云	不明	不明	小—中雷暴伴有雨
2012072611	鬃积雨云	不明	不明	小—中雷暴伴有雨
2013070117	积云性层积云	不明	不明	阵雨
2013070120	积云性层积云	不明	不明	阵雨
2013070123	积云性层积云	不明	不明	小阵雨

对照云分类产品的一致性高于雷阵雨天气,一致率为 37.5%,由于在暴雨天气过程中云图范围大,当天津全部位于云团中的时候并且有雷雨出现时两者一致。而不一致的主要为云分类产品在降水天气过程中识别出来的密卷云。从云状的特性来说密卷云属于高云,在强降水过程中出现,说明云分类产品也存在着一定的误差。

3.3.3 降雪天气过程云状对比结果分析

三次降雪过程的人工观测云状类似,在降雪发生前及发生时人工观测到的云状全为中云蔽光高层云(以 2013 年 1 月 20 日降雪过程为例,见表8),而卫星产品则不同,产品识别为层积云或高积云。从云状的特征来看两种云均可能产生降雪,后者的降雪量少。因此在日后的工作中可以参考云状与天气现象之间的关系来做自动识别。

表 8   2013 年 1 月 20 日降雪过程云状与卫星云分类产品对照表

时次	低云状	中云状	高云状	天气现象	卫星产品
08 时	没有低云	蔽光高层云	不明	间歇性小雪	层积云或高积云
11 时	没有低云	蔽光高层云	不明	间歇性小雪	层积云或高积云
14 时	没有低云	蔽光高层云	不明	间歇性小雪	层积云或高积云

4 云顶相当黑体亮温 TBB 评估分析

由前面的研究可知,云分类产品面对具有复杂云状的降水天气过程时,识别效果较差,因此应用卫星数字化产品进一步研究识别不同云状的方法。下面利用 2012 年 4 月 1 日—2013

年7月31日FY-2E静止气象卫星1 h间隔的TBB格点资料对天津西青（54527）、塘沽（54623）、宝坻（54525）三站的地面观测资料，按照不同天气类型进行背景统计和个例分析，探求云顶相当黑体亮温TBB（逐小时）产品与天气现象、云状之间的关系。

4.1　云顶相当黑体亮温TBB的特征

将2012年4月1日—2013年7月31日的观测资料按照天气现象分成五大类，分别为无天气现象，烟、霾、轻雾、浮尘，雾，雷阵雨（对流性），雨雪（稳定性），统计该时段内五种不同类型天气现象与TBB资料的对应关系，统计结果作为TBB背景资料，做为下一步分析的基础。

表9表明对于无天气现象、烟霾轻雾浮尘、大雾等无降水天气，TBB数值差异并不明显，均值267～273 K，当有降水发生时，TBB数值平均低于250 K，2012年发生的69次和2013年发生的20次强对流活动中，TBB均值在235～238 K之间，TBB最低值出现在明显的雷暴过程中。对于2012－2013年89次雷暴过程中TBB均值的出现频率进行统计（图1），发现强对流发生时，绝大多数雷暴过程的TBB的数值都在240 K以下，因此确定以TBB＝260 K为阈值可以明显地区分有无降水活动，而TBB＜240 K则表示强对流活动的发生。

表9　2012年4月1日—2013年7月31日TBB统计结果　　　　　　　　（单位：K）

天气现象	TBB	次数	出现区间
无天气现象	277	7516	210～308
烟、霾、轻雾、浮尘	269	3851	207～306
雾	267	209	221～296
雷阵雨	237	89	200～282
雨雪	250	811	204～292

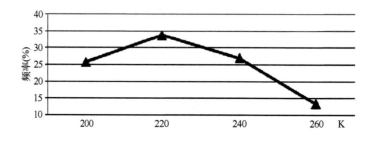

图1　雷暴天气中TBB均值出现的频率分布

4.2　应用天气过程研究TBB在云状识别中的作用

根据上面的研究可知，TBB在降水和非降水的天气中有较明显的差别，因此重点分析其在积状云识别中的指示意义。过程选取包括雷阵雨天气过程3次，分别为2012年6月9日、2012年8月20日及2013年6月24日；暴雨过程3次，分别为2012年7月21日、2012年7月25日及2013年7月1日；雪的天气过程3次，分别为2012年12月13日、2013年1月19日及2013年2月3日。

4.2.1　雷暴过程TBB特征分析

统计2012年6月9日雷暴过程降水时段内TBB的变化可知，在雷暴发生的集中时段，对流最为旺盛,TBB 的数值最低,其结果和背景场中的分析情况基本一致。为了研究 TBB 变化的规律,定义 TBB 变率为 1 h 内 TBB 变化值与前一时刻 TBB 值之比。计算公式:TBB 变率 ＝(TBB2－ TBB1)/ TBB1。

图 2 表示 2012 年 6 月 9 日 14 时—10 日 14 时时段内塘沽站 TBB 数值和 TBB 逐小时变化。地面观测记录表明,6 月 9 日 20 时、6 月 10 日 08 时、6 月 10 时 11 时为雷暴的发生时刻,此时的对流活动旺盛,TBB 的数值最低,TBB 变化幅度明显。同时,从 TBB 的变率图上可以看出,对流云发展阶段,云顶亮温呈波动性递减;对流旺盛阶段,云顶亮温的降温幅度最大,为明显的负变化;但是雷暴发生时刻往往不是负变化最明显的时刻,而是由负变正的时刻,对应变率绝对值接近 0,说明此时云体发展已经成熟。

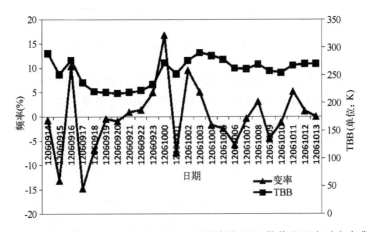

图 2　2012 年 6 月 9 日 14 时—10 日 14 时塘沽站 TBB 数值和逐小时变率曲线

表 10 为 2012 年 8 月 20 日和 2013 年 6 月 24 日过程中雷暴发生前后的 TBB 和变率的平均情况。记雷暴发生时刻为 t_0,发生之前两个小时分别记 t_{-1},t_{-2},由 TBB 值和对应时刻的变率可以看出。当云高增加,云顶亮温骤减至 240 之下时,同时,亮温变率从极大的负值向正值转变时,有利于发生雷暴活动。

表 10　2012 年 8 月 20 日和 2013 年 6 月 24 日过程中雷暴发生前后的 TBB 平均大小及变率

	t_{-2}	t_{-1}	t_0	t_1
TBB	243	237	243	256
变率	－2.83	－3.11	2.79	5.12

4.2.2　暴雨过程 TBB 特征分析

2012 年 7 月 21 日降水过程中,在 TBB 低值中心及大梯度区附近,有比较明显的降水产生。图 3 表示 2012 年 7 月 21 日强降水集中时段 TBB 和 TBB 变率的分布情况。可以看出在强降水时段(20 时之后)TBB 均较低,在 200 K 左右。其他降水时段 TBB 均值略有增加。TBB 变率的分布在强降水时段振幅不大,表明对流发展一直很旺盛。

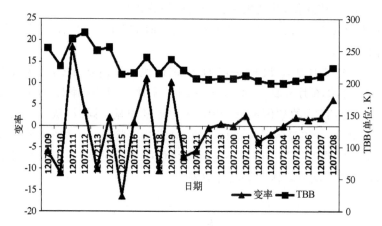

图3　2012年7月21日08时—22日08时时段内西青站 TBB 数值和变率图

通过统计三个暴雨典型个例对应时段内的 TBB 值和变率,可以看出尽管 TBB 没有明显的分布阈值,但在强降水集中时段内的 TBB 变化都很小,变率在 0 附近波动。

表11　三次暴雨过程 TBB 均值及变率

2012 年 7 月 21 日 08 时—22 日 08 时	宝坻	西青	塘沽	平均
暴雨集中时 TBB(K)	216.04	225.56	231.08	224.23
变率	0.15	−0.50	−0.53	−0.29
2012 年 7 月 25 日 08 时—26 日 20 时	宝坻	西青	塘沽	平均
暴雨集中时 TBB(K)	258.55	244.29	236.97	246.60
变率	0.63	0.88	0.38	0.63
2013 年 7 月 1 日 08 时—2 日 08 时	宝坻	西青	塘沽	平均
暴雨集中时 TBB(K)	257.88	258.63	252.46	256.32
变率	0.38	0.38	0.62	0.46

4.2.3　降雪 TBB 特征分析

表12为降雪过程中降水集中时段的 TBB 值和变率,所的结论与暴雨过程所得结论一致。持续的降水(雨和雪)过程中,TBB 的数值基本维持在 240～250 K,比强对流过程的 TBB 数值偏高,而 TBB 变率波动并不明显。

表12　降雪过程 TBB 均值及变率

2013 年 1 月 20 日 08 时—21 日 08 时	宝坻	西青	塘沽	平均
降水集中时段 TBB(K)	240.32	240.73	243.11	241.39
变率	0.37	0.43	0.56	0.4531
2012 年 1 月 3 日 20 时—1 月 4 日 20 时	宝坻	西青	塘沽	平均
降水集中时段 TBB(K)	250.05	252.55	251.46	251.35
变率	0.71	0.98	0.87	0.85

续表

2013 年 2 月 3 日 08 时—3 日 20 时	宝坻	西青	塘沽	平均
降水集中时段 TBB(K)	252.42	242.42	241.25	245.36
变率	0.21	0.02	−0.13	0.03

5　结论

(1)人工观测云状具有一定的局限性,不同天气现象观测数据与云分类产品一致率不同。其中无天气现象情况下最高为 44.53%,其次是在有轻雾、烟、霾的情况下,一致率为 28.62%。在雷阵雨、雪和雾的时候,一致率较低,只在 10%左右。

(2)通过对不同天气类型的 TBB 资料的研究可知,当 TBB<240 K 时,考虑有较强的积状云发展,TBB 最低值出现在有雷暴发生的强对流活动中,TBB 均值为 235～238 K。从 TBB 的变化分析可知,对流云发展阶段,云顶亮温呈波动性递减;对流旺盛阶段,云顶亮温降温幅度最大,为明显的负变化;当云高增加,云顶亮温骤减至 240 K 之下时,同时,TBB 变率有从极大的负值向正值转变时,或者由极大的负值向 0 转变时,云体发展已经成熟,有利于发生强对流活动。

(3)在云状的自动识别业务工作中,应以云分类产品为基础,结合 TBB 资料和天气现象(降水量、能见度等)进行订正。当 TBB<240 K 时,且 TBB 变率极大负值向正值转变时,或者由极大负值向 0 转变时,有雷暴活动,云状为积雨云;TBB 在 240～260 K 之间,为稳定性降水时考虑为层积云或高积云;而降雪时可限定为高层云或雨层云。

参考文献

陈渭民. 2003.卫星气象学.北京:气象出版社.

傅昺珊,岳艳霞,李国翠. 2006.TBB 资料的处理及应用.气象,**32**(2):40-45.

何金海,朱乾根. 1996.TBB 资料揭示的亚澳季风区季节转换及亚州夏季风建立的特征.热带气象学报, **12**(1):34-42.

江吉喜,范梅珠. 2002.青藏高原夏季 TBB 场与水汽分布关系的初步研究.高原气象,**21**(1):20-24.

江吉喜,范梅珠,吴晓. 1998.我国南方持续性暴雨成因的 TBB 场分析.气象,**24**(11):26-31.

林巧燕,洪毅,李玉柱. 2009.FY2 红外分裂窗 TBB 资料在台风降水定量估计中的应用.安徽农业气象, **37**(15):7120-7122.

许健民,杨军,张志清,等.2010.我国气象卫星的发展与应用.气象,**36**(7),94-100.

杨金锡,冯志娴. 1996.9403 强热带风暴致洪暴雨 TBB 特征分析.气象科学,**16**(4):378-382.